中等职业教育中餐烹饪专业教材

中国饮食文化

（第三版）

赵建民　金洪霞　邢　君◎主编

ZHONGGUO YINSHI WENHUA

（DI SAN BAN）

中国轻工业出版社

图书在版编目（CIP）数据

中国饮食文化 / 赵建民，金洪霞，邢君主编. —3版. —北京：中国轻工业出版社，2024.10

ISBN 978-7-5184-4888-3

Ⅰ.①中…　Ⅱ.①赵…　②金…　③邢…　Ⅲ.①饮食—文化—中国　Ⅳ.①TS971.202

中国国家版本馆CIP数据核字（2024）第041730号

责任编辑：贺晓琴

文字编辑：秦宏宇　　责任终审：高惠京　　设计制作：锋尚设计

策划编辑：史祖福　　责任校对：晋　洁　　责任监印：张　可

出版发行：中国轻工业出版社（北京鲁谷东街5号，邮编：100040）

印　　刷：河北鑫兆源印刷有限公司

经　　销：各地新华书店

版　　次：2024年10月第3版第1次印刷

开　　本：787×1092　1/16　印张：14

字　　数：314千字

书　　号：ISBN 978-7-5184-4888-3　定价：38.00元

邮购电话：010-85119873

发行电话：010-85119832　010-85119912

网　　址：http://www.chlip.com.cn

Email：club@chlip.com.cn

240178J3X301ZBW

本书编写人员

主　编　赵建民（山东旅游职业学院）

金洪霞（山东旅游职业学院）

邢　君（济南市技师学院）

副主编　黄　勇（江苏省溧阳中等专业学校）

高敬严（长垣烹饪职业技术学院）

王　浩（嘉兴技师学院）

参　编　刘　杰（山东省城市服务职业学院）

田憬若（山东旅游职业学院）

吴　晶（无锡旅游商贸高等职业技术学校）

桑宇平（苏州市太湖旅游中等专业学校）

吴长华（江苏省滨海中等专业学校）

张婕妤（江苏省南京浦口中等专业学校）

朱长征（郑州商业技师学院）

芮　琼（南京金陵高等职业技术学校）

PREFACE

第三版前言

党的二十大的胜利召开，确立了习近平新时代中国特色社会主义思想的世界观和方法论，我国的职业教育也将在党的二十大精神指引下，在新的征程上创造新的历史伟业。中国饮食文化是中华民族优秀传统文化的重要组成部分，是我国餐饮、烹饪中等职业教育的主要内容之一。在中国特色社会主义进入新时代的背景下，我们以习近平新时代中国特色社会主义思想为指导，深入贯彻党的二十大精神，深刻领悟“两个确立”的决定性意义，增强“四个意识”、坚定“四个自信”、做到“两个维护”，坚持正确政治方向，对原有的中等职业教育教材进行修订，是落实党的二十大精神的具体表现。为此，本书编委会特别组织国内多家高等、中等职业院校的烹饪专业教师与饮食文化专家，在全面总结中等职业教育“中餐烹饪专业”教材改革经验的基础上，对《中国饮食文化》（第二版）的教材进行了全面的修订，使新教材能够适应和满足新时期我国中等职业教育“中餐烹饪专业”教学深化改革的需求。

本次对《中国饮食文化》（第二版）教材的修订，坚持以党的二十大精神为指导，以弘扬中华优秀传统文化为目标，以传承优秀烹饪技艺为前提，对原教材中的一些陈旧内容进行了修订和调整，如以2022年最新版本的《中国居民膳食指南》更新原来的旧版本等。并在此基础上适当增加了一些弘扬中国优秀传统文化的内容，借以培养中等职业院校学生对中华民族优秀传统文化的了解与学习兴趣。但新修订的教材仍然存在许多问题，而教材中的一些内容还需要在具体的教学实践中得到进一步的提高与完善。

《中国饮食文化》（第三版）由山东旅游职业学院赵建民老师指导，由山东旅游职业学院烹饪工艺与营养系主任金洪霞老师主持修订工作，多所国内中高职院校与专业老师参加了修订工作，在此表示衷心的感谢!《中国饮食文化》（第三版）虽然经过修订，但其中的舛误、缺点在所难免，敬请使用该教材的中等职院校的广大师生、饮食烹饪界的专家学者与广大读者提出宝贵意见，在此表示真诚的谢意！

修订者谨识
2024年5月于济南

PREFACE

再版前言

2019年，适逢我国改革开放40周年，国家呈现出兴旺发达的繁荣景象。经济昌盛，文化丕振，国泰民安。在我国经济持续高速发展与国民生活水平日益提高的背景下，中国餐饮业40年来也发生了翻天覆地的变化。据国家有关部门统计，截至2018年年底，我国餐饮销售总额从改革初期的54.8亿元增加到2018年的4万多亿元，40年的时间，增长了700多倍。人均餐饮消费额从5.69元达到2867.12元，增长了503倍。中国餐饮业从一个基础薄弱、传统落后行业，逐步发展成为国民经济的重要服务消费产业。以改革开放40年为契机，中国餐饮行业开启了改革开放再出发的新征程。

我国餐饮业的繁荣不仅改善和提高了广大人民群众的饮食生活质量，同时也在拉动内需方面做出了巨大贡献。而在我国餐饮业繁荣发展同时，需要一大批具有较高文化素养与专业水平的人才队伍来保障，由此催生了我国餐饮、饭店、烹饪等有关专业领域的中、高等职业教育的发展。有目共睹，现代餐饮业发展所需要的专业人才，已经不仅仅是某一方面专业技能的学习与掌握。尤其是在当前我国餐饮企业以发展品牌企业、大打餐饮文化牌、大力推动餐饮产业化为市场目标的视域下，有关中国饮食文化方面的专业课程成为现在从事餐饮业、饭店业、烹饪技艺等专门人才学习和掌握的必备内容。特别是党的十九大以来，国家非常英明地做出了“大力发展文化产业”的决定之后，餐饮业与传统文化的结合日益凸显出来了。全国各地的餐饮企业对饮食文化资源的开发利用越来越成为当务之急，以文化为内涵的餐饮产品开发也成为当前我国餐饮业发展的热点趋势。为此，餐饮专业人才的培养模式与课程内容也在发生着某种贴近于市场需求的变化。餐饮专业人员不仅要具备专业技能，同时也需要掌握相关的历史文化与专业知识，以适应当前餐饮文化产业发展的需要。因此，“中国饮食文化”就成为餐饮专业人员必修的专业知识课程。

中国饮食文化历史悠久、博大精深，它承载着五千年华夏民族饮馔、烹饪发展的历程，彰显了我国56个民族的饮食习俗积累与所蕴含的民族精神与文化底蕴。如今，我国已经有许多的饮食与烹饪技艺项目，如孔府烹饪技艺、直隶官府菜技艺、北京烤鸭技艺、德州扒鸡技艺等已经被文化部门列入了国家“非物质文化遗产”目录。国家有关部门也已经启动了“中国传统烹饪技艺”申报世界非物质文化遗产的程序。实际上，在中华民族有史以来的生活历程中，人们从来就没有把饮食活动看成是仅仅为了满足生理需求的单纯行为。待客之道的宴饮活动、人生礼仪的食俗内容、时令节日的种种特色食品、迎来送往的礼食规定、文人聚会、生儿育女、祭先祀祖等，无不与饮食有着密不可分的联系。在如此众多的饮食习俗事项中所积累的物质文明成果与精神文明含义，都是中国饮食文化的博大内容与丰厚蕴藏。

毋庸置疑，中国饮食文化是中华民族文化宝库中极其重要的组成部分，是最富有民族文化特色的内容之一。它在当代我国餐饮业兴旺发达的背景下具有非常重要的文化产业意义与市场经济价值。尤其令人可喜的是，中国饮食文化的内涵与外延在当今中国餐饮市场的激烈竞争中，越来越成为不可缺少的重要资源，无论是在菜肴、筵席的创新应用方面，还是餐饮品牌的策划创意方面，乃至餐饮文化产业的开发运营方面，都显示出了它所具有的举足轻重的重要价值与不可替代的地位。

在这样的餐饮文化产业发展与社会专业人才需求的背景下，我们为开设餐饮管理、饭店管理、中餐烹饪等专业的中等职业学校编写了《中国饮食文化》专业教材，以供各中等职业学校相关专业教学使用。如今，为了适应新时代职业教育创新发展和教学改革的需要，我们又组织专家对教材进行了全面的修订，融合新时期弘扬我国餐饮文化和餐饮产业发展需要的内容、信息等，以全面提高《中国饮食文化》一书的时代意义和社会实用价值。

《中国饮食文化》的编写与修订，一方面汇集了国内众多职业院校资深专业教师的经验积累与专家学者的集体智慧，认真提炼编写内容；另一方面借鉴了已有的几种有关中国饮食文化的专业著作与同类教材的成果。但由于中国饮食文化的内容丰厚广博，涉及的知识领域颇多，我们只能根据目前我国中等职业学校学生的实际情况与中等职业学校的培养目标，有针对性地选择编写了以下几个方面的内容。

①中国饮食文化概论：着重论述中国饮食文化的概念、基本特征与研究内容，以及饮食类非物质文化遗产知识等。

②中国饮食文化源流：分别叙述了中国饮食文化的起源与各个发展阶段的特点。

③中国菜肴风味流派：重点介绍我国丰富多彩的饮食风味流派的形成、发展特征等知识。

④中国传统烹调技艺：从中国菜肴、面点的工艺角度进行系统介绍。

⑤中国酌酒饮茶文化：主要介绍中国的饮酒与饮茶文化。

⑥中国饮食礼俗文化：介绍中国宴席知识以及与饮食密切相关的习俗等。

⑦中国饮食养生文化：从传统饮食养生保健与现代营养学两个方面进行论述。

尽管以上内容并不能代表中国饮食文化的全部，但具有一定的代表意义与实用价值。

限于编写人员的专业能力和知识水平，书中存在的问题与舛误在所难免，敬请使用本教材的师生与广大读者不吝赐教，批评指正。

赵建民

2019年5月于济南

PREFACE

第一版前言

在国民经济持续高速发展与国民生活水平日益提高的背景下，我国餐饮业在近几十年来得到了异常迅猛的发展。自20世纪90年代以来，我国餐饮业已经连续20多年保持着两位数的增长率。我国餐饮业的繁荣不仅改善和提高了广大人民群众的饮食生活质量，同时也在拉动内需方面做出了巨大贡献。而在我国餐饮业繁荣发展的同时，需要一大批具有较高文化素养与专业水平的人才队伍来保障，由此催生了我国餐饮、饭店、烹饪等有关专业领域的中、高等职业教育的发展。

有目共睹，现代餐饮业发展所需要的专业人才，已经不仅仅是某一方面专业技能的学习与掌握。尤其是在当前我国餐饮企业以发展品牌企业、大打餐饮文化牌、大力推动餐饮产业化为市场目标的视域下，有关中国饮食文化方面的专业课程成为现在从事餐饮业、饭店业、烹饪技艺等专门人才学习和掌握的必备内容。特别是十七届六中全会通过的《中共中央关于深化文化体制改革，推动社会主义文化大发展大繁荣若干重大问题的决定》，非常明确地做出了“大力发展文化产业”的决定之后，餐饮业与传统文化的结合日益凸显出来了。全国各地的餐饮企业对饮食文化资源的开发利用越来越成为当务之急，以文化为内涵的餐饮产品开发也成为当前我国餐饮业发展的热点趋势。为此，餐饮专业人才的培养模式与课程内容也在发生着某种贴近于市场需求的变化。餐饮专业人员不仅要具备专业技能，同时也需要掌握相关的历史文化与专业知识，以适应当前餐饮文化产业发展的需要。因此，“中国饮食文化”成为餐饮专业人员必修的专业知识课程。

中国饮食文化历史悠久、博大精深，它承载着五千年华夏民族饮馔、烹饪发展的历程，彰显了我国56个民族的饮食习俗积累与所蕴含的民族精神与文化底蕴。如今，我国已经有许多的饮食与烹饪技艺项目，如孔府烹饪技艺、直隶官府菜技艺、北京烤鸭技艺、德州扒鸡技艺等已经被国家文化部门列入了“非物质文化遗产”目录。国家有关部门也已经启动了“中国传统烹饪技艺”申报世界非物质文化遗产的程序。实际上，在中华民族有史以来的生活历程中，人们从来就没有把饮食活动看成是仅仅为了满足生理需求的单纯行为。待客之道的宴饮活动、人生礼仪的食俗内容、时令节日的种种特色食品、迎来送往的礼食规定、文人聚会、生儿育女、祭先祀祖等，无不与饮食有着密不可分的联系。在如此众多的饮食习俗事项中所积累的物质文明成果与精神文明含义，都是中国饮食文化的博大内容与丰厚蕴藏。

毋庸置疑，中国饮食文化是中华民族文化宝库中极其重要的组成部分，是最富有民族文化特色的内容之一。它在当代我国餐饮业兴旺发达的背景下具有非常重要的文化产业意义与市场经济价值。尤其令人可喜的是，中国饮食文化的内涵与外延在当今中国餐饮市场的激烈竞争中，越来越成为不可缺少的重要资源。无论是在菜肴、筵席的创新应用方面，还是餐饮品牌的策划创意方面，乃至餐饮文化产业的开发运营方面，都显示出了它所具有的举足轻重的重要价值与不可替代的地位。

在这样的餐饮文化产业发展与社会专业人才需求的背景下，我们为开设餐饮管理、饭店管理、中餐烹饪等专业的中等职业学校编写了《中国饮食文化》专业教材，以供各中等职业学校相关专业教学使用。

《中国饮食文化》的编写，一方面汇集了国内众多职业院校资深专业教师的经验积累与专家学者的集思广益，认真提炼编写内容；另一方面借鉴了已有的几种有关中国饮食文化的专业著作与同类教材的成果。但由于中国饮食文化的内容丰厚广博，涉及的知识领域颇多，我们只能根据目前我国中等职业学校学生的实际情况与中等职业学校的培养目标，有针对性地选择编写了以下几个方面的内容：

（1）中国饮食文化概述。着重论述中国饮食文化的概念、基本特征与研究内容等。

（2）中国饮食文化渊源。分别叙述了中国饮食文化的起源与各个发展阶段的特点。

（3）中国饮食风味流派。重点介绍我国丰富多彩的饮食风味流派的形成、发展、特征等知识。

（4）中国饮食烹调技艺。从中国菜肴、面点的工艺角度进行了系统介绍。

（5）中国酒文化与茶文化。主要介绍中国的饮酒与饮茶文化。

（6）中国食礼与食俗。介绍中国宴席知识以及与饮食密切相关的习俗等。

（7）中国饮食养生文化。从传统饮食养生保健与现代营养学两个方面进行了论述。

尽管以上内容并不能代表中国饮食文化的全部，但具有一定的代表意义与实用价值。

受时间紧迫的影响，加之编写人员的知识水平所限，书中存在的问题与舛误在所难免，敬请使用本教材的师生与广大读者不吝赐教，批评指正。

赵建民

2012年5月于济南

CONTENTS

目录

第5章 中国酌酒饮茶文化

第6章 中国饮食礼俗文化

第 7 章 中国饮食养生文化

第1章 中国饮食文化概论

▷ 本章内容

1. 中国饮食文化的含义。
2. 中国饮食文化的基本特征。
3. 中国饮食文化的研究内容。
4. 中国饮食类非物质文化遗产。

▷ 学习目标

1. 认识、了解中国饮食文化的概念。
2. 掌握中国饮食文化的特征与研究内容。

第一节　中国饮食文化的含义

中国饮食文化是中国传统文化宝库中最有个性特色的一个重要组成部分，它的形成历史非常久远，可谓源远流长。中华民族的形成与发展历史以及五千年的文明史无不与中国饮食文化的发展有着密切的关联，因此它的发展过程就显得异常复杂曲折，可谓积渐已久，蕴涵丰厚。用一句“源远流长、博大精深”来形容实不为过。

一、中国饮食文化的概念

由于中国饮食文化内涵的丰富性与复杂性，用一句话来给中国饮食文化确定一个概念，是一件非常不容易的事情。文化本身就具有不同的蕴涵与理解，而饮食文化只是文化的一个分支。在了解饮食文化的概念之前，我们需要先简要了解一下文化的含义。

1．文化的含义

关于“文化”的定义，各国学者提出了众多不尽相同的看法，据《大英百科全书》统计，世界上仅在正式的出版物中给文化所下的定义即达160种之多，可谓众说纷纭，见仁见智，莫衷一是。这也显示出了文化的丰富性与复杂性。

英国人类学家泰勒先后给文化下了两个定义：一个是“文化是一个复杂的总体，包括知识、艺术、宗教、神话、法律、风俗，以及其他社会现象。”另一个是“文化是一个复杂的总体，包括知识、信仰、艺术、道德、法律、风俗，以及人类在社会里所得一切的能力与习惯。”都是非常宽泛的“大文化”的概念。

文化学者顾康伯在他的《中国文化史》自序中则持更宽泛的表述观点：“夫所谓文化者，举如政治、地理、风俗、宗教、军事、经济、学术、思想及其他一切有关人生之事项，无不毕具。”梁漱溟在《东西文化及其哲学》中则认为，文化“是生活的样法”，“文化之本义，应在经济、政治，乃至一切无所不包”。在梁启超尚未写成的《中国文化史目录》一书中，列有28个几乎囊括中华民族生活全部内容的“篇”，其中便有一个独立的“饮食篇”。由此看来，在许多文化学者的研究中，已经自觉或不自觉把饮食列入了文化研究的范畴。

“文化”一词，在我国是古已有之的。不过，它不同于近代的概念。在我国历史上，“文化”一词用来指中国古代封建王朝所施行的“文治”和“教化”的总称。在先秦典籍中，虽时而见到“文”“化”二字，却还没有连成一词。《周易·贲》中有“……观乎人文，以化成天下”的句子，可以说是对“文化”最为有意义的解释，而且两个字已有靠近的趋势。

所以，文化可以从两个方面进行诠释：狭义的文化，是指社会意识形态（如思想、道德、风尚、宗教、文学艺术、科学技术、学术等）以及与之相适应的组织和制度；广义的文化，是指人类社会历史实践过程中所创造的物质财富和精神财富的总称。

2．中国饮食文化的概念

文化有广义的文化与狭义的文化之分，而饮食文化是文化大范畴的一个分支。从这样的意义上看，饮食文化也有广义饮食文化与狭义饮食文化之别。

（1）广义饮食文化 “饮食文化”是一个近代的新名词，其内容涉及自然科学、社会科学及哲学的普泛的概念，是个介于“文化”的狭义和广义二者之间而又是融通二者的一个边缘不十分清晰的文化范畴。

按照这样的理解，广义的中国饮食文化，是指中华民族在长期的社会生活实践过程中，以饮食对象为主要内容，所创造的物质财富和精神财富积累起来的总称。中国饮食文化的博大精深，在于中华文明的历史悠久。可以毫不夸张地说，在中国传统文化教育中的阴阳五行哲学思想、儒家伦理道德观念、中医营养摄生学说，还有文化艺术成就、饮食审美风尚、民族性格特征诸多因素的影响下，我国劳动人民创造出了彪炳史册的中国食品加工技艺与别具特色的菜肴烹调技艺，并因此影响到了人们生活的各个层面，诸如政治、哲学、思想观念、审美情趣、民俗习惯等，形成了博大精深的中国饮食文化。

（2）狭义饮食文化 饮食文化毕竟是一种以满足人类生命生理需求为首要目的的实践活动，无论是从人类社会史的角度，还是从专门应用学科的角度，饮食文化应该有一个具体的概念，这就是狭义的中国饮食文化。

从这样的意义看来，中国饮食文化应该是指由中华民族社会群体在食物原料开发利用、食品制作和饮食消费过程中积累形成的技术、科学、艺术，以及以饮食为基础延伸形成的习俗、传统、思想和哲学。简单地说，就是中国人的食物生产和饮食生活的方式、过程、功能等内容组合而成的全部饮食事象的总和。

中国人的饮食行为，如果从宽泛的社会生活层面看，是与人类的文明进程、文化积淀关系最为密切的文化内容。众所周知，中国人一向热情好客，大家围在一起吃一顿“大锅饭”似乎更能增进彼此的感情。在筵宴酒桌上，好客的主人则会一再地给客人搛菜，热情之状溢于言表。古人云：民以食为天；俗话说：开门七件事，柴米油盐酱醋茶。由此可见，饮食确实是中国人生活中的重要内容。一谈到中国饮食文化，许多人会对中国食谱以及中国菜的色、香、味、形赞不绝口。中国的饮食，在世界上是享有盛誉的，华侨和华裔外籍人在海外谋生，经营最为普遍的产业就是餐饮业。

二、中国饮食文化的意义

众所周知，世界上有影响的、人口在千万以上的民族就有近百个，每个民族都有其独特的文化背景与生活特色。而任何一个民族的特质，往往能够形成一种独特的饮食文化。由于不同的国家和地区的发展历史有长有短，疆域面积有大有小，经济实力有强有弱，民族人口有多有少，以及社会构成、政权性质和经济结构等方面的差异性，就形成了世界各国、各地区丰富多彩的饮食文化类型，呈现出不同的饮食风格与饮食习俗。

1．中国饮食文化内涵丰厚

从人类历史的发展脉络来看，中国饮食文化从蒙昧未开的生食时期到自然用火熟食，再到有意识的烹饪并发展为科学烹饪，是经过了漫长的经验积累与文化积淀的。至今，已经形成了十几个大菜肴体系、至少不低于6万多种传统菜点，以及不胜枚举的面点、小吃，更有五光十色、流光溢彩的各色筵宴和地方风味。因此，中国在世界民族之林获得“烹饪王国”的美誉。而且，中国饮食文化内涵丰厚，涉及食源的开发与利用、食具的运用与创新、食品的生产与消费、餐饮的服务与接待、餐饮业与食品业的经营与管理，以及饮食与国泰民安、饮食与文学艺术、饮食与人生境界的关系等。而如果从更加宽泛的视角来看，中国饮食文化与科学技术、地域经济、民族宗教、食品食具、消费水平、民俗礼仪、教化功能等多角度、多层面有着密切的联系。展示出了不同的文化品位，体现出了不同的使用价值，真可谓蕴涵深厚，内容广博，异彩纷呈，非其他饮食体系所能够比拟。

2．中国饮食文化影响深远

中国饮食文化虽然没有孕育发展出像现代营养学的科学体系，但自古以来所形成的“五谷为养，五菜为充，五畜为益，五果为助”的饮食平衡理论与实践，却养育了世界上人口最多的民族群体，已经证明了它具有不可估量的历史意义与科学价值。中国饮食文化还讲究“色、香、味、形、器”俱全的审美风格。至于“五味调和”的饮食境界，“水火相济”的烹调之妙，“和神娱肠”的美食养生观，无不有着不同于世界其他各国饮食文化的特征与本质。

由于历史发展过程的种种原因，中国饮食文化除在本国的丰富发展外，还通过各种传播方式先后影响了相邻的日本、蒙古国、朝鲜、韩国、泰国、新加坡等国家，是东方饮食文化的代表与发源地之一。与此同时，还间接影响到欧洲，特别是意大利、英国等国家，以及美洲、非洲和大洋洲地区。而中国的素食、豆制品、茶饮、造酱、酿醋、面食、药膳、陶瓷餐具等，几乎传播到了世界各地，其深远的影响是不言而喻的。

3．中国饮食文化是珍贵的文化遗产

一个国家、一个地区的饮食文化往往是一个国家、一个地区文化的浓缩。中华民族的繁衍与兴旺发展，无不与饮食有着密切的关系，并且在这个发展过程中创造了包括物质文明与精神文明在内的丰富的文化成果，创造了中华民族独有的食物加工方式、食器制作方法等手工技艺，以及中华民族的饮食观念、饮食习俗、饮食美学、饮食哲学等，成为中华民族文化宝库中极其珍贵的文化遗产。

第二节 中国饮食文化的基本特征

中国是世界上著名的文明古国之一，久远深厚的历史文化孕育出了内涵丰富的中国饮食文化。在中国饮食文化的每一个层面和领域中，无不凸显出鲜明的民族特性。大致来看，中国饮食文化有以下几个特征。

一、饮食审美特征

中国的饮食烹饪，不仅技术精湛，而且有讲究菜肴美感的传统，注意食物的色、香、味、形、器的协调一致。对菜肴美感的表现是多方面的，无论是一根胡萝卜，还是一棵白菜心，都可以雕出各种造型，独树一帜，达到色、香、味、形、美的和谐统一，给人以精神和物质高度统一的特殊享受。

由于我国各地气候、物产、风俗习惯都存在着差异，长期以来，在饮食上也就形成了许多风味。我国一直就有“南米北面”的说法，口味上有“南甜北咸东酸西辣”之分，主要是巴蜀、齐鲁、淮扬、粤闽四大风味。而风味流派的形成就是建立在以饮食口味为主要审美内容的基础上发展起来的。

中华民族在饮食生活中一向很重视菜肴食品的味道，并一直把它作为衡量美食的最高标准。从历史发展的角度看，中国人素以饮食的“味”为核心，并以此作为衡量食品质量的第一标准。中国长期以来一直把各地烹饪的风味流派称作“帮口”。“口”就是口味，口味相同或相近的群体饮食体系就是“帮口”，这是区别不同风味流派的重要标志。对饮食味道的重视，就必然导致烹饪水平的不断讲究与提高，因此就能够生产出各种各样的美食来。所以，就中国饮食文化对食品的追求来看，饮食无不以“味”为本，由此食品的味道就成为饮食的灵魂所在。就中国菜肴的烹饪而言，调味就是一种艺术创造活动，故有“五味调和百味香”的理论与实践。在五味调和的过程中，不同滋味的妙合，其实质就是相存相依，而非相敌相斥。正因如此，才可以使食品发生“口弗能言，志弗能喻”的“精妙微纤”的味觉变化体验。从饮食消费者的角度看，学会“品味”，才是懂得饮食的关键所在。因此，饮食“品味”在中国就是一门审美艺术。并由此延伸到人们生活的各个领域，诸如人情之味，文章之味、诗词之味等，也就是我们常说的“味外之味”。

我国饮食烹饪不仅重视饮食的口味之美，而且很早就注重饮食过程的品位情趣，不仅对饭菜点心的色、香、味有严格的要求，而且对它们的命名、品味的方式、进餐时的节奏、娱乐的穿插等都有一定的要求。中国菜肴的名称可以说出神入化、雅俗共赏。菜肴名称既有根据主料、辅料、调料及烹调方法的写实命名，也有根据历史掌故、神话传说、名人食趣、菜肴形象来命名的，如“全家福”“将军过桥”“一卵孵双凤”“狮子头”“叫化鸡”“龙凤呈祥”“鸿门宴”“东坡肉”……

趣味链接

东坡肉的历史传说

我国宋代大文学家苏轼，因为写诗得罪了朝廷而被降职，下派到湖北黄州。到了黄州后，他自称“东坡居士”。在黄州他还发明了用文火炖猪肉的方法，味道非常好。苏东坡还提笔写了一首《猪肉颂》：“净洗铛，少著水，柴头罨烟焰不起。待他自熟莫催他，火候足时他自美。黄州好猪肉，价贱如泥土。贵者不肯吃，贫者不解煮。早晨起来打两碗，饱得自家君莫管。”由于苏东坡这篇《猪肉颂》的传播，他的这套独特的炖肉方法也被人们看好，老百姓使用他的名字命名，“东坡肉”也就流传下来，直到今天，仍然受到食客们的喜爱。

二、饮食养生特征

中华民族是一个重视养护生命的群体，而饮食养生则是中国饮食文化中的一个重要内容。所谓养生就是通过各种对生命的养护方式的实施过程，以求得身体保持健康状态并达到最佳人生效果。如果说饮食的基本目的是维持生存，那么，饮食养生则是追求人的生存质量的问题，表现出一种健康向上的、积极乐观的人生观。尽管饮食养生是中国古代上层社会的生活内容，但作为一种观念，它已是渗透于社会的各个阶层之中。影响所及无论是从纵向的历史层面上，还是从不同阶段的社会层面来看，都是极其深远的。

中国人在长期的饮食实践中，逐渐积累形成了一套完整的饮食养生理论体系。对此，本书有专门章节进行介绍。仅就我国的饮食烹饪技术为例，就与医疗、保健、养生有着密切的联系，在几千年前有“医食同源”和“药膳同功”的说法，人们利用食物原料的药用价值，做成各种美味佳肴，达到防治某些疾病的目的。古代的中国人还特别强调进食与自然节律协调同步的观点。春夏秋冬、朝夕晦明要吃不同性质的食物，甚至加工烹饪食物也要考虑季节、气候等因素。这些思想早在先秦就已经形成，在《礼记·月令》就有明确的记载，而且反对颠倒季节，如春天“行夏令”“行秋令”“行冬令”必有天殃，尤其反对食用反季节食品。孔子说“不时不食”，就包含有两层意思：一是定时吃饭，二是不吃反季节食品，与现代的人意识正相反，有些人吃反季节食品是为了摆阔。西汉时，皇宫中便开始用温室种植“葱韭菜茹”，西晋富翁石崇家也有暖棚。这种强调适应自然节律的思想意识的确是中国饮食文化所独有的核心内容之一。

中国传统的“阴阳五行”学说，对中华民族的思维模式与生活行为有着极其重要影响。人是天、地、人“三才”之一，饮食是人类生活所不可少的，制作饮食的烹饪术必然也要循此规律。因此，人们不仅把味道分为五种，并由此产生了“五味”说，而且用“五味”来泛指人能感觉到的十几种，乃至几十种“味”。“五味”说同样也影响到食物的分类与属性问题，人们把众多的谷物、畜禽、蔬菜、水果分别归入“五谷”“五肉”“五菜”“五果”的固定模式。

由此看来，中国的饮食文化一个突出特征，就是重视饮食养生的思想与实践，无论是社会的上层还是一般的平民百姓。

趣味链接

中国历史上的长寿之星

在我国有史可查的长寿之星是陈俊，据《永泰县志》第十二卷记载，永泰山区汤泉村，有位名叫陈俊的稀世老人，字克明，生于唐朝僖宗中和辛丑年（公元881年），卒于元朝泰定元年（公元1324年），终年443岁。后人称其为小彭祖，并造庙塑像以作纪念。《世悟》记载，魏明帝时，并州有一鲜卑族妇人，其寿350岁。《中国人名大辞典》记载：“慧昭和尚自言姓刘，为唐鄱阳王休业之曾孙，年已290岁，广求为弟子，遁去，不知所终。”

三、饮食民族性特征

中国饮食文化从诞生的那一刻起，就打上了中华民族的烙印。作为一种文化形态，只有具备了鲜明的民族个性的文化特征，才能成为世界文化宝库中光彩夺目的瑰宝。中国饮食文化之所以为世人瞩目，一个最为重要的原因就是它具有十分鲜明的民族个性特征。主要表现在饮食文化的技术实用性和意识形态两个方面上。在中国饮食文化的技术实用性方面，烹饪原料的广泛开发与利用为早期人类的饮食生活提供了可靠的食源保障。中国人对烹饪原料的广泛开发和充分利用是对人类饮食文化的一大贡献。在历史发展进程中，中国人不断地扩大食源范围，发展至今，与西方饮食文化相比，中国饮食文化表现出的用其他国家不入馔的原料制作美味佳肴，这一点最具特色。而蒸、炒、爆、熘等烹饪技艺则是中国饮食文化中独有的工艺文化之花，复杂多样的烹调方法，使中国饮食文化呈现出世界上无与伦比的千姿万态的壮观图景。中国林林总总的民族特色、地域风格的风味流派及其饮食风俗，使中国的食俗文化成为世界文化画卷中最具魅力的一页。在饮食文化的意识形态方面，中国饮食与传统思想观念渗透结合而产生的富有民族性的文化现象比比皆是。李曦先生在《中国烹饪概论》一书中总结出的重食、重味、重养、重利、重理等，从最为深刻的层面上反映出了中国的饮食文化与宇宙观、社会观、价值观、审美观等的密切结合。中国饮食文化兼收并蓄的气魄和极强的融合力，是中国历史上民族大融合的史实和对外来文化兼收并蓄为我所用的博大胸怀的体现。在中华民族的历史进程中，中原饮食文化一直处在同周边族群如“胡”“番”“狄”“夷”等饮食文化的相互影响、交流、吸收中。直到现在，中国饮食文化还是一个以汉族饮食文化为主体的、与其他民族饮食文化相互兼容的大体系。而对其他国家、民族的饮食文化，中国历史上从来都是广开门户，从不排外。尤其是改革开放以来的今天，中国对各国的饮食文化更是展笑揖迎、广纳博采。这不仅是历史传统优良作风的延续，而且从根本上讲，是中国饮食文化本身根基深厚、气魄宏大、自信心强、生命力旺盛的表现。

综上所述，中国饮食文化以其悠久的历史、优良的传统、完整的体系、深刻的内涵、强大的融合力、鲜明的民族特色和旺盛的生命力，成为世界饮食文化宝库中一颗灿烂的明珠。在世界各族人民心目中，中国饮食文化独具魅力，并得到他们的深深喜爱。

第三节　中国饮食文化的研究内容

一、中国饮食文化的内容

中国饮食文化的构成内容与一般意义上的文化是一致的，包括物质层面与精神层面两大板块。饮食文化的物质层面是以食物物质中心形成的研究领域，如怎样获得食物、吃什么、在什么条件下吃、怎么吃、吃了以后怎么样等问题。首先是对食物原料的生产、开发、选择、分类等，然后是加工技术和制作工艺、保藏、保鲜手段等，以及加工工具、饮食器具、饮食商业和服务等。饮食文化的精神层面则是与饮食有关联所形成的饮食习俗、制度、心理、观念、思想、审美、哲学等，形成了一个特定的知识体系与文化领域。

1．饮食文化物质层面

作为中国饮食文化的物质财富，中国饮食主要由主食、副食和饮品三个部分构成。从历史发展的角度看，中国进入农业社会后，农业就成为中国社会的最重要的经济生产部门，在粮食生产逐步增长的同时，中国人的饮食生活也就逐渐形成了以谷物为主食，以其他肉类、蔬菜、瓜果为副食，以茶、酒等为饮品的饮食结构。这种饮食结构延续至今，形成了与西方的饮食结构迥然不同的饮食文化模式。如今，许多具有民族特色的菜肴、面点小吃、调味品、酒茶等，已经成为优秀的传统文化项目，分别被世界、国家、省市等相关机构列入了人类非物质文化遗产名录，成为全社会共享的文化遗存。

（1）主食　中国人的主食是在漫长的农业生产的历史条件下逐渐形成并定型的，作为一个概念，中国人的主食就是指中国膳食结构中用以获得人体所需主要营养素的谷物及其制品，主要有米和面两大类，如米饭、馒头、面条等。

中国是世界上最早培植小米和大米的国家。早在8000年以前，磁山人和裴李岗人就在华北平原上开始培植小米，到了5000多年以前，黄河流域出现了高粱等农作物的种植。由于北方大部分地区盛产小米、高粱米和玉米，所以北方人常把它们做成饭或粥作为主食。大约在7000多年以前，长江下游杭州湾的河姆渡人就开始种植籼稻。目前，我国的稻产量约占世界稻总产量的1/3，产量居世界第一位，水稻产区集中在长江流域和珠江流域，包括四川、湖南、湖北、广东、浙江、安徽、江西、江苏、贵州、福建等地，华北和东北等地也有产出。大米的主要种类有籼米、粳米、糯米和一些特殊品种的稻米，如黑米、香米等。

一般地说，面类主食是指用小麦磨制加工的一种粉末状原料制成的主食，这种面粉原料又叫小麦粉。由于小麦的产地有别，栽培方法各异，小麦的品种有很多，磨制成的粉末质量也不一样。按照小麦加工精度的指标，面粉按照加工精度和不同用途，可分为等级粉和专用粉，其中等级粉又可分为特制粉、标准粉和普通粉三个等级。而专用粉则可分为面包粉、饼干糕点粉、面条粉和家庭用粉。龙山文化、大汶口后期文化的遗存表明，当时不仅有大麦、小麦的种植，而且还出现了粮食加工所用的石磨盘、石磨棒等加工器具，说明面粉在当时已经出现了。面粉是黄河流域以北地区的主粮之一，与南方出产的小麦相比，北方小麦蛋白质含量高，面筋筋性大，韧性强，产量也大于南方。面粉可供制作多种传统主食，如馒头、饼、面条、花卷、饺子、包子等。

（2）副食　它是相对主食而言的菜类食品，是主食的补充食物，如菜肴、小菜等。引申为可供制作菜肴、小菜的原料，如蔬菜、家畜、家禽、蛋类、奶类、豆制品、水产品、调味品、食用油等。就菜类食品而言，以地方风味特色来划分，中国菜可分为鲁菜、粤菜、淮扬菜和川菜四大菜系；以消费对象来划分，中国菜可分为宫廷菜、官府菜、寺院菜和市肆菜；以民族风格来划分，中国菜可分为汉族菜、蒙古族菜、傣族菜、朝鲜族菜等。以菜肴烹制时所使用的原料类别来划分，中国菜又可分为蔬菜类、动物肉类、蛋奶类、豆制品类、调味品类等几大类。

（3）饮品　茶和酒是中国人自古以来十分重视和喜爱的主要饮品。迄今为止，中国各族人民都还保留着本民族在历史文化积淀中传承而来的茶和酒。茶和酒是中国饮食的重要组成部分。

茶是中国的“国饮”。我国是茶树的原产地，中国的西南地区，包括云南、贵州、四川是茶树原产地的中心。六朝以前的史料表明，中国茶业，最初兴起于巴蜀，后向我国的东部南部渐次传播开来。至唐代以后，中国的茶文化才有了真正的大发展。早在公元7世纪，中国茶就传入了土耳其，并在唐宋以后将茶文化向外辐射，形成了一个亚洲茶文化圈。公元804年，日本高僧最澄来到中国求学，归国之际，带去了中国的茶籽，植于日本国土。次年，日本弘法大师再度入唐，又携去大量中国茶籽，分种日本各地。16世纪末17世纪初，中国茶叶传入俄罗斯、英国、荷兰、丹麦、法国、德国、西班牙等欧洲国家。我国悠久的产茶历史、辽阔的产茶区域、众多的茶树品种、丰富的采制经验，在世界上都是独一无二的。中国名茶品种之多、制茶之巧，质量之优，也是别国所不及的。今天，由于科学的分析化学测定手段的不断完善，人们已经发现茶叶中含有碱（又称茶素）、多酚类物质（又称茶单宁）、蛋白质、维生素、氨基酸、多糖、类脂等有机化合物约有450种以上；还含有钠、钾、铁、铜、磷、氟等28种无机营养元素。各种元素之间的组合十分协调，不仅益于增进人体生理所必需的营养，而且还能预防和治疗疾病。而茶本身所特有的清澄和明洁，反映了中华民族特有的素质：淡雅、恬静、清新、沉练。这正是古人所借以返璞归真、浑然洒脱、开慧激能的依凭，也是中国茶文化独具魅力之所在。

中国的造酒和饮酒历史非常久远，可以追溯到史前文明时期。中国自古以来就是一个农业大国，而酿酒则是农业发展后粮食有所剩余的产物，这在河姆渡文化、仰韶文化遗址中已经得到证明。我国考古发掘与研究表明，在浙江余姚河姆渡文化遗址中，调酒的陶盉、饮酒的陶杯等酒具已不少见。而黄河下游的大汶口文化和龙山文化遗存中，也出现了大量的酿酒器和饮酒器。此后，随着历史的演进，中国的酿酒业有了长足发展，至周代以后，酿酒业已成为重要的手工业部门。自秦汉至隋唐，酿酒技术水平不断进步，酒的品种、产量日渐增多，各地名酒辈出，相应的饮酒之风也弥漫朝野。宋代在我国酿酒史上可称是一座里程碑，官私酿酒业的规模空前扩大，技术和产量大大提高，见于文献记载的名酒达200余种。至南宋及金，已出现了白酒。元代后，白酒开始推广。时至明清，中国的酿酒业已进入了兴旺发达的时代，南北各地，“所至咸有佳酿”，生产规模、产品质量和产量空前提高。如今的历史名酒大多在清代时即声名已就。啤酒在晚清时也已发展，逐步成为酒之家族重要的成员之一。随着现代工业文明的演进，高科技浪潮的推动，自20世纪以来，尤其是中华人民共和国成立以后，我国的酿酒行业获得了突飞猛进的发展，酒厂数以万计，名酒不胜枚举。美酒芳香飘遍天南地北，具有悠久酒文化历史传统的中国成了名副其实的酿酒大国，酒业也成了国民经济的支柱产业。

趣味链接

饮食类国家级非物质文化遗产代表性名录

国家级非物质文化遗产代表性名录，是由中华人民共和国文化和旅游部组织相关专家进行评审，由中华人民共和国国务院批准公布。2006年批准命名了第一批国家级非物质文化遗产名录，截至2022年底，我国已经正式进行了五批国家级非物质文化遗产代表性名录的评审，批准公布了5批共1557个国家级代表性项目，包含3610个子项目。其中，在公布的国家级非物质文化遗产代表性名录中，饮食类占据了相当的数量，如“北京烤鸭”“贵州茅台”等，总数达到了160余项，是我国传统文化不可缺少的组成部分。

2．饮食文化精神层面

中国饮食文化的精神层面，包括了中国人对饮食生产消费过程中所产生的价值观念和行为准则的全部内容。

在社会层面，可以说，中国古代“民以食为天”的观点，体现了中国饮食文化的价值体系与政治、经济及社会思想意识有着密不可分的联系，是社会的政治、经济与社会思想意识的反映。例如，传说中的夏禹铸九鼎，就使与人类饮食生活密切相关的炊具变成了主权之器和国家的象征。鼎本来是古老的烹饪器具之一，古人说它是“调和五味之宝器也”，因为“民以食为天”，所以铸鼎为器而成为国家的象征，就成为人们普遍认同的理由。又如，在西周的“礼”中，饮食器具成为“礼器”，周人饮食活动中所遵循的一系列礼仪礼制，已成为统治者强化等级制度、维系层层隶属的社会等级关系的重要手段，它已成为人们必须恪守的行为准则。

体现在人文层面，我国的文人与饮食的密切关联更是无所不在。如滕王阁大会，“胜友如云”“高朋满座”“盛筵伟饯”“登高作赋”，是一次高规格的雅食大会，与之相似的还有王羲之的兰亭聚会、欧阳修的醉翁亭宴、东坡游于赤壁之下的舟中之宴等，更有杜甫、李白、陆游等大量有关美食、饮酒的诗篇。在中国的古典小说中，无不通过饮食、筵宴等场面的描述来反映人物的特征与时代的风貌。自古以来的中国人文精神，都竭力追求着精食、佳茗、美器、可人、良辰、美景、韵事等方面的完美统一，体现了中国文人的审美情趣与人文的价值观念。

趣味链接

王羲之“曲水流觞”的故事

东晋永和九年，农历的三月初三，王羲之邀请了共41位名人雅士在兰亭雅集修禊，他们在酒杯里倒上酒让它从曲水上游缓缓漂下来，如果漂到谁面前停住了，谁就要饮酒作诗，作不出的则要罚酒三觥，一觥相当于现在半斤。活动中共有11个人各作诗两首，15个人各作诗1首，16个人因没有作出诗而罚了酒，总共成诗37首，汇集成册称之为《兰亭集》，推荐主人王羲之为之作序，王羲之欣然答应，趁着酒兴，用鼠须笔和蚕茧纸一气呵成《兰亭集序》，后人称为“天下第一行书”。每年很多文人墨客都喜欢来这里仿效王羲之，兰亭雅集，饮酒赋诗。每年书法节都要在此举行曲水流觞的雅集盛会。

饮食文化在精神层面的体现是广泛地渗透在人们生活的各个方面，中国年节的饮食风俗，就是一个最好的例证。我国丰富多彩的节日吉庆食品，形形色色，五彩缤纷，但无不与满足人们的心理需求有着密切的关系。也就是说，中国每一种节日食物的符号功能远远超出了食物本身的食用价值。流行于我国民间主要的、典型的节庆吉祥食物大致有下列几种。

春节：标志性节庆吉祥食品——饺子，主要在我国的北方地区民间；汤圆，主要是流行于我国的南方地区民间；年糕，是南北民间都认为的吉祥食品。饺子、汤圆、年糕之外，另有多种用于不同礼俗活动中的节日吉祥食品，如南方的煎堆，北方的系列礼馍，种类包括圣虫、盘龙、圣鸡、刺猬、元宝、枣花饽饽、团圆饼、花斑马馍等，均属于专用性春节节日吉祥食品。

元宵节：标志性节庆吉祥食品——元宵（或汤圆、汤团）。大抵说来，元宵节的标志性节庆吉祥食品，北方人习惯上称为元宵，南方人则叫作汤圆或汤团，不仅名称上有别，加工技艺也不尽同。元宵节又有灯节之称，而在民间加工成的各种灯形食品也形形色色。如在北方有四季面灯（12个月）、生肖面灯（12生肖）、鱼面灯等，均可作为元宵节专用食品。元宵节在我国的许多地区还有合家团圆之意，因而还有用面团制作成“团圆饼”表征全家人团聚、团圆之意。

二月二：标志性节庆吉祥食物——太阳糕、煎饼。二月二称为龙抬头日，为北方民间一个重要的传统节日，旧时颇为重要。

清明节：标志性节庆吉祥食物——面燕、鸡蛋。清明节的标志性节庆吉祥食物面燕，又叫子推燕，是用精致的发酵面团加工而成的。面燕的造型千姿百态，有展翅独飞、双燕齐舞、老燕背雏等。而煮鸡蛋也有雕卵、画卵等种类。

端午节：标志性节庆吉祥食物——粽子。端午节是我国四大著名的民间传统节日之一，其典型的节日专用食品——粽子，是举国上下、大江南北皆尚的食物，其风味虽然各不相同，但其形制与含义却是一样的。

七巧节：标志性节庆吉祥食物——巧馃。巧馃，又叫小馃子。其品种繁多，且造型精美。大抵有金鱼、金蝉、莲蓬、莲叶、佛手、如意、宝葫芦等。

中秋节：标志性节庆吉祥食物——月饼。

重阳节：标志性节庆吉祥食物——重阳糕。

腊八节：标志性节庆吉祥食物——腊八粥。

如果展开来说，每一种节日食物的美好寓意、人们赋予它的吉祥蕴涵都可以写成一本书。

我国菜谱上有不少极富诗情画意的菜名，也大多被赋予美好的寓意。有的寓意官运亨通，有的寓意招财进宝，有的寓意家庭和睦，有的寓意健康长寿，有的寓意事业兴旺、生意兴隆，等等，不一而足。还有现代菜肴是以戏曲、历史故事命名的，如“贵妃醉酒”“龙凤配”“霸王别姬”“游龙戏凤”“八仙过海”“带子上朝”“一卵孵双凤”“水漫金山”“战长沙”“鸿门宴”“凤还巢”等。这不仅是中国历代烹饪工作者的文化与智慧的结晶，也是我国传统饮食文化中的一份宝贵遗产。

趣味链接

孔府菜“带子上朝”的来历

清光绪年间，七十六代“衍圣公”随母亲彭氏及家人专程进京为慈禧太后祝寿。随行佣人中还特地带上了孔府膳房的内厨张昭贞，打算在京都给太后进献一桌“孔府宴”作为寿礼。贺寿筵席上，慈禧品尝着由圣人之家进献的“孔府宴”，只见一道罕见的菜肴热腾腾地摆上了席面。这道菜红中透紫，紫中含红，熠熠发光。太后举箸品尝，酥软香甜，烂而不腻，入口即化，酷似她平时最爱吃的“樱桃肉”，然而又别有一番风味。慈禧连进三箸，赞不绝口。慈禧停箸把盏，问正在陪席的彭氏：“这道菜叫什么名字?”彭氏回禀：“百子肉”，慈禧觉得名字不雅，口传圣谕：“我看就把这道菜改叫‘带子上朝’吧!”慈禧一句话，“百子肉”便被更名为“带子上朝”，正式列入孔府菜谱。

二、学习中国饮食文化的方法

中国饮食文化是一门内涵丰富、外延无限，以中国传统文化底蕴为知识体系的学科，学习的过程中，不仅要具备良好的中国传统文化学基础，如历史、古汉语等，而且在学习中必须掌握良好的学习方法。

1．注意理论联系实际

中国饮食文化是我国中职中餐烹饪专业、高星级饭店运营与管理专业等的一门重要的基础课，在学习中应注意理论联系实际。中国饮食文化虽然是一门以理论知识为主的课程体系，但它的落脚点却是为了增加学习者的传统文化知识，以及把这些文化知识应用到现实的经营管理、文化创意、品牌经营、引导消费等方面的实践指导。包括中国饮食文化在内的任何传统文化知识，如果离开了与现实生活的应用结合与实践，中国饮食文化就失去了其存在的意义。只有把中国饮食文化的知识理论与烹饪工艺、餐饮经营、文化创意、打造品牌、引导消费等方面的实际应用结合起来，不断在实践过程中发挥其应有的作用，才是本课程的学习目的。

2．紧密地与其他学科相结合

中国饮食文化属于综合性较强的知识体系，它涉及中国传统文化的各个方面，甚至包括现代营养科学在内的十几门学科。尤其与中国“国学”有着密切关系，例如学习中国饮食文化的发展起源，就必须掌握中国历史最起码的知识；而在学习中国饮食养生学的时候，就必须涉及传统中医学、现代营养学的有关内容，等等。总之，在学习本课程时，要很好地与其他知识体系与专业课紧密结合，要充分利用其他学科的知识来加深对中国饮食文化的理解，拓宽思路，以便灵活运用。

3．善于吸收最新的科技成果

之所以在本教材中，一直把中国饮食文化称为知识体系，而没有把它称为学科，一个重要原因就是，目前学者对中国饮食文化的研究尚处于初创与发展阶段，还需要更多的人为之努力，不断吸收更多新的研究成果，来加以丰富和完善。学习中国饮食文化的时候，也必须具有同样的心态。这就要求我们在学习中，能够善于吸收其他科研领域最新的科研成果，包括学者对中国传统文化研究的新成果，不断摄取新的知识信息，不断更新自己的知识、观点，能够辩证地，从发展的眼光看待中国饮食文化中的每一个问题。这不仅有助于对本学科的学习，也有助于本学科的丰富发展与完善。

4．加强记忆，注重理解

加强记忆，注重理解，这是学好每一基础课程的基本原则。中国饮食文化也不例外。学生在学习本课程中，要在完成每章最后设计的“讨论与训练”“分析与应用”各题的基础上，注重对学习内容的理解与内涵的认识。这样既达到了巩固知识的目的，也为将来在实践中的运用打下了坚实的基础。

第四节　中国饮食类非物质文化遗产

一、非物质文化遗产的意义

我国是历史悠久的文明古国，拥有丰富多彩的文化遗产。非物质文化遗产是文化遗产的重要组成部分，是我国历史的见证和中华文化的重要载体，蕴含着中华民族特有的精神价值、思维方式、想象力和文化意识，体现着中华民族的生命力和创造力。保护和利用好非物质文化遗产，对于继承和发扬民族优秀文化传统、增进民族团结和维护国家统一、增强民族自信心和凝聚力、促进社会主义精神文明建设都具有重要而深远的意义。

1．非物质文化遗产的概念

在联合国教科文组织编写的《保护非物质文化遗产公约》中，对非物质文化遗产的定义是指被各群体、团体、有时为个人所视为其文化遗产的各种实践、表演、表现形式、知识体系和技能及其有关的工具、实物、工艺品和文化场所。各个群体和团体随着其所处环境、与自然界的相互关系和历史条件的变化不断使这种代代相传的非物质文化遗产得到创新，同时使他们自己具有一种认同感和历史感，从而促进了文化多样性和激发人类的创造力。该公约所定义的“非物质文化遗产”包括以下方面：①口头传统和表现形式，包括作为非物质文化遗产媒介的语言；②表演艺术；③社会实践、仪式、节庆活动；④有关自然界和宇宙的知识和实践；⑤传统手工艺。根据联合国教科文组织《保护非物质文化遗产公约》的核心意义，我国对非物质文化遗产也有一个明确的定义，并制定了《中华人民共和国非物质文化遗产法》，其中明确规定，非物质文化遗产是指各族人民世代相传并视为其文化遗产组成部分的各种传统文化表现形式，以及与传统文化表现形式相关的实物和场所，中国非物质文化遗产包括：①传统口头文学以及作为其载体的语言；②传统美术、书法、音乐、舞蹈、戏剧、曲艺和杂技；③传统技艺、医药和历法；④传统礼仪、节庆等民俗；⑤传统体育和游艺；⑥其他非物质文化遗产。我国对非物质文化遗产界定的内容和范围，较之联合国教科文组对非物质文化遗产规定的内容和范围，更加清晰、宽泛，而且体现了中华民族的文化特色。由此可见，非物质文化遗产的最大的特点是不脱离民族特殊的生活生产方式，是民族个性、民族审美习惯的有形体现和记录。

2．非物质文化遗产的保护和利用

非物质文化遗产是指各种以非物质形态存在的与群众生活密切相关、世代相承的传统文化表现形式，包括口头传统、传统表演艺术、民俗活动和礼仪与节庆、有关自然界和宇宙的民间传统知识和实践、传统手工艺技能等以及与上述传统文化表现形式相关的文化空间。非物质文化遗产是以人为本的活态文化遗产，它强调的是以人为核心的技艺、经验、精神，其特点是活态流变。在非物质文化遗产的实际工作中，认定的非遗的标准是由父子（家庭），或师徒，或学堂等形式传承三代以上，传承时间超过100年，且要求谱系清楚、明确。我国非物质文化遗产所蕴含的中华民族特有的精神价值、思维方式、想象力和文化意识，是维护我国文化身份和文化主权的基本依据。在近当代中国，能够传承100年以上的各种非物质文化遗产项目，是非常不容易的，因此非物质文化遗产是我国珍贵的文化遗产，具有极其重要的历史价值和文化信息资源价值，也是历史的真实见证。从这样的意义看，保护和利用好非物质文化遗产，对于增强国民的文化自信、弘扬中华民族优秀的传统文化、促进现代文化经济的可持续的协调发展，具有不可低估的社会意义和现实价值。当前的社会是一个高速发展的信息时代，随着全球化趋势的加强和现代化进程的加快，人类非物质文化遗产的生存状况受到了比较大的冲击，一些依靠口授和行为传承的文化遗产正在不断消失，许多传统技艺濒临消亡，大量有历史、文化价值的珍贵实物与资料遭到毁弃或流失境外，随意滥用、过度开发非物质文化遗产的现象时有发生。所以加强我国非物质文化遗产的保护已经刻不容缓。

二、中国饮食非物质文化遗产的意义

人类文明始于饮食，所要表达的含义则是人类文明成果的创造必须基于生命存在与延续的前提，而维持人类生命延续发展的首要条件是食物的保障。可以毫不夸张地说，人类最原始的活动意义完全是为了获取足够的用来维持生命必需的食物。于是才有了采集、渔猎、刀耕火种、农业生产、食物加工，并在此基础上衍生出了与之相关的祭祀仪式、社群制度、老幼尊卑等一系列礼仪文明活动。所以。早在我国《礼记·礼运》一书中就有了“夫礼之初，始诸饮食”的论述。意思是人类最早的礼仪活动，应该是从饮食活动与饮食礼仪开始的。也就是说，人类后世所有的物质文化遗产与非物质文化遗产的源头是从创造饮食文化遗产开始的。当然，随着人类社会生产力水平的日益提高和包括食物在内的物质逐渐丰富，人类物质文明和精神文明的发展内涵也不断丰富。但源远流长、长盛不衰的中国饮食文化，不仅给后人留下了大量与饮食文化相关的器具、文献等宝贵财富，而且在人们一日三餐的餐桌上，留下了许许多多有着悠久历史、文化底蕴的饮食礼仪与传统美食。包括餐桌礼仪在内的饮食礼仪、礼俗内容在规范人们日常行为、养成积极向上的健康生活发挥了巨大的作用。而丰富多样的传统美食不仅养育了中华儿女的繁衍发展，而且又成为一代一代后人共同的舌尖记忆，其中有些美食品类传承了上数百年甚至上千年之久远。关键的问题是这些美食的生产加工无不依赖于传统的手工技艺，而传承数百年甚至上千年的传统烹饪技艺、食品加工技艺积累成为今天珍贵的中国饮食非物质文化遗产资源。

美食的加工生产，形成了世界独一无二的中国烹饪技艺体系。而无数美食品类的烹饪技艺无不是通过人们一代又一代人的口传心授，包括父子相承、师徒相传、群体传承等形式传承到今天，形成了我国饮食非物质文化遗产宝库，是我国极其重要的文化资源。而以饮食为基础衍生、延伸出来的与美食相关联的所有礼仪习俗、信仰禁忌、岁时节俗、民间传说等内容，也成为今天我国饮食非物质文化遗产的重要组成部分。

我国饮食非物质文化遗产资源丰厚，有着形成历史悠久、地方风味浓郁、民族风味丰富多彩的特色。中国自古以来就有“礼仪之邦”的美誉，而积淀深厚的中国饮食礼仪文明及其与之相关的非物质文化遗产积累，是勤劳聪慧的中华儿女在长期的社会实践中，受当地自然环境、物产资源、传统文化与饮食习俗的影响，形成的以代表性中国饮食、民族菜点、风味食品为表现的传统烹饪技艺。中国饮食非物质文化遗产的内涵是极其丰富的，既有影响历代宫廷饮食的烹饪技艺与餐桌礼仪的非物质文化遗产成分，又有分散在民间的乡土风味的传统烹饪技艺与艺术习俗的非物质文化遗产内容，更有繁复多样的流传于各地民间的节日饮食习俗、民间传说、饮食器皿加工技艺等方面。

与其他一些非物质文化遗产相比较，中国饮食非物质文化遗产中的大多数内容和项目，在当下的传承中依然发挥着为民众美好生活服务的作用，而不是存放在博物馆、文物馆进行保护的珍贵文物。中国饮食非物质文化遗产在今天不仅随处可见，而且随着新时代的开发利用日益发挥其旺盛的生命活力。因为，中国饮食非物质文化遗产与我国民众饮食生活紧密联系，有些食品种类甚至与民众生活须臾不可离。即便是在交通、交流异常发达的今天，在全国各地，人们依然以进食自己的菜肴、使用特色的器具、饮用地方美酒、品饮当地名茶、遵守餐桌礼仪等为主要生活方式，反映了中华民族一以贯之的生活情趣。参见附录《中国饮食类国家级非物质文化遗产代表性名录（1～5批）》。

三、中国饮食非物质文化遗产的概念

关于饮食非物质文化遗产概念的提出，应该是近几年来的事情，在学术界还是一个全新的概念。在认识和了解中国饮食非物质文化遗产概念之前，需要把饮食非物质文化遗产的概念解释一下。

1．中国饮食非物质文化遗产形成

我国自2011年6月实施《中华人民共和国非物质文化遗产法》以来，从第一批到第五批的国家级非物质文化遗产代表性名录的评审中，专家们是把非物质文化遗产分为民间文学、传统音乐、民间舞蹈、曲艺、传统体育、游艺与杂技、传统美术、传统手工技艺、传统医药、民俗十大门类，其中没有饮食类。

但随着我国各地政府部门与社会各界对非物质文化遗产认识的日益提高，人们对于申报评审各级别的非物质文化遗产代表性名录的热情也越来越高涨，申报的项目越来越多，尤其是以传统烹饪技艺为内容的"饮食类"项目明显增加。传统的非物质文化遗产代表性名录评审中，饮食类非物质文化遗产项目主要是归于"传统手工技艺"范围的。但随着"饮食类"项目申报数量的增多，到第五批国家级项目的评审中，评审专家组就把饮食类从"传统手工技艺"中分了出来，于是就有了"饮食类非物质文化遗产"的事实，但从大类上依然属于"传统手工技艺"的范围。

然而，就饮食非物质文化遗产所涵盖的内容而言，除以"传统手工技艺"即烹饪技艺所展示的代表性名录外，还应该包括传统手工技艺中的饮食器具、民俗中的饮食习俗、民间文学中的饮食故事、传统美术中食物题材的作品、传统音乐中与饮食相关的作品，以及传统医药中以食治食疗食养为主的项目等。由此一来，饮食类非物质文化遗产是一个跨越几大传统非遗门类的综合大类。

之所以要把饮食非物质文化遗产项目独立出来，则是因为在"传统手工技艺"大类中，饮食项目几乎占到了评审项目总数的半壁江山。事实也如此，中国饮食非物质文化遗产作为中华饮食类非物质文化遗产的组成部分，是一个资源丰富的文化宝库。仅以我国著名的"八大菜系"来说，就是一个蕴涵丰富的文化宝库。中国菜肴无论是在烹调技艺、食品加工技艺、调味品制作技艺等方面，还是在饮食习俗、饮食民间故事、饮食器具加工与使用等方面都有着独具特色的文化内涵。

2．中国饮食非物质文化遗产概念

如前所述，饮食非物质文化遗产的概念，是在近几年来随着发展逐渐形成的。因此，其概念的科学性与表述性还有待于进一步探讨。

就中国饮食非物质文化遗产概念而言，可以作如下表述：

中国饮食非物质文化遗产，是以悠久的齐鲁饮食文化为背景所积累形成的包括烹饪技艺、食品加工、器具加工与使用、饮食习俗、饮食故事、饮食美术作品等在内的传统文化资源项目的总称。

毋庸置疑，每一项中国饮食非物质文化遗产都有着自身的独特性，这些独特性不仅是表层结构的不同，更有其深层次的多方面的原因。它深受中国传统文化、自然环境、地理环境、民俗风情、生活习惯等方面因素的影响而逐渐积累形成。

同时，每一种中国饮食非物质文化遗产项目，还具有与其他项目相同的普遍性和代表性。普遍性是泛指一切中国饮食传统烹饪技艺、食品加工技艺、调味品加工技艺、饮食器具加工与使用等，是实现一切中国风味菜点特色的手段与技术，包括长期以来流行于中华大地包括各民族地区一切风味主食特色的实现。而代表性则是在普遍性的基础上，以表现中国饮食非物质文化遗产的历史价值、文化价值、教育价值、社会价值等方面，更具有影响力和独特性。从历代宫廷饮食到富有代表性的"孔府"官府菜烹饪技艺，从中原大地的传统风味到各边疆少数民族地区的饮食，从各地不同的年间饮食习俗到丰富多彩的少数民族节庆活动等，无不充满了中华民族在数千年的生活积累中所展现出来的智慧与精神。

从人类文化进化论的角度看，非物质文化遗产在历史的发展历程中也不是一成不变的，它是在时间的不断前进中和人们生活的不断进步中，逐渐地完善丰富。中国饮食非物质文化遗产的载体是食物或是食品，但这些有形的食品、菜肴、点心、器具、食俗活动等不是非物质文化遗产的主体，它们仅仅是饮食非物质文化遗产的外在表现形式。饮食功能之外，还具有需要传承保护的，隐藏在这些有形状态背后的手工技艺、食俗文化内涵、饮食器具加工技艺及其使用方法及其意义，以及由此衍生出来的餐桌礼仪、饮食观念、审美精神等。而所有这一切，都是通过一代代人的口授心传、生活延续、心灵沟通传承下来的，并在长期的生活经验积累与文化积淀中形成了今天珍贵的非物质文化遗产宝藏。

趣味链接

山东煎饼食俗

煎饼是用调制的五谷杂粮磨成的面糊在烧热的铁鏊子中摊平烙制而成的杂粮薄饼，是山东泰沂山区最具代表性的特色食品。围绕着山东煎饼的制作、食用而形成的系列日常生产生活习俗、民间信仰习俗、民间传说故事及俗语等民间传统文化习俗统称为山东煎饼习俗。山东煎饼习俗的核心区域是泰沂山区，包含了鲁中南广大区域，并辐射至鲁西南、鲁北等地区以及与山东接壤的苏北、皖北等区域。

1978年在山东莒县出土的西汉时期的铁鏊子与今天的煎饼鏊子大体相同，由此可以推断，在西汉时期山东地区的人们就已掌握了用鏊子制作煎饼的技艺。后来的一系列考古发现证明，最迟在明代万历年间，煎饼在山东地区已十分普及。山东煎饼习俗与当地民众的生产、生活息息相关，是当地民众生活习俗的有机组成部分，现已形成了历史悠久、影响广泛、地域特色鲜明、文化内涵丰富的文化体系。首先，山东煎饼习俗是一种生产生活习俗，体现着一个家族从劳作到饮食的风俗特色，制作煎饼也就成了家庭日常生活的一部分。其次，山东煎饼习俗是一种社会文化习俗。每逢重要节日，山东煎饼习俗便成为节日习俗的重要组成部分。例如，至今在当地民间还有“二月二刮大风，拾柴火摊煎饼”的俗语；再如“煎饼补天习俗”是当地民间信仰的重要内容。此外，还有很多语言习俗和民间传说都与山东煎饼习俗息息相关。

3．中国饮食物遗与中国饮食非遗

饮食非物质文化遗产与其他类别的非物质文化遗产都是有着共同的文化特征的，而在表现形态上都属于依托于有形的载体，展示无形的文化属性。例如，国家级饮食非物质文化遗产代表性名录项目“北京烤鸭”，无论烤鸭的味道多么好吃，造型多么优美，但并不会受到政策性的保护，所要保护传承的是制作“北京烤鸭”的传统技艺与技艺表现过程中的俗信与禁忌等。从这样的意义来看，我们只要把这种“北京烤鸭”的完整技艺传承下来，就不怕没有美味的烤鸭可以食用。

因此，要想全面了解中国饮食非物质文化遗产，就必须首先了解中国饮食物质文化遗产。因为在它们之间有着不可分割的联系。

中国饮食物质文化遗产，是对中国饮食活动中一切“有形文化遗产”的总称，既包括中国饮食的历史文物、中国饮食生产有关的历史建筑、遗址，还包括中国饮食文化的书籍、文献、器皿、餐具、工具等物质形态保护体系，以及一切尽管在时间上只是较短保留的所有食材、菜肴、食品等。中国饮食物质文化遗产强调的是实物文化遗产保护层面，所有在具体的认知中更加倾向于那些能够长久保存的有形物态。因此，对于中国饮食物质文化遗产的原件最好的保护方式是静态保护。尽管可以将中国饮食物质文化遗产以文字、音像、声音的形式转化成书籍、图片、音像、视频资料等形式进行保存，也是要以静态存放为主，当然不包括运用于传承教学的资料。所以，目前最流行的保护形式是将饮食物质文化遗产实物原封不动地放置在博物馆、展示馆、资料馆、体验馆等中进行保存。这是因为，中国饮食物质文化遗产中的原有实物，是不可再生的文化资源。虽然这些实物有些是可以通过现代加工工艺进行仿制或复制，仅仅是用于现代实用或是教学传承、群众体验之用，不具有文化遗产的价值，与原来的实物是不同的。

中国饮食非物质文化遗产，要依靠生活在祖国大地不同地区人们一代一代的口传心授、世代传承。如中华众多菜点为载体所表现出的传统烹饪技艺，它是看不见、摸不着的“无形文化遗产”。再比如中国美酒中的多种酒品的酿造技艺与酿造过程中的种种生产习俗等，也是看不见、摸不着的“无形文化遗产”。虽然，这些传统技艺今天可以用文字、影像把它们记录下来，但在具体作业过程中的要领、经验、俗信，以及对产品质量的把握，都是无法用文字、影像资料表现出来的。

因此，从这样的意义来看，中国饮食非物质文化遗产保护方式不是实物的保存，更何况中国饮食非物质文化遗产的许多实物（如即时加工、烹饪的食馔等）是没有保存价值的。因为饮食非物质文化遗产属于传统技艺非物质文化，它只依靠传承人口传心授的方式进行传承，一旦传承人出现断层，中国饮食传统烹饪技艺、酿造技艺、饮食习俗、饮食文学、饮食美术等就会失传而无法恢复。中国饮食非物质文化遗产作为传统手工技艺类的非遗文化项目，必须能够一代代人以不断传承作业，以活态传承的形式把这种无形的技艺传承下来。

实际上，对于传统手工技艺而言，要想运用娴熟的技艺制作、生产出优质的有形产品，就需要具备精益求精、一丝不苟、专心致志的工匠精神，这是具备高超技艺的关键所在。所以，仅就各种技艺的本身来说，中国饮食非物质文化遗产是以“有形的”菜点、食品、酒茶等为载体所表现出来的精湛技艺、工匠精神与人文价值。

4．中国饮食物遗与中国饮食非遗的异同

研究中国饮食非物质文化遗产，是离不开中国饮食物质文化遗产的。“物质文化”与“非物质文化”既有区别又有联系，而且是不可能完全分开的。但物质文化遗产是指以有形的物质形式世代传承下来的，以物质形态为载体的文化遗产，又称为“固态文化遗产”，如古籍文献、文物旧器、古代建筑、生活用具等物质文化遗产。

以饮食文化遗产而言，所谓“物质文化”是指为了满足人类生存和发展需要所创造的以食物、食品等物质形态实物及其表现形式的文化，其侧重点在于“物质实用”与“物质形态”的文化遗产。

而与“物质文化”相区别的是“非物质文化”。“非物质文化”又称为“无形文化”，是人类在社会历史实践过程中，依靠传承人口传心授的传统文化的表现形式。非物质文化遗产强调的不是这些物质层面的载体，主要侧重点是非物质形式或是以物质为载体表现出的精神与情感，如口头文学、传统表演艺术、传统技艺等方面。如中国烹饪技艺，非物质文化遗产不是强调各种菜肴食馔食用价值的本身，而是强调各种菜肴食馔的制作技艺、制作要领与饮食习俗、饮宴规制与仪式等及所表现出来的生活态度、饮食观念与工匠精神、思想内涵等。

不过，对于“非物质文化遗产”的概念，它的提出与使用是经过了一个逐渐演化的过程。根据有关资料记录，1982年，联合国教科文组织内部就已经设置了一个管理部门，即“非物质遗产”部门，于此之后“非物质遗产”的概念才开始出现。后来，慢慢演变成“非物质遗产”“无形文化遗产”“口传与非物质遗产”“口述与无形遗产”“口头和非物质遗产”“民族民间文化遗产”等多种提法。直到2003年，联合国教科文组织在第32届大会上通过了《保护非物质文化遗产公约》，公约正式提出了“非物质文化遗产”的概念。

显然，研究中国饮食非物质文化遗产，不是以各种食物、食馔、筵宴、饮食器具等实物本身作为对象，而是通过这些“有形”的载体研究、传承、保护制作这食物、食馔、筵宴、饮食器具的传统技艺、饮食习俗、使用技巧，以及由此所反映出来的饮食观念、人生态度、审美情趣、精神状态、饮食习俗等，也包括制作工艺中所反映出来的精益求精、一丝不苟的工匠精神、生产态度、创新理念等。

本章小结

中国饮食文化是中国文化的重要组成部分，具有鲜明的民族个性和时代特征，有着丰富的内涵与外延。本章重点从中国饮食文化的概念、含义、特征，以及研究内容进行简要介绍。中国饮食文化的含义包括广义和狭义两个方面；中国饮食文化特征从饮食审美特征、饮食养生特征、饮食民族性特征三个方面来展现；中国饮食文化的研究内容主要从物质层面与精神层面两个大的视角进行总结。另外，掌握良好的学习方法对于学习饮食文化的知识体系具有重要的意义。并在此基础上，了解中国饮食类非物质文化遗产的有关知识和具体情况。

讨论与训练

1. 简述中国广义饮食文化与狭义饮食文化的含义，并厘清之间的区别。
2. 中国饮食文化的基本特征有哪些方面？
3. 怎样理解饮食养生是中国饮食文化的主要特征之一？

分析与应用

1. 中国传统饮食文化有着明显的主、副食区别，你认为有什么现实意义？
2. 中国饮食文化的饮食审美特征对于提升现代人的生活质量具有什么样的意义？
3. 简要描述你对中国历史文化知识掌握的程度，并规划如何学好中国饮食文化课。
4. 简要叙述我国饮食类国家级非物质文化遗产的情况，并列举你所了解的当地饮食类非物质文化遗产项目。
5. 举例说明，中国饮食物质文化遗产与中国饮食非物质文化遗产的区别。

第2章 中国饮食文化源流

▷ 本章内容

1. 中国饮食文化诞生起源。
2. 中国饮食文化初步形成阶段。
3. 中国饮食文化丰富发展阶段。
4. 中国饮食文化走向成熟阶段。
5. 中国饮食文化进入全盛阶段。

▷ 学习目标

1. 了解中国饮食文化发展时期的划分，掌握中国饮食文化各个发展时期的历史情况与特点、特征，从而对中国饮食文化的起源与发展过程有一个系统的认识与把握，强化学习、弘扬中国饮食文化重要性的意识。
2. 了解中国饮食文化在诞生起源、初步形成、丰富发展、走向成熟、进入全盛各阶段的大致情况。

饮食活动是人类与生俱来的事情，但是，饮食文化却是人类在与大自然和谐相处中有目的创造与积累的结果。著名法国人类学家施特劳斯有一个著名的公式：

生食/自然＝熟食/文化

按照这样的理论来说，人类的饮食文化是从熟食开始的。当然，这并非说熟食之前人类没有创造性的活动存在，比如获取食物方法的进步、加工工具的改进等。但毕竟，熟食的开始加速了人类的文明进程，是具有划时代意义的标志。中华民族的繁衍过程与发展历史也同样如此。中国饮食文化有着悠久漫长的形成历史与发展历程。在其整个的发展过程中，中国饮食文化以创造中华文明史的中华民族及其祖先为主体，以祖国的物产为物质基础，以中华民族在历史演进的时序中所进行的饮食生产与消费的一切活动为基本内容，以不同时期饮食活动中烹饪器械和烹饪技艺的不断出新为文化物质财富的发展主线，以中国人在饮食消费活动中的各种文化创造为文化精神财富的表现形态，由简而繁，由少而多，并且在不同时代的跌宕起伏中与时俱进，形成了宽广深厚的历史文化积淀。

第一节　中国饮食文化诞生起源

人类的熟食起源，直接的因素就是火的使用。人类火的使用年代非常久远，而且是经历了一个从“自然王国”到“自由王国”的过程。人类真正能够进入稳定的熟食阶段，是应该从火种的发明与掌握开始的。据考古学家的最新研究成果表明，我国山西芮城西侯度遗址在距今约243万年的时候，就有了用火的发现，而云南元谋人早在距今180万年前，则进入了用火的新时期。据此，很多学者认为，至少在距今240多万年以前，中华民族的先祖已经发现甚至可能学会利用火了，但还没有证据表明当时的人类已经开始了用火熟食的生活。

历史学研究表明，人类以火熟食，起初并非出于自觉。雷火燃起大片森林，许多动物未及逃脱而被烧死，先民于火烬中发现烧熟的动物肉，食后觉得其味道美于生吞活剥，后来经过在自然大火中的反复食物尝试，逐渐认识到火与熟食的关系与功能。由此，人类开始了对自然火的控制与保存，有意识熟食从此开始。

趣味链接

人类钻木取火的故事

据传，在很久以前，我们的先祖在利用干的木材打造工具时，由于木材长时间的摩擦、钻洞产生的高热使木材发生了燃烧。由此人类掌握了自己取火的能力，开始摆脱自然的影响。这就是流传在我们民间故事中有关“钻木取火”“钻燧取火”的传说。我们先祖钻木取火的具体年代虽然已经不可考据了，但它却是人类发明火、自由用火的真正开始。

研究结果表明，先民发明钻木取火并开始真正意义上的用火熟食，至少已有50万年的历史，在北京周口店地区的原始人遗址中，发现了大量的灰烬层和许多被烧过的骨头、石头等，被称为最原始的“庖厨垃圾”。中国考古学家据此认为，在距今50多万年的北京猿人已经能够发明火、管理火以及自由地用火熟食了。

用火熟食，使人类从此告别了茹毛饮血的饮食生活，是人类最终与动物划清界限的重要标志。恩格斯在《自然辩证法》中指出了人类用火熟食的意义：“（人类用火熟食）更加缩短了消化过程，因为它为口提供了可说是已经半消化了的食物。”并认为：“可以把这种发现看做是人类历史的发端。”所以说，人类用火熟食既是一场人类生存环境的大革命，也是人类第一次自然能源开发利用的开端。用火熟食标志着人类从野蛮走向文明，用火熟食结束了人类“茹毛饮血”“生吞活剥”的生食状态，使自身的体质和智力得到更迅速的发展。而对于中国的饮食发展史来说，中国人用火熟食孕育了最原始的烹饪技术，奠定了中华民族饮食史上一大飞跃的物质基础，中国饮食文化与烹饪技艺的历史由此展开。

虽然有考古资料证明中国人用火熟食的历史年代，但直到文字发明之前是没有历史记载的，这被称为史前文明。人类史前的用火熟食，实际上就是先民以烧、烤方法为主的熟食阶段。人们把利用各种方法得来的食物，放到火上或火中直接进行加热，就是今天的烧、烤方法。

从人类早期食物原料及其获取方式上看，当时先民们的食物原料来自自然生长的东西，获取的方式主要是采集和渔猎。也就是在不同的季节中采集植物的果根茎叶，集体外出用石块、石球、木棒等围猎豪猪、狼、竹鼠、獾、狐、兔、洞熊、野驴等动物。尤其引人注目的是，在山西朔州、下川、沁水等旧石器文化遗址中出土了石簇等原始人制作的捕猎工具，表明在距今3万年前，我们的先民已开始使用弓箭这样的高级捕猎工具，使人类获取动物肉食的效率极大地提高了。

如果从调味方面来看，旧石器时代晚期的先民们已经开始采集食用野生蜂蜜和酸梅了，也可能已经使用天然盐了，但文献和考古发现中并无先民用它们来调味的证明。当时人们的饮食极其简单，直接生食或熟食，目的是维持生命，在物质文明还未达到产生审美的高度时，人们的饮食主要是为了充饥果腹，根本谈不上美味享受。当时的进食方式也很简单，主要是直接用手抓食，可能配有一些砍砸器、刮削器或尖状器具，以有助于吸食骨髓、汤汁和剔净残肉等行为。

一、原始烹饪方法

在整个原始社会以及原始社会以前很长的时间里，我们的先祖在用火熟食活动中，大致经历了火烹熟食、石烹熟食和陶烹熟食三个阶段。

1．火烹熟食阶段

火烹就是把食物直接置于火上进行熟制。这是人类学会用火后最先采用的烹饪方法。古文献记载的具体的方法有将食物架在火上的燔、烤、炙、煨等。不过，由于此时人们对于火候的掌握水平非常差，所加工成的熟食质量相当差，不是半生不熟，就是烧焦烤煳，没有美味可言，但较之生食还是好吃多了。

2．石烹熟食阶段

石烹是原始人类利用石头、石器为传热媒介，把食物加热成熟的方法，主要有“石煨”“石燔”和“石煮”等熟食方法。石煨，就是把食物埋入烧热的石子堆中，最终使食物加热成熟的方法。至今流行在山西民间的“石子馍”就具有远古先民“石煨”的遗风。石燔，就是把食物放在烧热的石板上烙熟食物的方法，古籍资料有“石上燔谷”“石上燔肉”的记载，至今我国许多少数民族地区仍有在石板上烙烤肉食的习俗。石煮，就是在掘好的坑底铺垫兽皮（地处黄土高原不铺垫兽皮也可以），然后将水注入坑中，再将烧红的石子不断地投入水中，水沸而使食物成熟。近几年来餐饮酒店的“桑拿花蛤”等菜肴制作，就利用了石子传热的方法，颇有古代石烹遗风。

3．陶烹熟食阶段

陶烹就是人们发明了陶制器具以后，运用陶器炊具进行加热把食物加热成熟的方法。根据考古研究表明，早在距今约1.1万年以前，中国人就发明了陶器。陶器的发明虽然是一个漫长的过程，但始于饮食有关的活动是毫无疑问的。早在陶器发明之前，人们发明了“炮”的烹饪方法，就是用黏性的黄土把整个食物包裹起来，放在柴火上烧烤，这样做法的结果就是先民利用中介传热的开始，包裹后的食物在烧烤中受热均匀，不致烤焦。而烧烤后泥土包裹层的板结，就是陶制器具的滥觞。

我们的祖先通过包括“炮”的方法加热熟食使泥土凝结在内的长期的劳动实践发现，被火烧过的黏土会变得坚硬如石，不仅保持了火烧前的形状，而且坚固不易水解。于是人们就试着在荆条筐的外面抹上厚厚的泥，风干后放入火堆中烧，待取出时里面的荆条已化为灰烬，剩下的便是形成荆条筐形状的坚硬之物了，这就是最早的陶器。先民们制作的陶器，绝大部分是饮食生活用具。在距今7500～8000年前的河北省境内的磁山文化遗址中，发现了陶鼎。至此，中国先民进入了陶烹时期，这也标志着严格意义上的烹饪开始了。在此后的河姆渡文化、仰韶文化、大汶口文化、良渚文化、龙山文化等遗址中，都发现了数量可观的陶制的炊煮器、食器和酒器等。在河姆渡遗址和半坡遗址中，发现了原始的陶灶，足以说明早在六七千年以前的中国先民就能自如地控制明火，进行烹饪了。陶烹是烹饪史上的一大进步，是原始烹饪时期里烹饪技术发展的最高阶段。

中国的原始陶器，对其发明时间与发明人，史学研究者众说纷纭，我们不作讨论。据《事物纪原》引《古史考》说："黄帝始造釜甑，火食之道成矣"。又说"黄帝始蒸谷为饭""烹谷为粥"。最早的夹砂炊器都可以称为釜，古代人们说它是黄帝开始制造的。对于中国菜肴的制作技术与烹饪方法的发展进步而言，陶釜的发明具有第一位的重要意义，后来的釜不论在造型和质料上产生过多少变化，它们煮食煮肴的原理却没有改变。更重要的是，釜具有领陶制炊具之先河之作用，后来人们制作的许多其他类型的炊具，几乎都是在陶釜的基础上发展改进而成的，例如甑的发明便是如此。

陶甑的发明，使得人们的菜肴加工技术与饮食生活又产生了重大变化。运用釜对食肴进行熟制是直接利用火的热能，把食物放到里面加热而成熟的，这就是人们习以为常的"煮"法。而甑在烹饪食肴时，则是利用火把甑底部的水烧热后产生的蒸汽能，把食材制熟的方法，就是"蒸"法。有了"甑"器，蒸作为烹饪手段由此诞生，人们不仅使食肴的加工方法进一步得到增多，更重要的是人们进入了对蒸汽的利用时代，而且运用蒸的方法人们可以获得较煮制法更多的馔品。

我们相信，陶器的发明、创造过程是经历了一个相当漫长的时间的，并非后人想象的那样简单。陶烹阶段在时间上与火烹阶段和石烹阶段相比要短得多，但它却是处于原始社会生产力发展最高水平时期，从原始先民的饮食生活质量角度而言，陶烹阶段大大地超过了火烹与石烹两个阶段。而原始农业和畜牧业的出现，粟、稻、芝麻、蚕豆、花生、菱角等农作物的大量栽培，一些人工种植的蔬菜进入人们的饮食活动之中，牛、羊、马、猪、狗、鸡等的大量养殖，加之弓箭、渔网等工具的发明和不断改进，这一切使原始先民饮食活动所需的烹饪原料要比采集和渔猎更为可靠和丰富，这些都为陶烹阶段的大发展提供了物质条件。

二、原始调味与筵饮

考古资料与文献记录表明，中国饮食文化在这一时期，饮食烹饪有意识的调味开始出现了，此时人们已学会用酸梅、蜂蜜等调味。由于陶器的发明和普遍使用，人们在运用陶器熟食时，发现许多不同的烹饪原料间的混合加热会产生妙不可言的美味。特别是陶器的发明，使"煮海为盐"有了必要的生产条件，用盐调味的技术应运而生。

趣味链接

宿沙氏始"煮海为盐"的记载

古籍记载："宿沙氏煮海为盐。"宿沙氏又名夙沙氏，是黄帝时期的大臣。据史学家研究说，宿沙氏是生活在我国黄河流域下游的部落之一，主要活动在东部沿海地带的胶东半岛、辽东半岛等。由于长期生活在海边，在漫长的生活实践中逐渐发明了运用烧火加热蒸发海水的方法制取食盐。宋代资料说："宿沙氏始以海水煮乳煎成盐，其色有青、红、白、黑、紫五样。"这种传说流行于沿海地区。

也正是由于陶制器具的发明，酿酒条件已经具备，仰韶文化遗址中出土的陶质酒器表明早在7000多年前，先民们已经初步掌握了酿酒技术。酒不仅可以用于直接饮用，而且也可以作为调味品进入人们的烹饪活动中。至此，以中国烹饪为标志的饮食文明进程，完成了真正意义上的"熟食"，进入了进一步完善形成的时期。

与此同时，中国人的筵饮活动也是在这一时期产生的。中国远古时期人类最初过着群居生活，共同采集狩猎，然后聚在一起共同享受劳动成果。进入陶烹阶段后，人们开始农耕畜牧，在丰收时仍要相聚庆贺，共享美味佳肴，同时载歌载舞，抒发喜悦之情。《吕氏春秋·古乐篇》有云："昔葛天氏之乐，三人操牛尾，投足以歌八阕。"当时聚餐的食品要比平时多，而且有一定的就餐仪式和程序。另一方面，当时人们对自然现象和灾异之因了解甚少，便产生了对日月山川及先祖等的崇拜，从而产生了祭祀。在生产力水平低下的时期，人们认为食物是神灵所赐，祭祀神灵则必须用食物，一是感恩，二是祈求神灵消灾降福，获得更好的收成。祭祀后的丰盛食品常常被人们聚而食之。直至酿酒出现后，这种原始的聚餐便发生了质的变化，产生了以聚餐为主要目的的筵饮活动，这就是中国筵席的发端。中国最早有文字记载的筵宴，是虞舜时代的养老宴。

三、中国饮食文化起源时期的特点

中国饮食文化在诞生与起源的时期，归纳起来可以看出有以下几个明显的特点。

首先，在整个中国饮食文化史中，萌芽阶段的发展历程可谓最为漫长、最为艰难。从火的发现、利用到人工取火，从火烹、石烹到陶烹，从采集、渔猎到发展原始种植业、养殖业，不仅凝结着原始先民们发明创造的血汗和智慧，而且也说明生产力的低下是阻碍烹饪、饮食文明发展变革迅速的根本原因。

其次，用火熟食和陶器的发明，使中国进入了原始烹饪阶段，而这正是中国饮食文化发展的重要里程碑，它们不仅结束了人们茹毛饮血的时代，更重要的是使中国社会文明出现了一次大飞跃，促进了中华民族真正意义上的人类文明进程。

再次，陶器的发明使用与众多类型器具的创造，使原始烹饪进入了调味阶段，增加了烹饪的技术含量。而且，陶器的广泛使用为调味品的生产，如食盐、酒、醋等创造了物质条件，加快了中国饮食文化起源阶段的进程。

最后，大量美味食物用于祭祀活动，使聚餐活动进入到有意识的阶段，筵席的原始模式诞生。而剩余食物与使用陶器的结果，催长了酒的生产诞生，为聚餐的筵席活动增加了有益的成分，开始了传统至今的筵饮形式。

第二节　中国饮食文化初步形成阶段

中国饮食文化发展的脚步，在历经夏、商、周近2000年的时间，积累渐渐丰富，且日趋完善，出现了中国饮食文化发展史上的一个高潮阶段。这一时期中国饮食文化初步定型，烹饪原料得到进一步扩大和利用，炊具、饮食器具已不再由原来的陶器一统天下，青铜制成的烹饪器具和饮食器具在上层社会中已成主流，烹调手段出现了前所未有的成就。许多政治家、哲学家、思想家和文学家在他们的论著和作品中表达出了自己的饮食思想，中国饮食养生理论已现雏形。这一时期，可谓中国饮食文化的初步形成时期。

一、农业、养殖业的发达丰富了食物来源

进入我国第一个奴隶社会的夏朝，中国已出现了以农业为主、捕获渔猎为辅的混合型经济形态，农业生产已有了相当的发展。《夏小正》中有“囿有见韭”“囿有见杏”的记录，这是我国关于园艺种植的最早记载。后来的商王朝对农业的发展也相当重视，殷墟卜辞中卜问收成的“受年”“受禾”数量相当多，而且已经有了关于先民经常进行农业生产方面祭祀活动的记录，商王还亲自向“众人”发布大规模集体耕作的命令。据记载，当时祭祀所用的牛、羊、豕（猪）经常要用上几十头甚至几百头，最多一次用量达到了上千头，说明商王朝不仅重视畜牧业的发展，而且成果显著。否则，一次祭祀活动怎么能够使用数百，乃至上千的家畜呢？

到了周代，统治者对农业生产的重视程度与夏、商统治者相比可谓有过之而无不及，相传周之先祖“弃”（即后稷）就是农业的发明人。周天子每年春天都要在初耕时举行“藉礼”，亲自下地扶犁耕田。据记载，当时农奴的集体劳动规模相当大，动辄上万人，而周天子的收获也十分可观。进入春秋战国时期，各国为了富国强兵，没有一个封国不把农业放在首位的。齐国宰相管仲特别提出治理国家最重要的是“强本”，强本则必须“利农”。“农事胜则人粟多”“人粟多则国富”等，类似的阐述在《管子》一书中多有记述。这一时期，新的农业生产技术也不断出现，如《周礼》记载的用动物骨汁汤拌种的“粪种”、种草、熏杀害虫法等。战国时期，我国的铁制农具的出现和牛耕方式的普遍推广，使荒地大量被开垦，

生产经验的总结上升到理论高度，出现了中国早期的农业生产理论。由于统治者对农业生产的重视，当时还出现了以许行为首的农家学派。而畜牧业在当时也很发达，养殖进入了个体家庭，考古发现当时的中山国已经能够养殖淡水鱼。农业的发达，养殖畜牧等副业的兴旺，为烹饪加工技术的进步与饮食文化的发达创造了优厚的物质条件。

二、手工业的发达促进了饮食器具的生产

小手工业技术在我国的三代（夏、商、周）时期兴旺发达，呈现出了分工越来越细、生产技术越来越精、生产规模越来越大、产品的种类越来越多的特点。夏代已开始了陶器向青铜器的过渡，夏代有禹铸九鼎的传说，商、周两代的青铜器已达到炉火纯青的程度。像商代的后母戊大方鼎，其高137厘米，长110厘米，宽77厘米，重达875千克，体积之大，铸造工艺之精良，造型之大方优美，堪称空前。1977年出土于河南洛阳北窑的西周炊具铜方鼎，高36厘米，口长33厘米，宽25厘米，形似后母戊大方鼎，四面腹部和腿上部均饰饕餮纹，实乃精美之杰作。而战国时发明的宴乐渔猎攻战纹壶，以宴飨礼仪活动、狩猎、水陆攻战、采桑等内容为饰纹。当时的晋国还用铁铸鼎。不过，这些精美的青铜器都是贵族拥有的东西，广大农奴或平民还是使用陶或木制的烹煮、饮食器具。在河北藁城台西村发现的商代漆器残片说明，最迟在我国的商代已出现了漆器，至春秋战国时，漆器已相当精美，其中餐具饮具的种类也数量不少。

三、盐业、酿酒与饮食市场向规模化发展

典籍《尚书·禹贡》中把食盐列为青州的贡品，说明当时山东半岛沿海生产海盐已很有名气。春秋战国时期盐业生产已经相当发达，齐国宰相管仲设盐官专管煮盐业。据《管子》一书记载，不但“齐有渠展之盐”，而且“燕有辽东之煮”，证明其时整个的渤海湾已经成为中国盐业的生产基地。据《礼记·内则》记载，当时还有一种“卵盐”，即大粒盐也出现了。一般来说，大颗粒盐不是煮的，而是晒出来的，实际上《管子》一书记载的“齐有渠展之盐”，根据文字表达应属于晒制的粗盐。食盐的大量生产为烹饪调味提供了优质的调味品。

根据历史资料，我国夏、商两代的酿酒业发展很快，这主要是由于统治者好饮嗜酒的缘故，正所谓“上有所好，下有所造”。《墨子》一书中说，夏启“好酒耽乐”，《说文解字·巾部》中记述说夏王少康始制“秫酒”，而《尚书·无逸》及《史记·殷本纪》中都讲到了殷纣王糜烂的生活，曾作“酒池”“肉林”，且“为长夜之饮”。可见，夏商时期的酿酒业是在统治者为满足个人享乐的欲求中畸形发展起来的。据范文澜主编的《中国通史》中论述，商代手工业奴隶中，有专门生产酒器的“长勺氏”“尾勺氏”。至周初，统治者们清醒

地意识到酒给商纣王带来的亡国之灾，所以对酒的消费与生产都作出过相当严格的控制性规定，酿酒业在周初的发展较缓慢，当然，这并不意味着统治者们对酒“敬而远之”，周王室设立专门的官员“酒正”来“掌酒之政令”，“辨五齐之名”。《礼记·月令》总结出酿酒必须“秫稻必齐，曲蘖必时，湛炽必絜，水泉必香，陶器必良，火齐必得。”，用今天的酿酒科学来衡量，这六个要点的提出还是相当有道理的，尤其是其中提到的利用“曲”的方法，这可以说是我国特有的方法。

趣味链接

殷纣王“酒池”“肉林”的教训

商代晚期的帝王，多是淫暴之主，一味追求享受安乐。商代的贵族也多酗酒，据现代人分析推测，由于当时的盛酒器具和饮酒器具多为青铜器，其中含有锡，溶于酒中，使人饮后中毒，身体状况日益下降。商末帝纣，是一个好色好酒的人，《史记·殷本纪》称：“（纣）以酒为池，县（悬）肉为林，使男女裸相逐其间，为长夜之饮。”后人常用“酒池肉林”形容生活奢侈，纵欲无度。商纣暴政，耽于酒色，政务荒废，最终导致商代的灭亡。周代，当政者在商人的聚集地曾发布严格的禁酒令，以吸取商纣王的教训。

从夏朝开始经过商、西周发展到战国时期，我国的商业已有了一定的水平的发展。相传夏代王亥创制牛车，并用牛等货物和有易氏做生意，经有关专家考证，商地人本来有从事商业贸易的传统，商代灭亡后，殷商遗民更以此为业。西周的商业贸易在社会中下层得以普及，春秋战国时期，商业空前繁荣，当时已出现了官商和私商，东方六国的首都大梁、邯郸、阳翟、临淄、郢、蓟都是著名的商业中心。尤其是在齐国的首都临淄，《战国策·齐》中有“临淄甚富而实，其民无不吹竽鼓瑟、击筑弹琴、斗鸡走犬、六博蹹鞠者；临淄之途，车毂击，人肩摩，连衽成帷，举袂成幕，挥汗成雨”。商业的发达，不仅为烹饪原料、新型烹饪工具和烹饪技艺等方面的交流提供了便利，同时也为餐饮业提供了广阔的发展空间。

四、饮食礼仪、饮食养生理论趋于完善

从夏商两代至西周，奴隶制宗法制度形态已臻完备。周代贯穿于政治、军事、经济、文化活动的饮食之礼构成了宗法制度中至关重要的内容，而周王室建构的表现为饮食之礼的饮食制度，其目的就是通过饮食活动的一系列环节，来表现社会阶层等级森严、层层隶属的社会关系，从而达到强化礼乐精神、维系社会秩序的效果。因此西周的膳食制度相当完备，周王室以及诸侯大夫都设有膳食专职机构或配置膳食专职人员保证执行。据《周礼·天官冢

宰》记载，总理政务的天官冢宰，下属59个部门，其中竟有20个部门专为周天子以及王后、世子们的饮食生活服务，诸如主管王室饮食的“膳夫”、掌理王及后、世子们饮食烹调的“内饔”、专门烹煮肉类的“亨人”、主管王室食用牲畜的“庖人”等。春秋战国时，儒家、道家都从不同的角度肯定了人对饮食的合理要求，具有积极意义。如《论语》提到的“食不厌精，脍不厌细”“割不正不食”“色恶不食”;《孟子》提出的“口之于味，有同嗜焉”;《荀子》提出的“心平愉则疏食菜羹可以养口”;《老子》提出的“五味使人口爽”“恬淡为上，胜而不美”等，所有这些都对烹饪技艺与饮食养生理论的形成起到了促进作用。阴阳五行学说具有一定的唯物辩证因素，成为构建饮食养生思想体系和医疗保健理论的重要理论依据，以至于成为指导后世发展饮食养生理论与实践的关键所在。

五、中国饮食文化初步形成时期的主要特征

中国饮食文化在这一时期创造了辉煌的成就，从物质层面与技术体系方面看，主要表现在烹饪工具、烹饪原料、烹饪技艺、美食美饮等的发展，从意识形态的精神层面看，则主要表现在诸子百家所提出的饮食思想体系与饮食养生观念、食疗食治理论等方面的建立。

1. 烹饪工具与食器种类增多

烹饪灶具、用具与饮食器具由原来的陶质过渡到青铜质，这是本阶段取得的伟大成就之一。但要强调的是，青铜器并没有彻底取代陶器，在夏、商、周时期，青铜器和陶器在人们的饮食生活中共同扮演着重要角色。保留至今的青铜质或陶质烹饪器具形制复杂，种类多样。

当时的烹饪器具及食器主要有鼎、鬲、甗、簋、豆、盘、匕等。鼎，是远古先民重要的饪食器和食器，也是最有代表性的烹饪工具，它从“调和五味之宝器”到天子列鼎而食，发展到后来成为国家和统治者最高政治权力的象征。古代的鼎种类繁多，不仅有大小之分，而且还有不同的形状，如牛、羊、豖、鹿等形。鬲，是商周王室中的常用饪食器之一。《尔雅・释器》说它是“鼎款足者谓之鬲”，其作用与鼎相似。甗，是商周时的饪食器，相当于现在的蒸锅，是最早的蒸器之一。全器分上下两部分，上部为甑，放置食物，下部为鬲，放置水。主要流行于商代至战国时期，尤其是盛行于商周王室的饮食生活中，至汉代和鬲一起绝迹。簋，传统说法指盛煮熟的黍、稷等饭食之器，是用来盛饭的器具。商周王室在宴飨时均为席地而坐，而且主食一般都用手抓，簋放在席上，帝王权贵们再用手到簋里取食物。豆，圆底高足，上承盘底，《说文》中是它是“古食肉之器也。”实际上，豆在古代的用途较为广泛。《周礼・冬官》中云：“食一豆肉，饮一豆羹，得之则生。”表明在一般平民的生活中，陶豆既是食器，又是饮器。盘，周代常用来盛水，多与匜配套，用匜舀水浇手，洗下的水用盘盛之。但早先是饮食或盛食器。匕，是夏、商、周三代时期餐匙一类的进食器具，前端有浅凹和薄刃，有扁条形或曲体形等，质料有骨质、角质、木质、铜质、玉质等。

酒器是夏、商、周时期人们用以饮酒、盛酒、温酒的器具。在先秦出土的青铜器中，酒

器的数量是最多的，商代以前的酒器主要有爵、盉、觚等。商代以后，陶觚数量增多，并出现了尊、觯等。商代，由于统治者嗜酒之故，酿酒业很发达，因而酒器的种类和数量都很可观，至周初，酒器形制变化不大，而数量未增。春秋以后，礼坏乐崩，酒器大增，且多为青铜所制。

烹饪技术的发达与否，与加工工具关系密切。考古中发现在我国的夏代已有青铜刀具，商代妇好墓中也有发现，但是否为烹饪专用还不能肯定。从兵器刀、剑及古籍记载中推测，烹饪专用青铜刀也应该在使用中了。

考古成果表明，这一时期还有俎、盘、匜、冰鉴等一些其他的辅助性烹食器具。俎是用以切肉、陈肉的案子，常和鼎、豆连用。在当时，俎既用于祭祀，也用于日常饮食。一般用木制成，少量礼器俎用青铜制作。盘和匜是一组合食器，贵族们用餐之前，由专人在旁一人执匜从上向下注水，一人承盘在下接，以便洗手取食别的食物。冰鉴是用以冷冻食物饮料的专用器，先民在冰鉴中盛放冰块，将食物或饮料置其中，以求保鲜，是我国发现最早的冷藏设备。

2．烹饪原料品种日益繁多

这一时期的烹饪原料不断丰富，从考古发现和古籍中归纳，按类别可分为植物性、动物性、加工性、调味料、佐助料五大类原料。

当时的植物性原料主要有粮食、蔬菜、果品之分。进入三代时期，粮食作物可谓五谷具备。从甲骨文和三代时期的一些文献记载看，当时已有了粟、粱、稻、稷、黍、稗、秫、苴、菽、麦等粮食作物，说明三代时期的农业生产已很发达。从《诗经》等三代时期文献记载看，三代的农业生产工具、技术和生产能力的提高，对蔬菜的种植起到了极大的推动作用，蔬菜的种植已具规模，从品种到产量都大有空前之势。当时先民所种植的蔬菜品种已有很多，如韭、芹、卷耳、荇菜、蕨、荼、荠、葑、葵、瓠等20多种。三代时的水果已经成为上层社会饮食种类中很重要的食物，水果已不再是充饥之物，而是具备了休闲食品的特征。像桃、李、梨、枣、杏、栗、杞、榛、棣、棘、羊枣、山楂等水果已成为当时人们茶余饭后的零食。这不仅说明了当时上层社会饮食生活较之原始时期已有很大改善，也说明了三代的种植业已有很大发展。

三代时期的动物性原料有畜禽、水产和其他之分。人们食用的动物肉主要源于养殖和渔猎，在当时，养殖业比新石器时代有很大的发展，从养殖规模、种类和数量上看，都达到了空前的高水平，但是，人们仍将渔猎作为获取动物类原料的重要手段之一，有两个很重要的原因，一是当时的农业生产水平还不能达到能真正满足人们的饱腹之需，这就制约了人们大力发展养殖业的能力和规模；二是当时宗教祭祀活动中祭祀所需动物肉类食物的数量已到了与人夺食的程度，仅仅依赖养殖的方法去获取肉类食物是不行的。因此，三代时的肉类食品中有相当一部分源于捕猎。所以，在今人看来，三代时人们食用的动物类品种就显得很杂，根据研究成果表明，当时的畜禽类有牛、羊、豕、狗、马、鹿、猫、象、虎、豹、狼、狐、狸、熊、罴、麇、獐、獾、豺、貉、羚、兔、犀、野猪、狙、鸡、鸭、鹅、鸿、鸽、雉、凫、鹑、鸨、鹭、雀、鸹等；水产类有鲤、鲂、鳏、鲔、鲊、鳟、鳢、鲋、鳝、江豚、蚵、鲄、鲂、鲍、鲽、龟、鳖、蟹、车渠、虾等。

三代时期，特别是周代，统治者对美味的追求极大地促进了调味品的开发和利用，出现了很多调味品，诸如盐、醯（醋）、醢（肉酱）、大苦（豆豉）、醷（梅浆）、蜜、饴（蔗汁）、酒、糟、芥、椒（花椒）、血醢、鱼醢、卵醢（鱼子酱）、蚳醢（蚁卵酱）、蟹酱、蜃酱、桃诸、梅诸（均为熟果）、芗（苏叶）、桂、蓼、姜、苴莼、荼等。其实当时的调味品还不止这些，如《周礼·天官冢宰·膳夫》中说，仅供周王室食用的酱就多达120种。

除此之外，还有如稻粉、榆面、堇、粉、𥸤、牛脂、膏臊、膏腥、膏膻、网油、大豆黄卷、白蘖、干菜、腊、脯、干鱼、鲊、熊蹯等其他一些丰富多彩的食物原料等。

3．烹饪技艺日趋精细成熟

三代时期，随着陶器向青铜器的过渡以及烹饪原料的扩大，烹饪技法有了进一步的创新，如类似后世红烧之法的臛、醋烹意义的酸、带有烹汁的濡，以及炖法、羹法、齑法、菹法、脯腊法、醢法等。尤其由于金属烹饪器具的使用，具有中餐烹饪特色的煎、炸、熏、炒开始出现，这是一个巨大的飞跃。《周礼》提到的八珍中的“炮豚”等菜肴，又开创了用炮、炸、炖等多种方法烹制菜肴的先例，对后代烹饪技艺的发展具有重大的影响。

在当时，掌握刀工技术是对厨师必不可少的普遍性要求，从而促进了烹饪刀割技术水平的提高。《庄子·养生主》中有一个著名的寓言“庖丁解牛”，描述说当时庖丁的宰牛之技出神入化，很生动地反映出当时厨师对刀工技术的理想化要求，可以视为是当时厨师对刀工技术重要性与技巧性的认识。厨师在实践中也不断总结运刀经验，如《礼记·内则》中有“取牛肉，必新杀者，薄切之，必绝其理”的记载，就是这方面的具体反映。

知识延伸

《庄子·养生主》“庖丁解牛”部分

原文：“庖丁为文惠君解牛，手之所触，肩之所倚，足之所履，膝之所踦，砉然响然，奏刀騞然，莫不中音。合于《桑林》之舞，乃中《经首》之会……”意思说：古代有一个厨师为梁惠王展示宰牛技艺，手所接触的地方，肩所靠着的地方，脚所踩着的地方，膝所顶着的地方，都发出皮骨相离声，刀子刺进去时响声更大，这些声音没有不合乎音律的。它竟然同《桑林》《经首》两首乐曲伴奏的舞蹈节奏合拍。

这一时期，人们通过长期的饮食生活实践，在烹饪原料的认知与使用方面总结出了一整套的经验和规律。例如，在动植物性原料选取方面以及酿酒方面，《礼记·内则》中就记载了不少当时人们总结出的宝贵经验。与此同时，在人们对烹饪原料及其内在关系的科学把握基础上，提出了应根据自身特点及相生相克关系对烹饪原料进行季节性的合理搭配。如《礼记·内则》记载："脍，春用葱，秋用芥；豚，春用韭，秋用蓼；脂用葱，膏用薤，三牲用藙，和用醯，兽用梅。"又《周礼·天官冢宰·庖人》中说："凡用禽献，春行羔豚，膳膏香；夏行腒鱐，膳膏臊；秋行犊麛，膳膏腥；冬行鲜羽，膳膏羶。"

《论语·乡党》中说："不得其酱不食。"食酱，是当时人们饮食生活中一个重要的内容，即使当时延伸调味的要求，也可以说是"礼"的规范。正由于统治者对美味的重视，调味就成为当时厨师的必备技能。《周礼·天官冢宰·食医》中说："凡和，春多酸，夏多苦，秋多辛，冬多咸，调以滑甘。"这就是当时厨师总结出的在季节变化中的运作规律。而《吕氏春秋·本味》所论则更为精妙，认为调味水为第一。说"凡味之本，水为之始"，而调制时，则"必以甘酸苦辛咸，先后多少，其齐甚微，皆有自起。"在当时，掌握烹饪调味手段既是一门技术，又是一种艺术，因为"鼎中之变，精妙微纤。口弗能言，志弗能喻。"这样制出的菜肴才能达到"久而不弊、熟而不烂，甘而不哝，酸而不酷，咸而不减，辛而不烈，淡而不薄，肥而不腴"的效果。

烹饪技艺的发达与此时众多的名厨大师不无关系。相传夏代的中兴国君少康曾任有虞氏的庖正之职。伊尹是商汤之妻的媵臣，烹调技艺高超，而商汤因其贤能过人，便举行仪式召见他，伊尹从说味开始，谈到各种美食，告诉商汤，要吃到这些美食，就须先成为天子，而要成为天子，就必须施行仁政。

4．饮食结构与宴饮制度形成

在我国秦汉以前的文献资料记载中，"食"与"饮"常常是同时进行的两件事，如《论语·述而》的"饭疏食饮水""啜菽饮水""一箪食，一瓢饮"等。可见，古人吃的一顿饭，至少由"食""饮"两部分构成，成为我国先秦人们最基本、最普遍的饮食结构。

食，在当时就是指人们的主食，如今天所谓的米饭面食之类。《周礼》有"食用六谷"和"掌六王之食"的文字，其中的"食"就是指谷米之食。由于三代时期我国对于谷物的粉碎工具尚不普及，无论南方的稻谷，还是北方的粟、粱、菽，主要是以粒食为主，所以进食时必须配合饮水或汤羹之类的饮品。

饮，在当时就是指人们包括水在内的各种饮品。饮品在三代之时有很多，在王室中，主要由"浆人""酒正"之类的官员具体负责。《周礼·天官冢宰·浆人》中说："浆人掌共王之六饮：水、浆、醴、凉、医、酏，入于酒府。"其中除水之外，其他都是在水里添加了不同数量的米、谷经过酿制或煮制而成的食品，类似今天的酒酿、稀粥、糊羹、米浆之类。不过，这些饮品都是当时王室贵族的杯中之物，平民的"饮"，除水以外，大多是以"羹"为常。最初的羹是不加任何调料的太羹，从《尚书·说命》中"若作和羹，尔惟盐梅"之句中得知，商代以后的人们在太羹中调入了盐和梅子酱。从周代一些文献记载中得知，当时王侯贵族之羹有羊羹、雉羹、脯羹、犬羹、兔羹、鱼羹、鳖羹等。平民食用之羹多以藜、蓼、芹、葵等代替肉来烹制，《韩非子》中的"粝粢之食，藜藿之羹"之语，描述的正是平民以粗羹下饭的饮食生活实况。《礼记·内则》说："羹、食，自诸侯以下至于庶人，无等。"陈澔注说："羹与饭，日常所食，故无贵贱之等差。"可见，食必有饮，是这一时期的一种饮食结构。

三代时期，每日常食之外，随着礼仪制度的建立，筵席宴飨不仅形成制度化，而且非常发达完备。《礼记·王制》记载有虞氏养老用"燕礼"。所谓"燕者，殽烝于俎，行一献之礼，坐而饮酒，以至于醉。"这种直接出于"人伦"的共饮礼俗，是我国最早的筵席形式之一。在商王朝，筵席宴飨一般称为"飨"，王所飨对象主要为王妇、要臣元老、武将、戚属、诸侯、郡邑官员和方国君长。宴飨的重要目的，就是对内笼络感情，即所谓"饮食可飨，和同可观"，融洽贵族统治集团的人际关系。再有就是对外加强与诸侯、郡邑间隶属关系和方国"宾人如归"的亲和交好关系。周代的宴饮不仅频繁，而且宴饮的种类和规矩不尽相同，较为重要的宴饮有：祭祀宴饮，用于祭祀神鬼、祖先及山川日月后的宴饮；农事宴饮，用于耕种、收割、求雨、驱虫等活动中；燕礼，用于家族、亲友相聚欢宴活动；射礼，用于练习和比赛射箭集会间的宴饮；聘礼，用于诸侯相互聘问之礼时的宴饮；乡饮酒礼，用于乡里大夫荐举贤者并为之送行的宴饮；王师大献，用于庆祝王师凯旋的宴饮；等等。

5．制作精美的菜肴

这一时期，食、饮之外，大凡皇室、官府，乃至贵族阶层，举行的宴饮活动，以及在《周礼》中规定士大夫以上社会阶层的饮食中可以增加"膳馐"，就是我们平常所说的菜肴。所谓膳，是指动物肉烹制的肴馔；而馐，则是熟制的美味食品。周代食礼对士大夫以上阶层明确规定："膳用六牲"。六牲就是牛、羊、豕、犬、雁、鱼，它们是制膳的主要原料。在食礼规定中，膳必须用木质的豆来盛放。不同等级的人在用膳数量上也有区别，《礼记·礼器》中说："天子之豆二十有六，诸公十有六，诸侯十有二，上大夫八，下大夫六。"天子公卿诸侯阶层一餐之盛，由此可见一斑。《礼记·内则》说："大夫无秩膳。"秩，常也。就是说，士大夫虽也可得此享受，但机会不多。天子公侯才有珍馐错列、日复一日的排场。

从文献资料记载看，由于周代烹饪技术的发达，菜肴制作水平得到了很大提高，菜肴制作达到了相当精美的程度，当时最有代表性菜肴就是《礼记·内则》中记载的"八珍"菜肴。一是淳熬，即用炸肉酱加油脂拌入煮熟的稻米饭中，煎到焦黄来吃；二是淳毋，制法与淳熬相同，只是主料不用稻米，而用黍米；三是炮，就是烤小猪，用料有小猪、红枣、米粉、调料，经宰杀、净腔烤、挂糊、油炸、切件、慢炖等多道工序，最为费工费事；四是捣珍，即用牛、羊、鹿、麋、麇五种里脊肉，反复捶击，去筋后调制成肉酱；五是渍，即把新鲜牛肉逆纹切成薄片，用姜、桂皮等腌渍一夜，次日食之，吃时用醋和梅酱调味；六是为熬，即将牛羊等肉捶捣去筋，加姜、桂、盐腌干透的腌肉；七是糁，即将牛羊肉细切，按一定比例加米，做饼煎来吃；八是肝膋，即取一副狗肝，用狗的网油裹起来经过浸润入味，放在炭火上烤，烤到焦香即成。

显然，周代“八珍”菜肴代表的是北方黄河流域的饮食风味，此外，如《周礼》《诗经》《孟子》等文献所记录的饮食同样具有北方黄河流域的文化特点，主食是黍、粟之类，副食多为牛、羊、猪、狗之类。而以《楚辞》中《招魂》《大招》为代表所记录的主食多为稻米，副食多为水产品，至于“吴醴”“吴羹”“吴酸”“吴酪”等以产地为名的饮食品更体现了长江流域的饮食风格与特点。因此说，在我国的先秦时期，南北饮食的不同风格与流派已经初步形成。

6. 中国饮食养生观念形成

随着三代时期礼仪制度的建立健全，上层社会在礼制规定下的饮食结构基于等级享受的前提下，形成了饮食养生的观念与实践。《周礼》在对当时“五谷”“六谷”“五畜”“六牲”“五味”“六清”的礼食规范不仅是食、饮、膳、馐的具体化，而且把养生之道作为饮食结构的变化依据。这在《周礼·天官冢宰·食医》《周礼·天官冢宰·酒正》《周礼·天官冢宰·笾人》诸文中均有所反映。礼制对养生的强调很大程度上是通过礼数表现的。中国传统的养生之道以“天人合一”为核心，着重突出人与自然的关系，尽管儒、道学说水火不相容，但在这个问题上却是水乳交融的。礼仪制度在很大程度上强调饮食结构的变化规律，在食礼定制下有两种情况：一是日常饮食的四时变化。古人将烹饪原料的开发利用与顺应天时相结合，使人们的饮食行为更能体现烹饪原料开发利用的四时之变，从客观上达到食礼制度规定下的适时而食，这种变化从烹饪工艺和原料搭配的角度，强调四时的饮食调和规律，六谷、六饮、六膳的提出由此而发；二是从“食医”角度提出的以五行相生相克为依据的四时之变。食礼在很大程度上强调了饮食结构的这种变化规律，在食医看来，配膳、烹调中的五味，当以和为宜。根据五行学说，食物中酸苦甘辛咸分属木火土金水，五行之间有相生、相克、相需、相使的关系。春天酸味需大，夏天苦味需大，秋天辣味需大，冬天咸味需大，但“需大”不等于“过大”，也就是《普济本事方》所说的“五味养形，过则致病”。所以食医认为，当以甘美润滑的调料冲淡它，以免味过伤身。可见，因食调和、适时而食，不仅是中国传统养生观念的重要一面，也是饮食制度的一项重要内容，更是食礼规定下的先民饮食结构的变化依据，甚至可以说是先民饮食结构的应时之变的内力所在。

总之，中国饮食文化初步形成时期与中国灿烂辉煌的青铜器文化时期正可谓同期同步，这一时期由于陶器转向青铜器的变化，生产力的提高，社会经济、政治、思想、文化的全面发展而跃上了一个新的水平，中国的饮食文化创造了多方面的光辉成就。从烹饪原料增加和扩充、烹饪工具革新、烹饪工艺水平创新提高、烹饪产品丰富精美，到消费多层次、多样化等，都形成了独自的特色和系统，并由此形成了中国传统的饮食养生思想与食疗食治的理论体系，为中国饮食文化的进步提高发展奠定了坚实的基础。

第三节 中国饮食文化丰富发展阶段

一般意义来说，中国饮食文化经过三代时期的逐步完善，基本形成了一个完整的、具有独特内涵的文化体系，包括物质层面与精神层面的有机结合。从此以后，中国饮食文化进入了2000多年的丰富发展阶段。在历经汉唐近千年的健康发展之后，中国饮食文化达到了一个相当高的水平，成为中国民族文化宝库中极其珍贵的部分。

一、中国饮食文化丰富发展的背景

从公元前221年秦朝建立到公元960年北宋建立，其间历时近1200年，中国饮食文化在前期形成初步文化模式的基础上，经历了一个健康发展、不断壮大与丰富内涵的重要时期。这一时期，中国饮食文化承上启下，创造了一系列重要的文化财富，为后来中国饮食文化迈向成熟奠定了坚实的基础。

1．农业经济高速发展

汉王朝建立后，统治者采取了重农抑商的政策，不仅大力鼓励农业生产，而且大兴水利，在关中平原，先后兴修了白公渠、六首渠、灵轵渠、成国渠等，同时还积极推广农业技术，如《氾胜之书》载："区田以粪气为美，非必须良田也，诸山、陵、近邑、高危、倾阪及丘城上皆可为区田。"这对扩大耕地面积，集中有效地利用肥、水条件以获高产是大有成效的。另外，中原引进水稻种植技术，打破了水稻种植仅限于长江流域的局面。一系列的积极措施，使农业生产得到了高速发展。据《汉书》记载，到了汉文帝时候，北方的粟价每石仅"十余钱"，全国上下官仓谷物充盈。东汉年间，在牛耕技术已经普及的同时，统治者加强了水利工程修复和兴建，农业生产水平又有了进一步的提高。魏晋南北朝时期，南方相对稳定，北方先进的农业生产技术南传，使南方水田种植面积扩大，水稻产量远远高于黍、麦。《宋书》就记载："一岁或稔，则数岁忘饥"。北魏在孝文帝改革后，生产力得到相当大的恢复提高，得以出现《齐民要术》这样的农学巨著。唐王朝开元、天宝年间，农业经济的发展情况更是繁荣昌盛。据史籍记载：当时是"河清海晏，物殷俗阜""左右藏库，财物山积，不可胜数，四方丰稔，百姓殷富"。

我国秦朝时，已有利用地温培植蔬菜的农业技术产生，到了汉代出现了温室栽培技术。利用温室栽培蔬菜，是秦汉时期蔬菜种植技术发展的一项突出成就。西汉以后，中国的对外交流日益增加，以张骞出使西域为代表所开创的"丝绸之路"，使中国与西亚、中亚商贸往来增多，西域的石榴、核桃、苜蓿、蚕豆等传入中国。到了唐代，温室种菜更为普及，或利用温泉水，或利用火热。与此同时，养殖业也前进了一大步。西汉时已经引进驴、骡、骆驼，选择良种配殖家畜。在汉代，大规模陂池养鱼已经出现，唐代创造总结出了混养鲩、青、鲢、鳙的淡水鱼养殖技术。驯养水獭捕鱼之法在唐人写的《酉阳杂俎》中已有记载。从南北养殖鱼种的类别来看，北方以鲤鱼、鲫鱼、鲂鱼为主，南方淡水鱼品种较丰富，除鲤鱼、鲫鱼、鲂鱼之外，还有武昌鱼、鲈鱼、青鱼、草鱼、鳙鱼等。而三国时候吴人沈莹在其所著的《临海水土异录志》中，记载了东南沿海一带出产的各种鱼类等海鲜多达近百种。其中绝大多数品种的海鲜均为当地人民所喜食，广泛地进入家庭食谱。反映了这一时期人类开发利用海鲜资源的能力和烹饪加工技术水平均得到了长足的提高。如今天广为流行北方的海参烹饪，其时已经成为人们餐桌上的美味佳肴。

2．工具加工与手工业繁荣发达

汉代，由于冶金技术的发展，青铜冶铸业的地位已经下降，熔炼的铁已用来制造烹饪器具，如刀、釜、炉、铲等。可以说，冶金技术到西汉已达到较为成熟的阶段，河南南阳瓦房庄就出土了一只直径2米的大铁锅，说明铸造技术已很先进。铁制刀具和铁锅的出现、普及，使烹饪工具和烹饪工艺又产生了一次飞跃。汉代的金银镶嵌技术水平也很高，生产出很多名贵的餐饮器具。唐代金银加工技术相当高超，生产的以“金银平脱”工艺所制造的饮食器具甚为美观。唐代制作出可以推动移位的赖炉和用于原料加工的刀机。西汉到东汉先用铜镜阳燧取火，后用玻璃制阳燧，可直接在阳光下取火。五代发明了“火寸”。南北朝时已用竹木制作蒸笼和面点模具。西汉时北方还出现水碓磨、碾，是粮食原料加工机械的一次革新。据史料记载，唐代的高力士为了堵截沣水，曾制造出了五轮并转的碾，每天磨麦达到了300斛以上。

手工业的繁荣发达，是这一时期的经济发展的标志之一。秦汉漆器工艺高超，漆器生产的分工已很细致。长沙马王堆一、二、三号汉墓出土漆器达700件，不仅数量大而且优良精美，令人叹为观止。南北朝的脱胎漆器工艺和唐代的剔红工艺，不仅充分展示了这一时期漆器艺术的精美水平，也反映了漆器在此时期人们的饮食活动中所处的重要位置。而陶瓷烧造技术也有了空前的提高，秦始皇陵兵马俑证明大陶器的烧造技术问题已解决。瓷器工艺经三国到两晋已转向成熟，瓷器逐渐代替漆器成为人们普遍使用的餐具。唐代南方越窑系统青瓷被陆羽誉为“类冰”“类玉”，秘色瓷有“九天见露越窑开，夺得千峰翠色来”之美誉。北方邢窑白瓷被杜甫誉为“类银”“类雪”。五代北方柴窑的产品也有“雨过天青”的美名。盐业生产在这一时期也得到了很大发展。汉时，人们对食盐非常重视，称其为“食肴之将”“国之大宝”。根据文献记载可知，当时人们平均每月的食盐量在3升左右，这就使当时的盐业生产有着相应的发展规模。汉代人们已能生产池盐、井盐、海盐、碱制盐，东汉时已用“火井”即天然气煮盐。唐代盐的花色品种很多，颜色有赤、紫、青、黄等，造型有虎、兔、伞、水晶、石等形状。酿酒业在此时期也有很大发展，《方言》所载用于酿造酒的曲有8种，其中已有饼曲，说明当时已能培养糖化发酵能力很强的根霉菌菌种了。从魏、晋一直到唐朝，上层社会的“士”们饮酒之风大盛，酒的种类也越来越多，出现了很多名酒。唐代葡萄酒的制法也从西域传入内地。《太平御览》说，唐太宗时就已从西域引种马奶葡萄，“并得其酒法，上自损益造酒。酒成，凡有八色，芳香酷烈，味兼醍盎。”中国的饮茶之风在唐代已经广为流行，而当时茶树的种植面积遍及50多个州郡，茶叶产量大增，名茶品种增多，中国的茶文化由此形成。

3．交通、物流通畅，饮食市场兴旺

这一时期，发达的交通促进了各种物资的运输与交流，为中国饮食文化的逐步壮大提供了便利条件。秦汉以来，统治者为了便于对全国各地的管辖，很重视道路交通的建设。从秦筑驰道、修灵渠，至汉修驿道、通西域，到隋修运河，交通的便利，在客观上大大促进了中国与周边国家以及中亚、西亚、南亚、欧洲等地的经济、文化交往。到了唐代，驿道以长安为中心，向外四通八达。而水路交通运输七泽十薮、三江五湖、巴汉、闽越、河洛、淮海无处不达，促进了经济的繁荣。从秦汉始，已建起以京师为中心的全国范围的商业网，汉代的商业大城市有长安、洛阳、邯郸、临淄、宛、江陵、吴、合肥、番禺、成都等。城市商贸交易发达，大城市饮食市场中的食品相当丰富，有谷、果、蔬、水产品、饮料、调料等。通邑大都中即有“贩谷粜千钟”，长安城也有了鱼行、肉行、米行等食品业。史料上记载，在汉代时就有靠卖“胃脯”为业的浊氏和靠卖“浆”为生的张氏，皆因所操之业而成巨富，说明当时的餐饮市场已很发达。另据史料载，东晋南朝时的建康和北魏时的洛阳，是当时南北两大商市。国内外的商品都可在此交易，特别是“胡食”，即外国或少数民族的食品，在许多大商业都市中颇有地位，胡人开的酒店在长安随处可见，如长兴坊饆饠店、颁政坊馄饨店、辅兴坊胡饼店、永昌坊菜馆等，这些餐饮业已出现在有关文献史料记载中。“胡食”“胡风”的传入，给唐代饮食吹来一股清新之气。是时，不仅“贵人御馔尽供胡食”，就是平民也“时行胡饼，俗家皆然”。许多诗人对此都有描述，如李白《少年行》诗云：“五陵年少金市东，银鞍白马度春风。落花踏尽游何处，笑入胡姬酒肆中。”

经济的发展，餐饮业的兴旺，使当时的宴饮出现了新的变化，市面宴会也非旧时可比。据《唐国史补》记载，在当时的长安，“两市日有礼席，举铛釜而取之”。几百人的酒席一时三刻即可办齐。除长安外，洛阳、扬州、广州也是中外富商巨贾荟萃之地。“腰缠十万贯，骑鹤下扬州”“春风十里扬州路”都是对当时扬州经济发达、市场繁华的赞辞。长安、扬州、汴州等大城市甚至于一些中等城市还出现了夜市。唐代还出现了茶交易兴盛的商市，如饶州、蕲州、祁州等，很多大城市的店铺还连带卖茶。

4．对外交流异常频繁

自汉至唐，中国的对外交流异常频繁，在饮食文化交流方面，这一时期也出现了许多令后人喝彩的史实。隋唐时对外交流更为频繁，长安、洛阳、扬州都是重要的国际贸易城市，在相互交流中，中国的瓷器、茶叶、筷子、米、面、饼、馓子、牛酥和烹制馄饨、面条、豆腐之法与茶艺、饮酒等习俗传入日本。茶叶、瓷器也传入朝鲜，酒曲制作方法也经朝鲜传入日本。西域的饮食如烧饼、饆饠、三勒浆、龙膏酒等，果蔬如波斯枣、甜瓜、包菜、扁桃等，印度的胡椒、茄子，尼泊尔的菠菜、浑提葱，泰国的甘蔗酒，印尼的肠琼膏乳、椰花酒，越南的槟榔、孔雀脯等也相继传入中国。唐太宗还派人去印度学制糖技术。唐朝时中原与周边的吐蕃、回鹘也有着饮食文化的广泛交流。文成公主远嫁西藏，配与松赞干布，带去了内地烹饪的一些原料和烹饪方法。如制碾、制磨、种蔬菜、酿酒、打制酥油等，至今西藏群众还将萝卜称为“唐萝卜”。历史上流传的“自从公主和亲后，一半胡儿是汉家”，说的就是这段文化交流所产生的影响与变化。考古发现吐鲁番唐代回纥人墓中有保存完好的饺子等多样小点心，也说明了中原食风对当地的影响。

综上所述，这一时期，作为中国饮食文化的健康发展与逐步壮大时期，既是当时中国社会经济高度发展的结果，也是这一时期中国历史上开展对外交流、多次大移民、民族大融合、文化重心大迁移、科技发明众多等这一系列客观因素刺激的必然结果。

二、中国饮食文化丰富发展阶段的特征

汉代生产力水平的迅猛提高，以及对外交流的频繁，魏晋南北朝百花齐放式中国饮食文化的日益发展，尤其是中国唐代政治、经济、文化的进步与综合国力的强盛等诸多因素，使中国饮食文化在这一时期无论是在烹饪原料的开发利用方面，还是烹饪技术及烹饪产品的探索与创新方面，抑或是在饮食消费过程中文化创造现象以及饮食文化理论的建树等方面，都表现出了前所未有的兴旺发展的景象。

1．烹饪原料丰富多样的生产供应

这一时期烹饪原料无论是品种还是产量都大大地超过了以前，粮食产量的提高使人们饮食生活中的粮食结构出现了新的变化。汉代豆腐的发明是中国人对整个人类饮食文化做出的巨大贡献。而植物油用于人们的烹调活动之中，为烹调工艺的创新开拓了新的领域。各民族间的文化交流使域外的烹饪原料品种大量引进，进一步丰富了中国人的饮食生活，这一点仅从孙思邈《千金食治》录入的用于饮食疗病的150余种的谷、肉、果就可见一斑。

在粮食生产方面，稻谷生产自古以南方地区为盛，到了唐代，中原地区的水稻生产技术大大提高，此外，同州一带的稻作也具有较大的规模。值得注意的是，当时关于种稻的记载，常常是和屯田及水利工程的兴修联系在一起的。粟米种植相当广泛，品种众多，到了《齐民要术》的成书时期，其品种已增加到86种之多。不过到了唐代，南方的稻作在北方有了进一步的发展，产量日渐提高，人们饮食生活中的粮食结构正在发生着变化。汉代，蔬菜的种植，一是为了助食之用；二是为了备荒救饥之需。如汉桓帝曾因灾荒下诏令百姓多种芜菁，以解灾民饥荒之急。但随着历史的发展，情况逐渐发生了变化，蔬菜品种大大增加，增加的途径主要有三条。一是野菜由采集逐渐转向人工栽培，如苦荬菜、蘑菇、百合、莲藕、菱、芡实、莼菜等已由原来的野外采集食用发展为相继进入菜园成为栽培种类；二是由于不断栽培选育而不断产生新的蔬菜变种，如瓜菜类中从甜瓜演变而来的越瓜，就是佐餐的

蔬菜，诸如此类的还有先秦文献中记载的“葑”，后来逐步分化为蔓菁、芥和芦菔等若干个品种；三是异域菜种不断传入，西汉武帝时期，张骞出使西域，为中西物质文化交流打开了大门，苜蓿、胡葱、胡蒜等由此传入，成为中国农民菜园中的新成员。魏晋以后，黄瓜、芫荽、莴苣、菠菜等纷纷入种本土。此外，这一时期还涌现出了大量的原料名品，许多文献对此不乏记载，如西汉枚乘在《七发》中，就列举了大量优质的烹饪原料，如“楚苗之食，安胡之饭”；《游仙窟》中记载了鹿舌、鹿尾、鹑肝、桂糁、豺唇、蝉鸣之稻、东海鲻条、岭南柑橘、太谷张公梨、北起鸡心枣等；《膳夫经手录》记载了奚中羊、蜡珠樱桃、胡麻等；《酉阳杂俎》记载了濮固羊、折腰菱、句容赤沙湖朱砂鲤等；《大业拾遗记》中记载了吴郡贡品海鲵干脍、石首含肚等；《无锡县志》记载了红连稻等；《清异录》记载了冯翊白沙龙羊、巨藕、睢阳梨等；《长安客话》记载了戎州荔枝等；《岭表录异》记载了南海郡荔枝、普宁山橘子等；《新唐书·地理志》记载了海蛤、海味、文蛤、藕粉、庐州鹿脯等贡品。全国各地的特产烹饪原料在这一阶段的文献记载中可谓不胜枚举，极大地丰富了人们的饮食生活，为烹饪技术的进步发展创造了丰厚的物质基础。另外，值得一提的就是豆腐的发明。据说西汉淮南王刘安发明了豆腐，河南密县（今新密市）打虎亭一号汉墓有制豆腐图。《清异录》第一次用“豆腐”一词。这一发明，是中国人对世界饮食文明的一大贡献，今天，它已经成为世界各族人民喜爱的食品之一，并被认为是人类最健康的食品之一。

这一时期动物性烹饪原料也发生了一些变化，一是肉类食物在整个膳食结构中的比重比前一阶段加大；二是不同肉畜种类，特别是羊和猪在肉食品种中的地位很重要。当然，鸡鸭犬兔等肉类也为厨中兼备之物。而狩猎业在这一时期仍为人们肉类食物的重要补充途径，在当时，狩猎的主要目的是获取野味肉食，所以这一时期的文献记载了不少关于烹调所用的猎获之物的种类。如《齐民要术》卷8、卷9中记载了许多有关野味的烹调方法，其中来自狩猎的主要有獐、鹿、野猪、熊、雁、雉等。而孟诜在其《食疗本草》中也记载了鹿、熊、犀、虎、狐、獭、豺、猬、鹧鸪、鸲鹆、慈鸦等野味的食疗作用。这一时期的水产也很丰富，由于水产养殖技术的提高，水产的品种和产量都极大地超过了前期。

两汉以前，我国的食用油来自动物脂肪，植物油的利用似乎还未开始。但至魏晋南北朝时期，至少胡麻、荏苏、大麻和芜菁的籽实被用于压油，这在《齐民要术》中有明确记载，另据《三国志·魏志》记载，当时已用“麻油”（芝麻油）烹制菜肴，后有豆油、苏子油。《酉阳杂俎》记载唐代有专门卖油的人走街串巷。植物油用于炒、煎、炸等，使唐代烹饪的美馔佳肴及名点名吃数量大增。植物油的出现，是中国饮食文化史上一个十分值得注意的事件，它实际上与我国烹饪技艺的重大变革——油煎爆炒的出现有着直接的关联。

2．烹调工具及饮食器具的进步改善与发达

据历史学的研究成果表明，早在战国时，铁器的使用及铁的冶炼即已有之。到了汉代，铁器的冶铸技术水平已有提高，铁器已经普及到生活的许多方面，如在烹调活动中铁釜和镬已普遍使用，到了三国时期，魏国已出现了“五熟釜”，即釜内分为五档，可同时煮多

种食物。蜀国还出现了夹层可蓄热的诸葛行锅。至西晋时，蒸笼又得以发明和普及，蒸笼的发明使中国的面点制作技术发生了相应的变化。《北史》载有一个称“獠”的少数民族，“铸铜为器，大口宽腹，名曰‘铜爨’，且薄且轻，易于熟食”。这就是我国最早的“铜火锅”。唐朝的炊具中还有比较专门和奇特的，如有专烧木炭的炭锅，还有用石头磨制的“烧石器”，其功用很似今天的“铁板烧”，但更为优良，冷却缓慢，可“终席煎沸”。而“烧石器”是否类似现在酒店流行的可以放在煲仔炉上加热的“石锅”还有待于进一步研究。

汉代初期，当上层社会列鼎而食的习俗逐渐消失后，人们开始在地面上用砖砌制炉灶。当时炉灶的造型和种类可谓变化多样，但总体风格是长方形的居多。东汉时，炉灶出现了南北分化。南方炉灶多呈船形，与南方炉灶相比，北方灶的灶门上加砌一堵直墙或坡墙作为灶额，灶额高于灶台，既便于遮烟挡火，也利于厨师操作。不论南方式还是北方式，炉灶对火的利用更加充分合理，如洛阳和银川分别出土了同时具有大、小两个火眼和三个火眼的东汉陶灶。南北朝时期，可能受北方人南迁的影响，南方火灶也出现了挡火墙。汉代炉的形式有很多，有盆式、杯式、鼎式等。魏晋南北朝时出现了烤炉，可烘烤食物。唐代炉灶的形式更加多样化，如出现了专门烹茶的“风炉”，制作精妙。其他一些炉灶辅助工具如东汉时可置釜下架火的三足铁架、唐代火钳等也在考古发掘时被发现。

汉代，盛放食物的器具是碗、盘、耳杯等，一般为陶器，富有之家多用漆器，宫廷贵族又在漆器上镶金嵌玉。至魏晋南北朝，瓷质饮食器具在人们的日常饮食生活中日渐普及，唐代，我国瓷器生产步入繁荣时期，上自贵族，下至平民，皆用瓷质饮食器皿。此外，我国使用金银制品的历史也很悠久，汉代已经有了把黄金制成饮食器的记载，如《史记·孝武本纪》载李少君对武帝之言：“祠灶则致物，致物而丹砂可化为黄金，黄金成，以为饮食器，则益寿。”至魏晋南北朝时，因当时社会大盛奢靡之风，上层社会盛行使用金银制成的饮食器，如《三国志·吴志·甘宁传》载：吴将甘宁“以银碗酌酒，自饮两碗。”到了盛唐之时，这种奢靡之风就更不足为奇了。

3．烹饪工艺与饮食方式的变化与进步

由于烹饪灶、炉等饮食设备相继出现并不断地得到改善，炊具种类不断增多并形成较为完整的功能体系，在烹饪技法方面，食品的蒸、煮、炮、炙技术不断得到提高，熬、炸方法也逐渐被发明并应用，原料配伍和调味技艺越来越讲究。在主食的烹制方面，两汉时期饼食开始出现，花样很多，“南人食米”，自古皆然，而“北人食面”，却并非有史以来即是如此。事实上，以面食为主食是北方人饮食变迁最为突出的成果之一，正是在秦汉以后，北方地区逐步改变了漫长的以“粒食”当家的主食消费传统，确立了以面食为主，面食、粒食并存的膳食模式，并一直延续于今。从刘熙《释名·释饮食》中可知，东汉时期已经出现了胡饼、蒸饼、汤饼、蝎饼、髓饼、金饼、索饼等。而崔寔《四民月令》中还载有煮饼、水溲饼、酒溲饼等。隋唐以后的文献所述及的饼类花色更是不胜枚举。大体而言，后世常用的烤烙、蒸、煮、炸几种制饼之法，当时均已出现。饭、粥的种类也进一步丰富起来。文献中常

见的有粟饭、麦饭、粳饭、豆菽饭、胡麻饭、雕胡饭、橡饭等。相比而言，秦汉以后的厨师在做菜方面所花费的心思和精力，要远远超过做“饭”。从某种程度看，菜肴的烹调更能充分显示中国饮食文化的多样性和独创性。仅以《齐民要术》为例，该书虽然未能囊括此前全部的菜肴珍馔，但却足以反映当时菜肴的主要类别及烹调方法。从该书的记载看，蒸、煮、烤、炙、羹、臛等是当时人们最常用的菜肴烹调方法。与这些方法相比，炒法的出现要晚得多，这主要是受早期炊具形制和质地以及植物油料加工尚未发展起来等因素的制约。可以说炒是中国后世最为常用的一种菜肴烹调方法，几乎适用于一切菜肴原料，而且炒的种类变化甚多。

在这一时期，茶作为中国人生活中最为重要的饮品出现了，并且历经千年的发展，形成底蕴深厚的茶文化。先秦以前，史料并没有人们饮茶方面的明确记载。大概自西汉后，中国人的饮茶之风才开始。西汉王褒在其《僮约》中，有“烹茶尽具”“武阳买茶”的文字记载，此篇文章的写作时间是汉宣帝神爵三年（即公元前59年）。值得注意的是，最早开始喜欢饮茶的大都是文化人。魏晋南北朝后，在道、释之学大盛、谈玄之风正劲的社会环境中，僧侣、道士、士大夫颇尚饮茶。至隋唐，上自天子，下至平民，无不好茶。在此基础上，文人创造了茶艺。至此，市面上常见的名茶便纷纷出现，如紫笋、束白、蒙顶石花、西山白露、舒州天柱、蕲门团黄、霍山黄芽等。

趣味链接

北方饮茶始自泰山灵岩寺

根据史料记载，北方饮茶之风，开始于泰山灵岩寺。据《四库全书》中的《封氏闻见记》卷六记载：“开元中，泰山灵岩寺有降魔师，大兴禅教。学禅，务于不寐，又不夕食，皆许其饮茶，人自怀挟，到处煮饮，从此转相仿效，遂成风俗。自邹、齐、沧、棣，渐至京邑，城市多开店铺，煎茶卖之，不问道俗，投钱取饮”意思说，在唐朝开元年间，灵岩寺里的降魔大师重视禅定修行，在降魔大师及众弟子禅定修行的时候，夜晚不睡觉，坚持不懈不怠地坐禅修行，甚至连晚饭也不吃，只允许靠饮茶醒神。自此，人们相互效仿，渐成风俗。

由于各种粮食作物的生产供应，这一时期酒的品种和名品可谓迭出。从马王堆《遣册》中可知，有温酒、肋酒、米酒、白酒的名称。枚乘《七发》中有“兰英之酒”，说明先秦时的鬯酒至此已有了新的发展。从《四民月令》所述来看，东汉的“冬酿酒”和“椒酒”都属于在特定时间里酿造的酒。从《洛阳伽蓝记》所述可知，北魏人刘白堕可酿出“饮之香美，醉而经月不醒”的美酒。至隋，已有了“兰生”“玉薤”等名噪一时的葡萄酒。唐代是酒之国度，名酒辈出。从白居易、杜甫、王维、李白、王翰、朱放、李世民等人的诗文中可知，当时的主要名酒有杭州梨花酒，四川、云南一带的曲米春、竹叶酒、兰陵酒、葡萄酒、松叶酒、酪酥酒、翠涛酒等。此外还有乌程箬下春、荥阳土窟春、富平石冻春、剑南烧春、冯翊含春、陴筒酒、屠苏酒、兰尾酒、岭南椰花酒、沧州桃花酒、菖蒲酒、长安稠酒、马乳酒、龙脑酒、龙膏酒等。

4．中国风味流派的初创与筵饮之风大盛

中国风味流派的形成，有人认为早在先秦之时，就有了南北风味的不同和荤素肴馔的分别，但那只是大致而言。进入秦汉以来，这种风味上的差异越来越明显，主要表现于地域的分野与荤素菜的分岭。唐代以前，由于交通运输的不发达，商品的流通还很有限，只有上层社会和豪商巨贾才能独享异地特产，所以风味流派首先是建立在烹饪原料的基础之上，并受着烹饪原料的制约。西汉时，南方以水产、猪、水稻为主，而北方仍以牛、羊、狗、麦、粟等为主。在调味上，北方用穅（粟麦类）醋，南方用米醋。北方多鲜咸，蜀地多辛香，荆吴多酸甜。随着水陆交通的便利、商业经济的发展和饮食文化的交流，各地的饮食风俗又彼此相互影响。据《洛阳伽蓝记》记载，南方人到洛阳后，也有很多人渐渐地习惯于食奶酪、羊肉，北方人也逐渐习惯了饮茶与吃鱼。北方的名食以面食居多，而南方名食以米食居多。即使饮茶普及后，南北方的烹茶工艺、饮茶方法也有很大不同。唐代自陆羽后，南方人渐习于研茶清煮，而北方人仍惯于加料调烹，西北少数民族因食肉等原因，则更无清饮的习惯。与其他之地相比，岭南食风更为奇异，《淮南子》说“越人得蚺蛇（蟒）以为上肴”，《岭南录异》中所载种种奇食怪味及食用方法奇特之事，反映了岭南之地饮食风俗的个性特征。

趣味链接

尼姑梵正的“辋川小样”

梵正，五代时的著名尼姑厨师，以创制《辋川小样》风景拼盘而驰名天下。辋川小样是用脍、肉脯、肉酱、瓜果、蔬菜等原料雕刻、拼制而成。拼摆时，她以王维所画辋川别墅20个风景图为蓝本，制成别墅风景，使菜上有风景，盘中溢诗情。宋代陶穀在《清异录·馔羞门》中备加夸赞：“比丘尼梵正，庖制精巧，用鲊脍脯，醢酱瓜，黄赤色汁成景物，若坐及二十人，则人装一景，合成辋川图小样。”

虽然在先秦的时候，荤素肴馔就有了分别，但形成流派则始于魏晋南北朝时期的南朝。南梁时的梁武帝笃信佛教，以身事佛，且躬亲食素，对荤素菜肴形成流派起到了推动的作用。他亲撰《断酒肉文》，号召天下万民食素，寺院素食渐成流派。北方也受其影响，如《齐民要术》中记载了10余种素菜的制作技艺。到了唐代，素菜制作出现了创新，出现以素托荤类的菜肴。以素托荤，就是形荤实素，据《北梦琐言》记载，崔安替用面粉等素料，制出了豚肩、羊脯、脍炙等，生动逼真，可谓素菜荤制的开山鼻祖。尤其值得注意的是，这一时期，在秦汉食品雕刻的基础上，大型的艺术拼盘技艺已经出现，并且达到了相当高的水平。

值得一提的是，这一时期的宫廷饮食与官府饮食在一定程度上得到了相当大的发展，形成了宫廷饮食风格与官府饮食风味。一般来说，宫廷菜的制作技术只限于宫中，很难在宫外餐饮市场露面，因而很难遇到交流的机会，所以宫廷菜只是在皇族的范围内缓慢地发展着。至于官府菜，情况要好于宫廷菜的境遇。有些官员与其厨师共同研制独具自家风味的菜点，所以比起宫廷菜，官府菜的发展不仅快，而且呈现出百花竞放之势。市肆菜的主要特点是它具有商业性经营的灵活性，如在长安，就可看到南北东西以至国外传进的许多食品，并形成了巨大的消费市场，即使是官府食品，也可以在市肆上仿制出来。

如果说，先秦时期的宴会带有更多的制度色彩与礼仪规范意义的话，那么，汉唐时期的筵宴更与社会经济的兴旺发达有着直接关系，所反映的是社会稳定与经济繁荣的景象。西汉在“文景之治”以后，宫中常设宴饮之会，贵族宴会更是频繁。1973年，四川宜宾崖墓画像石棺内发掘出“厨炊宴客图”，在挂有帷幔的屋内，正壁左角上挂有猪腿、鸡、鱼和器物，其下一人跪坐，操刀在俎上剖鱼。屋内地上置一物，似是炉灶。右面对几踞坐，高冠长服者，应是主人，他左手端杯，伸出右手招呼客人，似示入席。而从《盐铁论·散不足篇》对民间酒会的描述中可知，列于案上的美食美饮实在是丰富而广泛“殽旅重叠，燔炙满案，臑鳖脍腥，麑卵鹑鷃橙枸，鲐鳢醢醯，众物杂味。”这还不算，其间还有“钟鼓五乐，歌儿数曹”“鸣竽调瑟，郑舞赵讴”。魏晋以后，宴会大行“文酒之风”。曹操父子筑铜雀台，其中一个重要的功能就是宴享娱乐。张华的园林会、王羲之的曲水流觞、竹林七贤的畅饮山林，文采凌俊，格调高雅，不仅是对宴会的丰富发展起到推动作用，而且对文人饮食文化风格与文人饮食流派的形成与发展产生了很大的影响。南北朝时，宴会名目增多，目的性较强，如登基、封赏、祀天、敬祖、省亲、登高、游乐、生子、团圆等，这些都促成了宴会主题的多元化。但贵族的奢靡之风也甚重，《梁书》卷38描述当时筵宴的奢华情景：“今之燕喜，相竞夸豪，积累如山岳，列肴同绮绣。露台之产，不周一燕之资，而宾主之间裁取满腹，未及下堂，已同臭腐。”至唐代，中国的宴会已经发展到了一个新的高潮，文人士子聚饮之风愈演愈盛，最为奢华、热闹的宴会莫如士子登科及第、官员左迁之际所举办的“烧尾宴”“樱桃宴”，可谓各有内容。文人宴会更是情趣有加，文人雅士对宴饮场所的选择相当重视，他们的聚会宴饮并不囿于厅堂室内，如亭台楼阁、花间林下或者山涧清池才是他们更为理想惬意的宴饮场所；在宴饮过程中，他们也并非单纯地临盘大嚼，而是配合着许多充满情与趣的娱乐活动，或对弈，或听琴，或对诗赋，或行酒令，或品伎歌舞，或持杯玩月，或登楼观雪，或曲池泛舟，如白居易所设船宴，酒菜用油布袋装好，挂在船下水中，边游边吃边取；又如霓裳羽衣曲与胡旋舞、舞马等就是皇家宴会的乐舞。在这样的宴饮过程中，参与者不仅口欲得到了满足，其听觉、视觉乃至整个身心都得到了享受，在满足生理需要的同时，也获得了精神上的愉悦和快感，表现了文人雅士所特有的风雅情趣。

趣味链接

《武林旧事》筵席菜单（部分）

《武林旧事》记载高宗皇帝在张俊府上的御筵菜单中，仅主打菜肴就有十五盏：第一盏是花炊鹌子、荔枝白腰子。第二盏是奶房签、三脆羹。第三盏是羊舌签、萌芽肚胘。第四盏是肫掌签、鹌子羹。第五盏是肚胘脍、鸳鸯炸肚。第六盏是沙鱼脍、炒沙鱼衬汤。第七盏是鳝鱼炒鲎、鹅肫掌汤齑。第八盏是螃蟹酿橙、奶房玉蕊羹。第九盏是鲜虾蹄子脍、南炒鳝。第十盏是洗手蟹、鯚鱼（即鳜鱼）假蛤蜊。第十一盏是五珍脍、螃蟹清羹。第十二盏是鹌子水晶脍、猪肚假江珧。第十三盏是虾橙脍、虾鱼汤齑。第十四盏是水母脍、二色茧儿羹。第十五盏是蛤蜊生、血粉羹。此外有插食八品、劝酒果子十道、四时果四色，另有所谓厨劝酒十味，等等，一桌筵席各色食品达200余种。

5．烹饪饮食理论繁荣、名家辈出

中国烹饪技艺在这一时期的大发展与饮食文化的繁荣，使烹饪饮食理论的研究在此时期呈现出前所未有的发达状态。有关研究成果显示，从魏晋到南北朝出现的烹饪饮食专著达38种之多，隋唐五代时烹饪专著有13种，总计50多种。但令人可惜的是有不少的专业著作已在历史发展的过程中遗失了。我们今天可以看到的有关饮食烹饪的著作中，有的已经残缺不整，如相传为曹操所作的《四时食制》、崔浩所作的《食经》、南北朝无名氏的《食经》《食次》等。而完全保存下来的，仅有唐代陆羽的《茶经》、张又新的《煎茶水记》等有关饮茶辨水的专著。其中，陆羽的《茶经》因记述茶的历史、性状、品质、产地、采制、工具、饮法、掌故等而成为中国茶文化发达的标志，其重要的历史文化价值不言而喻，是世界上第一部关于茶的科学专著。另外，西晋束皙的《饼赋》是一篇赋文，却讲述了饼的产生、品种、功用和制作，可谓是关于饼的专论之祖。还有很多值得一提的烹饪文献，如东汉崔寔的《四民月令》，这虽然是一部农书，但其中有关烹饪的部分相当丰富，介绍了包括制酱、酿酒、造醯及制作饼、脯、腊等各种菜馔食品近100种。同时还提到一些饮食事项、宴饷活动等方面的内容。北魏贾思勰所著《齐民要术》是我国第一部农学巨著，其中关于烹饪方面的内容具有较高的史料价值。书中不但保存了很多此前已经流失的烹饪史料，而且还收录了当时以黄河流域为中心、涉及南方、远及少数民族的数十种烹饪方法和200多种菜点。唐代段成式的《酉阳杂俎》，共20卷，续10卷，其中《酒食》卷中录入了历代百余种食品原料及食品，参考价值很高。唐代刘恂的《岭表录异》一书，主要记录了唐代岭南一带的饮食风物趣闻，为今人研究当时当地烹饪饮食文化的发展状况提供了难得的研究素材。此外，还有《西京杂记》《方言》《释名》《说文解字》等，这些文献中也保留了很多关于饮食文化方面的颇有价值的资料。

随着食物资源的扩大与烹饪饮食水平的提高，饮食养生理论研究在这一时期也有很大的发展。主要表现在两个方面：一是对前一时期建立的养生理论继续补充和进一步完善；二是结合具体实践，归纳总结出养生食疗理论与许多保健性食品，并对它们的名称、药性药理、食用方法、注意禁忌等进行详细的介绍，使饮食养生、医疗保健进一步具体化。如东汉张仲景在《金匮要略》中进一步提出“所食之味，有与病相宜，有与身为害。若得宜则益体，害则成疾。以此致危，例皆难疗。”故而他强调并列出了百余条饮食禁忌及治疗药剂。隋唐时孙思邈在《千金食治》中阐述了食养食疗理论依据后，对150多种植物果实、蔬菜、粮食、鸟兽鱼虫的性味、作用进行了分析，并列举了其饮食禁忌及效果。唐代孟诜的《食疗本草》共记载了200多条食疗方，是当时集养生、疗疾之大成的作品。昝殷的《食医心鉴》记录了10余种食疗菜肴，很适于民间使用。五代南唐陈士良的《食性本草》，收录了前人的食疗经验，内容比较丰富，是研究五代南唐食疗方面的重要资料。

烹饪饮食理论的发达，得益于烹饪饮食实践活动的运用，这一时期涌现出了一大批烹饪大师与饮食名家，较之先秦，不仅数量多，而且是真正意义上的烹饪大师与饮食名家，没有先秦时那种出于政治的或哲学的需要，在其论说中多举饮食烹饪之事而得美食烹饪名家的复杂情况。所以这一时期的烹饪大师与饮食名家，确实是因其精于烹饪技艺或饮食艺术而被载于史册。如“五侯鲭”的创始人是娄护，他被视为杂烩菜肴的发明者；西汉的张氏、浊氏以制脯精美而成名；北魏刘白堕酿酒香美醉人，以致“游侠”们流传“不畏张公拔刀，惟畏白堕春醪”的话；北魏崔浩之母，口授烹饪之法于崔浩，才得以有《崔氏食经》传世；据《大业拾遗记》载，隋人杜济，创制石首含肚；人称“古之符郎今之谢枫”，而谢枫乃是隋代著名的美食家，《清异录》中载有他著的《淮南王食经》；唐代段文昌为“知味者”，《清异录》说他“尤精膳事”，他家的老婢女名膳祖，主持厨务，精于烹调之术；陆羽精于茶事，著有《茶经》，被后世尊为“茶圣”；五代有专卖节日食品的张手美，心灵手巧，人称“花糕员外”，其真名已无从所知，只知他在开封因卖花糕而闻名；还有五代时期的尼姑梵正摹仿唐代大诗人王维的“辋川图”制作的花色拼盘，堪称艺术冷拼盘之鼻祖……从所列举的这些烹饪大师与饮食名家，便可看出这一时期餐饮业界烹饪大师与饮食名家高手如云的盛况。

总之，中国饮食文化在这一时期取得了重大的成就，突出表现在以下几个方面：一是原料范围进一步扩大，品种进一步增多，域外原料大量引进，海产品大量使用；二是植物油用于烹饪，使烹饪工艺的某些环节出现了新的变化；三是铁质烹饪器具的使用，“炒”“爆”等特色烹调工艺的出现，实现了中国烹饪技术的又一飞跃；花色拼盘的出现，为烹饪造型工艺拓宽了更为广阔的创造空间；四是瓷器和高桌座椅的普及，开始了中国餐具瓷器化和餐饮桌椅化的新时代；五是饮食名品多如繁星，拉开了此后中国餐饮业通过名品刺激消费、在竞争中产生名品的帷幕；六是宴会大盛，奠定了中国传统宴会的基本模式；七是烹饪专著大量涌现，养生食疗理论的进一步发展，极大丰富了这一时期的中国饮食文化研究内容。

第四节　中国饮食文化走向成熟阶段

从宏观意义上来说，自北宋建立到清朝灭亡的1000多年间，是中国传统饮食文化在其各个方面都日臻完善，走向成熟发展的时期。这期间，既有北宋京城繁荣昌盛的中原饮食文化与饮食市场的景况，又有南宋时期北方饮食方式与饮食观念在经历了文化重心南移的波折后，出现与南方饮食文化的冲击和汇流的过程，同时还有金、元、清时期汉民族饮食文化与中华各少数民族饮食文化的交流与大融合。中国饮食文化在这一时期发生了巨大转变，而自身却日益成熟起来。

一、社会经济文化背景

在我国的北宋年间，农业生产技术水平大大提高，出现了长江以北以种植粟麦黍豆为主、江南则以种植粳籼秫稻为主的粮食生产格局。而越南、朝鲜等优良稻谷品种的引进，使农作物的种植不仅走向优质化，而且也形成了品种多元的发展形势。与此同时，与北宋对峙的辽、西夏也在大力发展农业经济，耕作面积增大，种植品种增多。南宋虽偏安一隅，但统治者并未放弃发展农业生产，而且非常重视精耕细作，农业生产一度出现了繁荣景象。到了元代，水稻已成为产量高居全国首位的农作物。明代统治者鼓励平民垦荒，提倡种植经济作物，粮食产量大增，一些地方的储粮可支付当地俸饷十年至数十年甚至上百年之需。至明代中叶，农业生产水平进一步提高，福建、浙江等地出现双季稻，而岭南甚至出现了三季稻。同时，东南沿海引进了番薯、玉蜀黍等新的农作物。清康乾盛世之时，关中地区有的地方一年“三收”。至清末时，尽管遭受到帝国主义列强的侵略，但农业生产主要格局和总体水平没有发生根本动摇，农业仍然是国民经济生产部门的主项。

进入北宋后期，新的燃料——煤炭开始大量地被开采利用，根据记载，在当时的河东、开封一带，居民已经将煤用于家庭炉灶的烹饪活动之中。而在两宋时期，各种精美瓷器的烧制已遍布全国各地，景德镇瓷器名播四海，定窑、钧窑、越窑、建窑、汝窑、柴窑、龙泉窑等所出瓷器闻名遐迩。泉州、福州、广州等地的造船业相当发达，大量瓷器由此出海，远销异国。元明清三代是中国瓷器的繁荣与鼎盛时期，从产品工艺、釉色到造型、装饰等方面都有巨大的创新。酿酒业在这一时期发展很快，宋代发明红曲霉，这在世界酿酒工艺史上都是一个了不起的创造。

宋代，中国茶叶生产水平得到空前提高，出现了“炒青”技术，茶叶种类增加。黑茶、黄茶、散茶和窨制茶已经出现。特别是红茶制作方法被发明出来，小种红茶投入生产。以斗茶、赏茶之风的盛行及大量茶著作的问世，使茶文化进入发达时期。宋代城镇市集贸易大兴，商贾所聚，要求有休息、饮宴、娱乐的场所，于是酒楼、食店到处都是，茶坊也便乘机兴起，跻身其中。极大地促进了茶文化的发展。这一时期饮食加工业的兴旺也已成为中国饮食文化日趋成熟的重要因素。在全国大中小城市中，普遍有磨坊、油坊、酒坊、酱坊、糖坊及其他大小手工业作坊，同时出现了如福建茶、江西瓷、川贵酒、江南澄粉、山东玉尘面等很多著名品牌。清末，中国许多门类的手工业失去了昔日的风采，只有与烹饪有关的手工业未呈衰相。

因为社会经济的繁荣发展，为这一时期中国饮食文化走向成熟打下了坚实的基础。两宋的饮食文化中最突出的特点就是都市餐饮业的发展十分迅速，并在短期内达到十分繁荣的水平。从宋人孟元老撰写《东京梦华录》一书的记录看，宋代正是因为商业经济的发达繁荣，汴京等大都市的酒楼、饭馆、食店才如雨后春笋般大量出现，且生意兴隆，一如该书所说：“八荒争凑，万国咸通，集四海之珍奇，皆归市易，会寰区之异味，悉在庖厨。”当时著名的北宋宫廷画家张择端借清明游春之际，绘画了一幅著名的《清明上河图》，生动而真切地再现了当时北宋京都汴梁沿汴河自“虹桥”到水东门内外的民生面貌和繁荣景象，酒楼正店，酒馆茶肆，饮食摊贩，以及从事餐饮生意人的买卖情形，都占有画面重要部位。其中挂有“正店”招牌的三层酒楼，挂有“脚店”的食店以及沿街两旁搭有大伞形遮篷的食摊，熙熙攘攘的人群围站食摊、出入酒楼。将繁荣景象描绘得生动逼真，形象地再现了北宋时期饮食业的盛况。

到了南宋时期，由于宋代政治、经济、文化中心的南移，各种人才大量南迁流动，将北方的科学、文化、技术带到了南方，也推动了江南饮食业的发展。南宋王朝偏安一隅，奢靡腐化成风，竞相吃喝玩乐，由此造就出京城临安的畸形繁荣。在落户杭州的大量流民中，有不少厨师和各种食店的老板，他们带来了北方的饮食烹调技术，南下后重操旧业，如在《都城纪胜》一书所记录的那样：“京城食店多是旧京师人开设”。由于当年的杭州仍是八方之民所汇之地，造就了当时素食馆、北食馆、南食馆、川食馆等专业风味餐馆的问世。饮食行业还出现了上门服务、分工合作生产的“四司六局”，还有专供富家雇用的“厨娘”。

元代出现了很多较大的商业城市，如大都、杭州、泉州、扬州等，这些城市都有饮食娱乐配套服务的酒楼饭店。元代的饮食业很庞杂，所经营的菜肴，除蒙古菜以外，兼容其他民族的菜肴。

明代初期，社会经济呈现出繁荣景象，各种食品也随之进一步丰富起来。当时北平、杭州、泉州、扬州等都市的饮食业发展很快，并得到了当时文化人的重视，出现了不少有关饮食、烹饪的专著。这些饮食方面的专著所反映出的当时的食品种类、加工水平、烹调技术已达到相当的高度。明代万历年间的史料中出现的烹调术语达100余条。

清代，特别是康乾盛世，由于社会经济的高度发展，一些大都市如北京、南京、广州、佛山、扬州、苏州、厦门、汉口等比明代更为繁荣，还出现了如无锡、镇江、汉口等著名码头。在商业各行中，盐行、米行也是最大的商行。北京作为全国最大的贸易中心，负责对少数民族批发酒、茶、粮、瓷器等商品。以御膳为例，不仅用料珍贵，而且很重视造型。在烹调方法上还特别重视“祖制”，即使是在饮食市场上，许多菜肴在原料用料、配伍及烹制方法上都已程式化。各民族间的饮食文化的交流在当时也很普遍。通过交流，汉民族与兄弟民族的饮食文化相互影响，促进了共同的发展。清末，西方列强肆意掠夺包括茶叶、菜籽油等农产品，并向我国疯狂倾销洋面、洋糖、洋酒等洋食品。但我国传统饮食市场的主导地位非但未被动摇，而且借着半殖民地、殖民地化商业的畸形发展，很多风味流派还得以传播和发展，出现了许多著名的酒楼饭馆。以北京为例，清人杨懋建在《京尘杂录》中描绘了北京晚清饮食市场时说：“寻常折柬召客者，必赴酒庄，庄多以堂名，陈馈八簋，羝肥酒兴，夏屋渠渠，静无哗者。同人招邀，率尔命酌者，多在酒馆，馆多以居名，亦以楼名，以馆名。皆壶觞清话，珍错毕陈，无歌舞也。”可见当时老字号餐馆经营有方，为取悦宾客，不仅从店名修辞到屋内陈设都别具一格，而且菜点的烹制也是严格把关，力求精美。

总而言之，从我国的宋代到清末，中国社会经济的发展呈现出波涛起伏之势，这一时期的中国饮食文化不断碰撞发展、交流融合，并逐渐走向壮大与成熟，使我国的饮食文化达到了顶峰。

二、中国饮食文化走向成熟的特征

中国饮食文化在成熟发展时期，无论是在饮食原料的应用、烹饪工具的创新、烹饪技术的提高、饮食市场的繁荣、饮食理论著作的大量问世等各个方面都展现出了饮食文化前所未有的繁盛景象，具有突出的饮食文化成果与发展特征。

1．烹饪原料的广泛引进和利用

这一时期外域烹饪原料大量地引进中国，如辣椒、番薯、番茄、南瓜、四季豆、马铃薯、花菜等。其中，辣椒原产于南美，明代传入中国。番薯，原产于美洲中南部，也是明代传入中国的。南瓜，原产于中、南美洲，明末传入中国。马铃薯，原产于秘鲁和玻利维亚的安第斯山区，15至19世纪分别由西北和华南等多种途径传入。面对这些引进的烹饪原料，中国的厨师们洋为中用，利用这些洋原料来制作适合于中国人口味的菜肴。此外，由于原料品种和产量不断增加，人们对原料的质量提出了更高的要求。元明清时，菜农增加，蔬菜的种植面积进一步扩大，菜农的蔬菜栽培技术也有了相应的提高，这不仅促进了蔬菜品种的增多，也促进了蔬菜品种的优化。可以说，对现有原料的优化与利用，又是这一时期烹饪原料开发利用的主旋律。如白菜是我国古代的蔬菜品种，至明清时，经过不断改良，培育出多个品种和类型，南北方都大量栽培，成为深受人们喜爱的蔬菜品种。在妙用原料方面，中国古代的厨师早已养成了珍惜和妙用原料的美德，尽管当时的社会经济有了很大的发展，烹饪原料日渐丰富，但人们在如何巧妙合理地利用烹饪原料方面还是不断地探索和尝试，并总结出一料多用、废料巧用和综合利用的用料经验。如通过分档取料和切配加工，采用不同的烹调方法，就可以把猪、羊、牛等肉类原料分别烹制出由多款美味组成的全猪席、全羊席或全牛席。又如锅巴本是烧饭时因过火而形成的结于锅底的焦饭，理应废弃不用，但人们可以用来发酵制醋，在烹饪中甚至用它做成锅巴菜肴，如“白云片”“锅巴海参”等风味独特的菜肴，真可谓是匠心独运，妙手创造。

2．烹饪工具和烹饪技术的进一步发展与应用

这一时期的烹饪工具有很大的发展，宋人林洪在其《山家清供·拨霞供》中记载，武夷六曲一带人们冬季使用的与风炉配套“铫”，其实就是今人所说的火锅，可见当时火锅在南方一些地区已经流行。而汴京饮食市场上出现的“入炉羊”一菜，则表明当时已有了烤炉。值得一提的是，珍藏于中国国家博物馆中的河南偃师出土的宋代烹饪画像砖，画中的主人公是一位中年妇女，正在挽袖烹调，其旁边有燎炉一个，炉内火焰正旺，炉上锅水正开，从画面上看，这种燎炉可以移动，通风性能很好，节柴省时，火力很猛，是当时较为先进的烹调炊具。元代宫廷太医忽思慧在其《饮膳正要·柳蒸羊》中记载了一种用石头砌的地炉，其用法是先将石头烧热至红，置于炉内，再将原料投入烘烤。该书还提到了“铁烙”“石头锅”“铁扦”等新的烹饪工具。明代以后，炊具的成品质量较之前代有很大提高，广东、陕西所产的铁锅成为当时驰名全国的优质产品。到了清代，锅不仅种类很多，而且使用得相当普及。而烤炉也有了焖炉和明炉之分。

自两宋开始，我国烹饪工艺的各大环节如原料选取、预加工、烹调、产品成形已基本定型。又经明清数百年的完善，整个烹饪工艺体系已完全建立。首先，对原料的选取和加工已有了较为科学的总结，从《吴氏中馈录》《饮膳正要》等文献记载中可知，人们对烹饪原料的选用已不仅考虑到原料自身的特性及烹调过程中配伍原料间的内在关系，而且也开始对原料的配用量重视起来。而袁枚在其《随园食单·须知单》中首先讲的就是选料问题：“凡物各有先天，如人各有资禀”“物性不良，虽易牙烹之，亦无味也。”作者明确指出：“大抵一席佳肴，司厨之功居其六，买办之功居其四。”这段文字实际上是总结了几代厨师的原料选用与配伍经验，意识到烹饪原料的选用是整个烹饪工艺过程之要点所在，烹饪产品是否能出美味，关键在于烹饪原料的选用。明代厨师已经能较为全面地掌握一般性原料如牛、羊、猪、鸡、鱼等如何治净、如何分档取料等的基本原理，如用生石灰加水释热以涨发熊掌等。清代厨师对山珍海味等干料的涨发、治净总结出了较为系统的经验，这在袁枚的《随园食单》一书中有具体载述。元代出现了“染面煎”的挂糊方法，即在原料外挂一层面糊后加以油煎。明清时期的厨师已经开始用多种植物淀粉进行勾芡。清代厨师用蛋清和淀粉挂糊上浆，这已与今天的挂糊上浆方法基本相同。明代的厨师已经普遍地掌握了吊汤技术。通过制作虾汁、蕈汁、笋汁等来提味的方法已成为当时厨师的基本技能之一。其次，这一时期的刀工技术有了很大的提高。《江行杂录》描述了宋代有一厨娘运刀切肉的情形：“据坐交床，徐起取抹批脔，惯熟条理，真有运斤成风之妙。”足见此厨娘的刀工技术之精湛。这一时期的食雕水平也有很大的提高。《武林旧事》载，在张俊献给高宗的御筵中，就有“雕花蜜煎一行”，共12个品种，书中虽未具体描绘这些食雕作品的精美程度，但既是御筵，其食雕水平自然是相当高的。元代厨师很重视菜肴中原料的雕刻，擅长运用刀工技术来美化原料。据《广东新语》记载，明代厨师已能将“鱼生”切得非常之薄，说“细脍之为片，红肌白理，轻可吹起，薄如蝉翼，两两相比”。清代扬州的瓜雕堪称绝技，代表了这一时期最高的食品雕刻艺术。再次，是烹调方法与调味技术在这一时期有了很大发展。早在宋代，主要的烹调方法已经发展到30种以上，就“炒”的方法而论，已有生炒、熟炒、南炒、北炒之分。从《山家清供》的记载中可知，此时还出现了“涮”法，名菜“拨霞供”的基本方法与今天的涮羊肉无异。另从《居家必用事类全集·煮诸般肉法》中可知，元代厨师已熟练掌握许多种煮肉之法。至明代时，制熟方法更是花样繁多，如《宋氏养生部》一书就收录了为数可观的食品加工方法，其中仅“猪”类菜肴的制熟方法就达30多种，而书中记载的酱烧、清烧、生爨、熟爨、酱烹、盐酒烹、盐酒烧等都是很有特色的制熟方法。到了清代，制熟工艺在继承中又有所发展，出现了爆、炒等速熟法。值得一提的是清代厨师蒸法上的许多创新，如无须去鳞的清蒸鲥鱼，以蟹肉填入橙壳进而清蒸的蟹酿橙等，这都是对蒸法的改进。同样，这一时期厨师在把握火候和调味方面，也颇有建树。《饮膳正要·料物性味》中记载元代的调味品已有近30种，明代厨师将火候以文、武这样颇有意味的字眼来形容。清代厨师把用油的温度划分为十成，以此判断油热程度，多次油烹的重油复炸工艺已能熟练把握。宋元时期的厨师在烹调过程中已开始了复合味和调味方法，清代后期，厨师们将番茄酱和咖喱粉用于调味之中。至此，已出现了姜豉、五香、麻辣、蒜泥、糖醋、椒盐等味型，今天的烹饪调味工艺中大多数的味型都是在这一时期定型的。

尤其值得一提的是菜肴、面点、小吃的造型艺术在这一时期大放异彩。像宋元资料中记录的假熊掌、假羊眼羹、假蚬子等以“假”命名的菜肴，就是以非动物性原料模仿动物造型制作而成的菜肴。在南宋招待金国来使的国宴中，就有假圆鱼、假鲨鱼这样的仿生造型的艺术菜肴。明代还出现了“假腊肉”“假火腿”等造型艺术菜肴。

3．饮食风味流派与地方菜的形成

饮食风味流派的形成与社会的发展，政治、经济、文化中心的形成和转移相关联。便利的交通条件和繁荣的经济环境是促成一个都市餐饮业发达的重要前提。各地有着不同的饮食习惯，正如《中华全国风俗志》中所言：“食物之习性，各地有殊，南喜肥鲜，北嗜生嚼（如葱、蒜等），各得其适，亦不可强同也。”这样就出现了风味各异的餐馆，而这种地方风味餐馆的出现，正是地方风味流派形成的发端。各种地方风味餐馆的日渐发展，进而在一些大城市中出现了“帮口”。来自各地的餐饮业经营者，为了在经营中能相互照应，自然结合成帮，从而使“帮口”具有行帮和地方风味的双重特性。他们联合起来，主持或者占领某一大城市的餐饮行业，形成独具特色的餐饮行业市场。早在三代时期，中国菜点的文化体系与流派已出现了黄河流域和长江流域之分。隋唐以后，又出现了岭南饮食文化流派、少数民族饮食文化流派和素食饮食文化流派。各地风味流派的形成，主要得助于一大批名店、名厨和名菜。宋代以后，市肆饮食文化流派已成气候，出现了北食、南食、川食、素食等不同风味的餐馆。至清代末年，地域性饮食文化流派已经形成，清人徐珂编撰的《清稗类钞》论述了有关当时地域性饮食风味流派的情况：“肴馔之有特色者，为京师、山东、四川、广东、福建、江宁、苏州、镇江、扬州、淮安。”我国目前所说的四大菜系即长江下游地区的淮扬菜系、黄河流域的鲁菜系、珠江流域的粤菜系和长江中游地区的川菜系在这一时期已经发展成熟。除地域性饮食文化、少数民族饮食文化和市肆饮食文化外，这一时期的宫廷饮食文化、官府饮食文化也都走向成熟并基本定型，这正是中国饮食文化在其历史长河中发展积淀走向成熟的结果。

4．饮食市场繁荣发达、饮食消费水平日益提高

这一时期我国的饮食市场与饮食消费呈现出空前的繁荣景象。宋代的宴会不仅名目繁多，而且相当奢侈。例如为皇上举办寿宴，仅进行服务和从事食品准备工作的就有数千人之多，场面盛况之极，难以言状。据《武林旧事》一书记载：绍兴二十年十月，清河郡王张俊接待宋高宗及其随从，宴会从早到晚，分六个阶段进行，皇上一人所享菜点达200余道之多。当时的餐饮市场上已有了四司六局，专门经营民间喜庆宴会，采取统一指挥、分工合作的集团化生产方式。高档宴会很讲究审美，如南宋集贤殿宴请金国使者，上菜九道，“看食”四道。元代的宴会受蒙古族影响，菜点以蒙古风味为主，并充满了异国情调。蒙古族人原以畜牧业为主，习嗜肉食，其中羊肉所占比重较大。宫廷菜尤其庞杂，除蒙古菜外，兼容女真、西域、印度、阿拉伯、土耳其及欧洲一些民族的肴馔，大型宴会多羊肉、奶酪、烧烤、海鲜，所以，当时一般宴会都少不了羊肉奶品。同时与草原民族风格相应。宴饮出现了豪饮所用的巨型酒器“酒海”。元延祐年间，宫廷饮膳太医忽思慧在其《饮膳正要·聚珍异馔》中就收录了回族、蒙古族等民族及印度等国的养生美食菜点94种，比较全面地反映了元代在饮食消费方面对各族传统饮食风味融会贯通、兼收并蓄的时代特点。明代人在饮食方面十分强调饮膳的时序性和节令食俗，重视南味。据《明宫史》载：“先帝最喜用炙蛤蜊、炒鲜虾、田鸡腿及笋鸭脯。又海参、鳆鱼、鲨鱼筋、肥鸡、猪蹄筋共脍一处，名曰‘三事’，恒喜用焉。”由于明代在北京定都始于永乐年间，皇帝朱棣是南方人，其嫔妃多来自江浙一带，南味菜点在明代宫廷中唱主角，自洪熙以后，北味在宫廷菜点中的比重渐增，羊肉成为宫中美味。另据《事物绀珠》载，明中叶后，御膳品种更加丰富，面食成为主食的重头戏，而且与前代相比，肉食类品种有所增强。时至清代，人们的饮食消费水平又有了很大的提高。无论是官宴还是民宴，宴会都很注重等级、套路和命名。清宫中的烹调方法上还特别重视“祖制”，许多菜肴在原料用量、配伍及烹制方法上都已程式化。而奢侈靡费和强调礼数，这是历代宫廷生活的共同特点，清代宫廷或官府的饮食生活在这两个方面上表现得尤为突出。如在菜点上席的程序上，一般是酒水冷碟为先，热炒大菜为中，主食茶果为后，分别由主碟、座汤和首点统领。其中的“头菜”则决定着宴会的档次和规格。命名方法有很多，或以数字命名的，如三套碗、十二钵等；或以头菜命名的，如燕窝席等；或以意境韵味命名的，如混元大席、蝴蝶会等；或以地方特色命名的，如洛阳水席等。值得一提的是，这一时期的全席不仅发展成熟，而出现了多样化的局面。在众多全席中，以全羊席和满汉全席最为有名。全羊席是蒙古族喜食的宴会，也是招待尊贵客人的最为丰盛和最为讲究的一种传统筵席。席间肴馔百余种，皆以羊肉为料，其中的头菜大烹整羊，是将羊羔按要求分头部、颈脊部、带左右三根肋条和连着尾巴的羊背及四条整羊腿，共分割成七块，入锅煮熟即起。用大方盘，先摆好前后四只整羊腿，还要放一大块颈脊椎，又在上面扣放带肋条及有羊尾的一块，最后摆一羊头及羊肉，拼成整羊形，以象征吉利。清代的满汉全席，又称为“满汉席”“满汉大席”，是中国历史上最著名，也是中国饮食文化发展史上影响最大的筵席之一，其基本格局包括红、白烧烤，各类冷热菜肴、点心、蜜饯、瓜果以及茶酒等。

5．饮食养生与烹饪理论的发达

根据著名饮食文化学者邱庞同先生所著《中国烹饪古籍概述》等有关资料统计，这一时期在完整地流传下来的有关饮食养生、烹饪理论文献中，影响较大的主要有宋代浦江吴氏《中馈录》、陈达叟《本心斋疏食谱》、元代宫廷饮膳太医忽思慧的《饮膳正要》和无锡人倪瓒的《云林堂饮食制度集》、元明之际贾铭的《饮食须知》和韩奕的《易牙遗意》、明代宋诩的《宋氏养生部》、宋公望的《宋氏尊生部》、高濂的《饮馔服食笺》、张岱的《老饕集》等。清代出现的饮食烹饪专著，数量更是空前，而且理论水平较高。主要有著名文人袁枚的《随园食单》、戏剧理论家李渔的《闲情偶寄·饮馔部》、张英的《饭有十二合》、曾懿的《中馈录》、顾仲的《养小录》、四川人李化楠著并由其子李调元整理刊印的《醒园录》、著名医学家王士雄的《随息居饮食谱》、宣统时文渊阁校理薛宝辰的《素食说略》、清末朱彝尊的《食宪鸿秘》以及《调鼎集》等。这些饮食烹饪文献中，既有总结前人烹饪理论方面的，又有饮食保健方面的，从烹饪原料、器具、工艺、产品，一直到饮食消费，这些文献都有不同程度的理论研究与概括。并形成了一个较为完善的体系。其中袁枚的《随园食单》堪称是这一理论体系的代表。

应用贴士

袁枚与《随园食单》

袁枚，字子才，号简斋、随园老人，浙江钱塘人。乾隆四年进士，选翰林院庶学士，40岁起即退隐于南京小仓山，筑“随园”。常以文酒会友，享盛誉数十年，是清代著名的文人、名士。《随园食单》是他72岁以后整理写成的一本烹饪专著。他在该书中兼收历代各家烹饪之经验，融会各地饮食风味，以生动的比喻、雄辩的论述，对烹饪技术进行了具体的阐释，他从实践中提炼出理论，为中国烹饪理论著述的方法，树立了一面格调鲜明的旗帜。《随园食单》有序和须知单、戒单、海鲜单、江鲜单、特牲单、杂牲单、羽族单、水族有鳞单、水族无鳞单、杂素菜单、小菜单、点心单、饭粥单、茶酒单。这部著作在我国饮食文化史上具有承前启后的作用，其中有许多论点足供今人借鉴。

第五节 中国饮食文化进入全盛阶段

清王朝的灭亡，不仅标志着中国封建社会的终结，也奏响了中国饮食文化走进现代阶段的交响乐。在这一阶段中，社会的发展虽然经历了跌宕起伏，而且就时间来说并非很长，但是中国饮食文化却发生了突飞跃进性的发展，无论是烹饪实践还是理论研究，中国饮食文化以全新的姿态进入了新开拓的新时代，走上与世界各民族饮食文化进行广泛交流的道路。以近现代科学思想指导烹饪实践和理论研究，运用现代科学技术改良、培育和人工生产烹饪原料新品种、并改进发明烹饪生产工具，广泛开辟新型的能源，为烹饪原料的来源、烹饪物质要素的发展开辟了全新的道路。与此同时，饮食风味流派与菜肴体系在结构和内容上发生了不同于传统形式的改变和革新，在烹饪技艺传承上发展了现代意义的烹饪职业教育；餐饮生产经营管理日趋科学化、社会化，现代饮食文化经过数十年的努力已初步构成了全新的体系。因此，中国饮食文化的发展进入近代与现代已经达到了全面繁盛的历史时期。近、现代中国饮食文化的发展成果与特征主要表现在如下几个方面。

一、饮食、烹饪原料丰富发展，品类繁多

首先，在近现代饮食文化发展阶段，由于国家对外开放，尤其是提倡优质高效的农业生产，从世界各国引进了许多优质的烹饪原料。植物性原料主要有洋葱、西芹、苦苣、樱桃番茄、奶油白菜、西蓝花、凤尾菇等；动物性原料主要有牛蛙、珍珠鸡、肉鸽、鸵鸟、象拔

蛙、皇帝蟹等，这些烹饪原料已在我国广泛种植或养殖，并用于烹饪之中，丰富了原有的食材品类。

其次，进入20世纪以来，人们曾在一个时期内毁林造田，乱砍滥伐，使得许多野生动植物濒临灭绝，生态环境遭受到严重破坏，于是又不得不对野生动植物进行加倍保护，国家还为此颁布了野生动植物保护条例。同时，科研人员利用先进的科学技术对一些珍稀动植物原料进行人工培植或养殖，并获得了成功。如今，人工培植成功的珍稀植物原料有猴头菇、银耳、竹荪、虫草及多种食用菌。人工饲养成功的珍稀动物原料有鲍鱼、环颈雉、牡蛎、刺参、湖蟹、对虾、鳜鱼、长吻鮠、鳗鲡、蝎子等。这些珍稀原料的产量大幅超过了野生的，能够更多地满足众多食客的需求。

再次，各种优质烹饪原料品种不断增多，其中最引人注意的是粮食、禽畜及加工制品。在粮食中，仅米的名贵品种就有广东丝毛米、福建过山香、云南接骨糯等。而绿豆有200多个品种，著名的有安徽明光绿豆、河北宣化绿豆、山东龙口绿豆等。此外大小麦等也有众多名品。在禽畜类原料中，猪的优良品种有四川荣昌猪、浙江金华猪、苏北淮猪等。近年来，全国又推行养殖瘦肉型猪，以减少脂肪的含量。鸡的优良品种也很多，有寿光鸡、狼山鸡、浦东鸡等。加工制品中优良品种众多，如板鸭名品有江苏南京板鸭、福建建瓯板鸭、江西南安板鸭等；豆腐名品有八公山豆腐、黄陂豆腐、榆林豆腐、平桥豆腐等。

总之，饮食、烹饪原料的丰富发展，品类的日益繁多，不仅为我们现代人的饮食生活开拓了食料空间，为烹饪技术的进步发达奠定了物质基础，同时更加促进了中国饮食文化的丰富发展。

二、烹饪加工、生产趋于现代化

随着现代科学技术的发达，近现代烹饪阶段的烹饪工具发生了很大变化，集中表现在能源和设备上。就能源而言，木柴已退居次要地位，城镇居民家庭与酒店宾馆中主要使用的是煤炭、煤气、天然气，另外还有液化气、汽油、柴油、太阳能、电能等，部分农村已使用天然气、沼气等。用这些能源制熟或加热食物有着省时、方便和卫生的特点。就烹饪设备而言，电器炊餐器具已经在部分大城市、大饭店逐渐使用，品类繁多。如用于加热的设备有电磁炉、微波炉、电炉箱等；用于制冷的设备有冷藏柜、保鲜陈列冰柜、浸水式冷饮柜等；用于切割加工的设备有切肉机、刨片机、绞肉机等。值得一提的是，我国现在已经出现了许多大型的厨房设备生产企业，可以生产出灶具、通风、脱排、调理、储藏、餐车、洗涤等300余个规格和品种的厨房设备。

基于上面的因素，无论是工业食品加工，还是烹饪菜点的生产方式都发生了很大变化，生产方式日益现代化。现代食品工业是传统烹饪的派生物，是现代科学进入烹饪领域的结果，如今，中国食品工业已经形成比较完整的生产体系。至于烹饪生产方式的变化，主要表现在两个方面：一是餐馆、饭店中食品原料的切割、制蓉等某些烹饪工艺环节，以及许多成品的加工等已经出现了以机械代替厨师的手工操作，甚至出现了智能机器人厨师作业；二是食品工业的兴起，已经出现了食品工厂，并生产火腿、月饼、香肠、饺子、包子、面条等这些传统手工烹饪的食品，既减轻了手工烹饪繁重的体力劳动，又使大批量食品的生产质量更加规范化和标准化。

三、现代营养科学对中国传统饮食产生重大影响

诞生于近代的饮食营养科学，是研究食物与人体健康关系的一门综合性学科，它起源于18世纪中后期，丰富发展于19世纪，完善于20世纪，进入21世纪以来营养学的成果对人类健康的影响越来越突出。其优势是微观、具体、深入，通过现代自然科学已有的各种检测手段，能够严格地进行定量分析。现代营养学大约在1913年传入中国，到20世纪20年代后，中国现代营养学逐步发展起来。一些营养学专家还逐步将营养与烹饪结合起来研究，取得了长足进步，并在20世纪80年代前后发展成为一门新兴学科即烹饪营养学。这门学科在中国虽然起步较晚，但已取得一定成果。许多高等烹饪学府都开设了烹饪营养学，使学生能够运用营养学的知识科学合理地烹饪，制作出营养丰富、风味独特的菜点。

近年来，随着人们对饮食健康的追求，中国烹饪与现代营养学密切结合的同时，仍然没有也不可能放弃对中国菜肴、面点制作的传统饮食养生学的研究与应用。中国饮食养生学说虽然比较直观、笼统、模糊，带有经验型烙印，但具有宏观把握事物本质的长处。正是由于中西医学的结合，传统饮食养生学说与现代营养学的相互渗透，宏观把握与微观分析两种方法的相互配合，使得中国烹饪向现代化、科学化迈出了更快的步伐。传统饮食养生学与现代营养科学有机结合的饮食健康理念，越来越受到当代人的欢迎。

四、中国饮食文化进入更广泛意义上的交流与融合

众所周知，中国是一个多民族的国家，各民族之间的交流从未停止过。无论秦、汉、南北朝，抑或是唐、宋、元、明、清这些朝代，食品原料、烹饪技艺交流已很普遍。通过不断交流，汉族的食品烹饪、饮食风俗影响了其他兄弟民族，而其他各兄弟民族的食品烹饪与饮食风俗也影响了汉族，促进了共同发展。进入现代饮食文化发展阶段以来，民族之间的烹饪技艺与饮食文化交流更加频繁。如今满族的“萨其马”、维吾尔族的“烤羊肉串”、土家族的“米包子”、黎族与傣族的“竹筒饭”等品种，已成为各民族都认同和欢迎的食品，并且有了新的发展。如“萨其马”已进行工业化生产；而在“烤羊肉串”的启发之下，又出现了“烤鸡肉串”“烤兔肉串”，以及烤各种海鲜串等；“竹筒饭”及其系列品种“竹筒烤鱼”“竹筒乳鸽”等更是在北京、四川、广东等地大显身手。

与此同时，由于交通的日益发达、便捷，人员流动增大，国内地区间的饮食文化交流更加频繁。在许多大中城市林立的酒楼餐饮业馆中，既有当地的风味菜点，也有异地的风味菜点，而且还出现了相互交融与渗透的现象。可以说，地区间的饮食文化交流，加之改革开放后全国范围内进行的多次烹饪大赛，对提高中国烹饪的整体水平、缩小地区间的烹饪技术的差别起到了巨大的推动作用，促进了中国饮食文化的全面发展。

尤其引人瞩目的是中国与世界各地、各国间的饮食文化交流，在近现代饮食文化发展阶段中发生了翻天覆地的变化。20世纪初，随着西方教会、使团、银行、商行的涌入，洋蛋糕、洋饮料、奶油、牛排、面包等西菜西点也进入了中国，并对中国饮食文化产生了很大的影响。近20年来，随着改革开放的深入，西方的一些先进的厨房设施和简易的烹饪方式正在被学习和借鉴。在食品方面，西式快餐、日本料理、泰国菜、韩国烧烤等异国风味竞相登陆，这不仅是对古老的中国饮食文化的挑战，更是中国饮食文化蓬勃发展的机遇。其中，西式快餐是将高科技发展的成果应用于快餐，是工业化标准和标准化思想、标准化科学技术运用的结果。它适应了高科技社会的客观需要，并以崭新的姿态赢得了中国人的喜欢，获取了巨大的成功。面对这一现实，中国也正努力借鉴西式快餐的优点和成功经验，大搞中式快餐，并将其作为饮食业的新增长点。另外，中国饮食文化在海外的影响也越来越大，在遍布世界各地的6000多万中国侨民中，有不少人开中式餐馆谋生，传播着中国饮食文化和非常可口的中国菜点，使外国人大开眼界。改革开放以来，中国又不断派出烹饪专家和技术人员到国外讲学、表演，参加世界性的烹饪比赛，使海外更多人士了解中国饮食文化，喜爱中国菜点，这也促进了世界烹饪水平的提高。

趣味链接

英国罗伯茨《东食西渐》中的中国饮食文化

晚清以来，西方人的饮食习惯发生了巨大的变化，而这种变化的推动原因之一就是“西方人对中国饮食态度的改变。正是由于这种改变，才有了西方城镇里中国餐馆和外卖店的遍地开花（几乎每一个城镇都是如此），也才有了对中国烹饪法的普遍改良和采用。”在今天的西方世界里，很多国家的每条高速公路边上，几乎都有中式快餐店，差不多每家每户的厨房里都备有一口中式的炒菜铁锅。可以说，中国饮食文化背景下的餐饮业已经风靡西方国家，很多令西方人敬而远之的中国食物现今已经成为其餐桌上的常食之品。

五、饮食市场空前繁荣与烹饪创新日新月异

中国自古以农立国，历代统治者都实行着“重农抑商”的政策，因此作为商业重要组

成部分的饮食业虽然在不断地走向繁荣，但常受到轻视，不能理直气壮地发展。直到20世纪80年代，第三产业蓬勃兴起，饮食业也受到了前所未有的重视，并迅速成为第三产业的中坚力量，饮食市场空前繁荣。据有关部门统计报告，1992年，我国餐馆数量为174万个，营业额590亿元，从业人员为480万人。进入21世纪以来，我国餐饮业更是得到飞速发展，到了2001年，我国餐饮业经营网点已达350多万家，从业人员超过1500万人，营业额突破4000亿元。2016年全国餐饮收入为35799亿元，到2017年全国餐饮收入增长至39644亿元，截至2018年年底，中国餐饮收入突破4万亿元，达到了42716亿元。到2023年年底全国餐饮收入达到了52890亿元，成为国内消费需求市场中发展速度最快的行业，对扩大内需和促进国民经济的发展做出了突出贡献。特别是在党的十九大以来，在中国特色社会主义理论的指导下，随着新时代浪潮的冲击、社会经济的发展，人们的生活条件和消费观念发生了变化，尤其是对新、奇、特产品的追求日益强烈。为适应这些新的追求，创新出大量的风味别具菜肴、面点与特色筵席，如淮扬菜系中的姑苏茶肴宴，它将菜点与茶结合起来，开席后先上淡红色的似茶又似酒的茶酒，再上芙蓉银毫、铁观音炖鸭、鱼香鳗球、龙井筋页汤、银针蛤蜊汤等，用名茶烹制的菜肴，再上用茶汁、茶叶等作配料的点心玉兰茶糕、茶元宝等。目前，姑苏茶肴宴的茶酒、茶菜、茶点共18种，已经初成系列。再如，鲁菜中仅海参一项，经过无数厨师的创新，海参菜肴的款式由原来的几十种，发展到现今的几百种，而因此设计创新的海参筵席更是不计其数。这些风味独特的创新筵席与传统筵席一起，共同促进了中国筵席的进一步发展和繁荣。随着近几年来人们对于传统文化的重视与弘扬，饮食非物质文化遗产项目在新时期得到了空前的传承与发展，如包括“北京烤鸭”“螺蛳粉”“兰州拉面”等一大批非遗美食项目广泛进入人们的视线，促进了饮食非遗项目产业的发展。

▷ 本章小结

中国饮食文化的发展历程悠久而漫长，大致经过了五大阶段。

整个原始社会，是中国饮食文化的起源阶段，先民在熟食活动中又经历了火烹、石烹和陶烹三个过程。

三代时期，中国饮食文化进入形成阶段，烹饪原料进一步扩大，新的烹调手段应运而生，饮食器具更是品类多样，传统饮食养生理论初步建立。

从秦汉至唐代，是一个发展壮大的时期，烹饪原料大量增加，植物油用于烹饪，烹饪工具迅速发展，灶具、刀具、餐具以及桌、椅和燃料等都比前一阶段大有改善，烹饪工艺水平有了很大的提高，风味流派已基本成形，烹饪名家辈出，理论研究繁荣。

从宋到晚清，是饮食文化的转变时期，主要表现为外域的烹饪原料和饮食品大量地引进中国，各类烹饪器具已经基本上能满足烹饪工艺过程的需要，并已形成体系。至清末，地域性饮食文化流派已经形成。

辛亥革命后至今，中国饮食文化有着飞跃性的发展，这一时期，人们以近代科学思想指导烹饪实践和理论研究，为烹饪原料的来源、烹饪物质要素的发展开辟了新的道路，风味流派体系在结构和内容上发生了不同于传统形式的改变和革新，烹饪教育培训、生产管理日趋科学化、社会化，现代饮食文化经过数十年的努力已经初步构成了全新的体系。

讨论与训练

1. 中国饮食文化的形成与发展大致经历了哪几个时期？
2. 为什么说原始先民的饮食活动对人类文明的生成与发展起着重要的启迪作用？
3. 请举出三部清代饮食文化方面的专著，并说出它们的作者。
4. 认真研读《饮膳正要》一书，结合现代烹饪营养学的研究成果，总结一下养生学和营养学的区别。
5. 总结一下现代我国餐饮业发展的特点。

分析与应用

1. 为什么说汉代是中国饮食文化史上的一个重要的转折时代？
2. 古代的养生理论对今天的餐饮消费产生了哪些影响？
3. 为什么宋代的餐饮业盛况空前？
4. 与传统饮食文化相比，现代饮食文化具有哪些基本特征？
5. 周代“八珍”与现在的“八珍”的意义相同吗？
6. 请你根据清代李斗的《扬州画舫录》中有关满汉全席食单的记载和自己所掌握的有关知识，判别一下满汉全席中的菜点都是哪个菜系的，为什么？

第3章

中国菜肴风味流派

本章内容

1. 中国菜肴风味流派的形成。
2. 中国主要菜肴风味流派。
3. 民族风味与面点、小吃风味。

学习目标

1. 通过学习，了解中国饮食菜肴风味流派的形成与众多的风味流派，深刻理解中国饮食文化的博大精深。
2. 了解、掌握各大地方菜肴风味的形成因素与菜肴特点。
3. 掌握宫廷风味、官府风味、民间风味、民族风味、市肆风味的形成及其基本特征。在此基础上进一步了解中国众多饮食风味流派是中国饮食文化的重要组成部分。

第一节　中国菜肴风味流派的形成

我国是一个拥有辽阔疆土的国家，各地区的自然条件、地理环境和物产资源有着很大的差别，如“南米北面”的饮食特点，古已有之，这是各地人民的饮食品种和口味习惯各不相同的物质基础和先决条件。《博物志·五方人民》中说：“东南之人食水产，西北之人食陆畜。”“食水产者，龟蚌螺蛤以为珍味，不觉其腥也；食陆畜者，狸兔鼠雀以为珍味，不觉其膻也。”物产决定了人们的食性，而长期形成的对某些独特口味的追求，渐渐地变成了难以改变的习性，成为饮食习惯中的重要组成部分。所谓“南甜北咸，东辣西酸”地域性群体口味的形成，也是顺理成章的事情。正因为如此，中国菜肴才形成了丰富多样、特色各异的风味流派，其中最有代表性就是各具特色的菜肴体系。

所谓菜肴体系，即当前人们所通称的菜系，是指具有明显地域特色的饮食风味体系。它以地域性的群体口味为主要特征，以独具一格的烹调方法、调味手段、风味菜式、辐射区域、历史文化传统为基本内涵，并且在国内外的传播与交流中形成了一定的影响。严格意义上讲，中国菜肴体系的形成不是按不同时代的行政区辖划分的。如学术界公认的“三大文化流域孕育了四大菜系”就是以文明背景与文化特征为依据的。如此一来，就有了黄河文化流域的鲁菜、长江文化流域上游的川菜、长江文化流域下游的苏菜、珠江文化流域的粤菜。这是目前从专家学者到社会广泛意义被大家公认的具有鲜明特色的中国四大菜系。

一、中国菜肴风味流派形成的主要因素

简而言之，我国饮食菜肴风味流派各具特色，饮食风俗鲜明迥异，名菜名点琳琅满目，其形成的原因是多方面的。既有自然的因素，也有历史的因素；既有政治的因素，也有文化方面的因素，更有聪慧、辛勤的民众与专业厨师们勤劳创造的因素。

1. 自然、物产是基础条件

地理环境、气候及物产是形成地方饮食风味的基本条件与关键性因素。自然地理的不同、气候水土的差异，必然形成物产不同、风俗各异的地域性格局。我国疆域辽阔，分为寒温带、中温带、暖温带、亚热带、热带和青藏高原区6个气温带，加之地形复杂，山川丘原与江河湖海纵横交错，适于不同动植物的生长，由于各地动植物的不同，便出现以本土原料为主体的地方菜品。正如晋人张华《博物志》所说“土地所生者有饮食之异”，以及《史记》的“人各任其能，竭其力，以其所欲”都是指这个意思。《黄帝内经》还谈过地理环境对人生理和食性的影响。清人徐珂也指出：“人类所用之食物，实视气候之寒暖为标准。”俗语所谓“一方水土养一方人”就是这个道理，属于自然规律使然。很显然，是物产决定食性，并影响烹调技艺，也影响到食俗食风与菜肴风味特色的形成与发展。

2．历史、政治是人文环境

从我国历史上看，一些古城古邑曾是国家政治、经济和文化的中心，西安、洛阳、开封、杭州、南京、北京是驰名的古都；济南、广州、福州、上海、武汉、成都是繁华的商埠。这些古代的大都市，人口相对集中，商业十分繁荣，加之历代统治者讲究饮食，宫廷御膳、官府排筵、商贾逐味、文人雅集，这些不仅促进了当地烹饪技术的提高和发展，也对菜系的生成产生过积极而深远的影响。至于陕菜与唐代珍馐关系密切，鲁菜与清代宫廷名菜渊源深厚，苏菜中保留着“十里春风的艳彩”，鄂菜中能看到“九省通衢”的踪影，川菜体现了“天府之国”的风貌，粤菜有“门户开放”后的遗痕，更可说明这一问题。

3．市场、消费是促进条件

生产力的发展是经济繁荣的重要前提，而经济一经繁荣，市场贸易、市肆饮食也便兴旺起来，与之相应的稳定的消费群体也便应运而生，这是风味流派形成发展的重要条件。如同各种商品都是为了满足一部分人的需要生产的一样，各路菜肴也是迎合一部分食客的嗜好而问世的。人们对某一风味菜肴喜好程度的强弱，往往能决定其生命的长短和威信的高低。还由于烹饪的发展，与权贵追求享乐、民间礼尚往来、医家研究食经、文士评价馔食关系密切，所以任何菜系的兴衰都有明显的人为因素。更重要的是，群众对乡土菜的热爱是菜系扎根的前提。乡土风味是迷人的，人们对故乡的依恋，既有故乡的山水、亲友、乡音、习俗，也有故乡的美食。所谓“物无定味，适口者珍”，所谓“一世长者知居处，三世长者知服食”，在很大程度上是取决于共同的心理状态和长期形成的风习的。乡情、食性和菜肴风味水乳交融，支配了一个地区的烹调工艺的发展趋向。

4．文化、审美起催化作用

我国的文化板块特色鲜明，有黄河流域文化、长江流域文化、珠江流域文化、辽河流域文化等。因此形成了中原大地的雄壮之美、塞北草原粗犷之美、江南园林的优雅之美、西南山区的质朴之美和华南沃土的华丽之美，可谓绚丽多彩，各领风骚。顺应自然，以求生存，这是人与生俱来的本性。改造自然，以求更好生活，是人类共有的特性。本性决定生活审美观的形成，而特性能够导致生活审美观的发展与升华。而所有这一切反映在饮食风味体系与菜肴体系中，其中文化气质与审美风格则必然地居于主导地位，如江南优雅之美造就出文人式的美学风格，形成精巧雅致的淮扬菜；中原雄壮之美孕育出宫廷式的美学风格，形成雄伟壮观的鲁豫菜与宫廷菜；西南质朴之美确定了平民式的美学风格，形成朴实无华的巴蜀菜；塞北粗犷之美打造出牧民式的美学风格，形成蒙古族豪放朴素的蒙古族菜等。

5．工艺、筵宴起决定作用

食品烹调工艺的不断进步与发达，地方筵宴饮食风气的兴盛与流行，是中国地方菜系形成的内部因素，在一定意义上能够起到决定性的作用。一个地方菜肴体系的形成，仅仅有着丰富的物产和悠久的历史是不够的，它还需要人们的智慧与创造。具有明显风味特色的菜系之所以能够从众多地方菜中脱颖而出，靠的是什么？显然是自身的实力——烹调工艺好，名菜美点多，筵席铺排精。强大的实力可以使它们在激烈的市场竞争中保持优势。从古到今，影响大的菜系无不都是跨越地区，向四方渗透发展，朝气蓬勃。如明清以来直至晚近的鲁菜，由于大量的鲁地厨师进入皇宫，对宫廷饮食的影响极大，另外山东移民对广大东北地区饮食也有所影响。再如我国改革开放以来，随着南方经济的飞速发展，粤菜厨师大量北进，从而对北方各大城市产生了很大的影响。而一些较小的地方菜则只能在自己的“根据地”内活动，各方面都受到限制。究其原因，仍是实力的差距。尤其是近年来，各大菜系的竞争也相当激烈，优胜劣汰，毫不留情。总之，谁能征服食客谁就能发展，菜系的原动力就是菜品的质量和信誉。

二、中国菜肴体系应具备的条件

菜系既然是中国饮食烹饪的风味流派，作为一个客观存在的事物，它必然有着数量的限制和品质的规定。从菜系历史和现状考察，举凡社会舆论认同的菜肴体系，它们一般都具有如下几个方面的条件。

1．广泛运用地方特色的乡土原料

菜系的表现形式是菜品，菜品只有依原料才能制成。如果原料特异，乡土气息浓郁，菜品风味往往别具一格，颇有吸引力。故而不少菜系所在地，都很注重名特原料的开发。如北京的填鸭、山东的大葱和大蒜、四川的郫县豆瓣等，用地方特色鲜明的食材制成“我有你无”的标志性菜品，形成了独树一帜的风格。尤其是一些特异调味品的使用，在菜肴风味形成中有很大作用，如山东的豆酱、福建的红糟、广东的蚝油、湖南的豆豉、江苏的香醋，之所以受到青睐，原因也在于此。

2．烹调工艺的创新与独到之处

烹调工艺是形成菜肴的重要手段。不少风味菜闻名遐迩，正是在炊具、火功、味型和制法上有某些绝招，并且创造出一组组系列菜品，像山东的汤菜、湖北的蒸菜、安徽的炖菜、辽宁的扒菜等。由于技法有别，菜肴品质感便截然不同，故而以“专”擅名、以“独”争光、以“异”取胜。例如海派川菜、港式粤菜、谭家菜、宫廷菜、孔府菜等的名气，主要是由此而来。

3．菜品系列具有浓郁的地方特征

任何一个有影响力的菜肴体系，必须能够在菜品中融入明显的地方特征与乡俗食风，这是大大小小风味流派的灵魂所在。它能确定风味流派的“籍贯”，使其成为独具一格的菜肴体系。地方特征与乡土气息表面上似乎看不见摸不着，但只要菜肴、面点上桌观之，入口品之，人们就能立即感觉到它的存在，而且对家乡人来说，它又是那样的亲切、温馨和舒适。地方特征主要是通过地方特产、地方风味、地方习俗、地方礼仪等方面来展示，常有诱人的魅力。所谓川味、闽味、豫味、湘味，这个“味”字就是指地方特征与乡土情韵。

4．众多名菜名点促进地方筵席的发达

纵观中国著名的菜系，无论是四大菜系，还是八大菜系，都拥有众多的名菜肴与面点小吃，并由此为地方筵席的发展提供了基础条件，促进了地方宴饮民俗活动的形成与发展。由于筵席不仅是地方烹调工艺的集中反映和名菜美点的汇展橱窗，而且还是地方礼仪风尚与民俗文化的凝聚点。所以，能否拿出不同格局的众多乡土筵席，应是区分菜系和菜种的一项具体指标。同时也只有风味特异的乡土筵席，才能参加饮食市场的激烈角逐。这就像名牌产品是企业的生命一样，必须能经受住较长时间的考验。

5．具有持久的生命力与发展空间

如上所述，菜系的形成，需要众多条件的创造与长时间的孕育，其发展的历程可谓峰回路转，起起落落。只有久经考验，不断积累丰富，形成旺盛的生命活力，历经不同时代的筛选，才能日臻成熟，逐步走向完善，达到成熟定型。同时，它还要在稳定中不断扩大自身的发展空间，在发展中再创新且丰富、提升。这正是一个菜肴体系生命力旺盛的关键所在。

三、中国菜肴风味流派概况

中国菜肴风味流派主要是指中国菜肴由于不同地域和文化背景的差异所形成的菜肴体系，宏观上也包括面点等其他方面。

中国菜肴体系的划分是一个非常复杂的问题，如果按照菜肴食用对象为依据来划分，则可分为宫廷菜、官府菜、民间菜、民族菜、寺院菜、地方菜。所谓宫廷菜，就是历代皇室御膳厨师专为皇室烹制的菜肴，如明宫菜、清宫菜等；官府菜就是封建社会地位显赫的王公贵族官府内所制作的菜肴，如孔府菜、谭家菜等；而民间菜则是流行于乡村民间家庭、市肆，非专业烹饪人员所制的菜肴，如田野菜、山野菜等；民族菜是流行于各民族间独特的、与其他民族不同风味的菜肴，如傣族菜、满族菜等；寺院菜就是流行于众多庙宇、寺院、道观中专供出家人食用的一类菜肴，如素菜、道家菜等；地方菜是以地域范围内相似的群体口味为主形成的菜肴体系，古称帮口，如山东菜、四川菜等。

中国最具有代表意义的是著名的“三大文化流域孕育四大菜系”，即黄河文化流域的鲁菜、长江文化流域上游的川菜、长江文化流域下游的苏菜、珠江文化流域的粤菜。不过，随着历史进程的变化，四大菜系在饮食风味的涵盖度上越来越显示出了它的模糊性。因此，其他说法随之诞生。首先是八大菜系的划分观点，八大菜系是在原有四大菜系的基础上，增加了浙、湘、闽、徽。如果在八大菜系的基础上加上北京和上海就构成了十大风味流派。

改革开放以来，随着各地经济的繁荣发展，出于促进改善、提高广大人民群众饮食生活水平为前提的地方经济发展的需要，各地都在不断开发地方资源。于是，各地都以富有地方特色为理由而争取菜系的成立。十六大菜系、新八大菜系、小八大菜系等应运而生。

第二节 中国主要菜肴风味流派

一、黄河流域及其以北风味流派

中国黄河流域及其以北风味流派，是一个地域广大的范围，主要是黄河中下游流域以及在口味特征上与之相同或相近的北方地区，包括山东、河南、陕西、山西、河北、北京、天津以及东北三省。这一广大地区民众的基本饮食特征是咸鲜为主、口味纯正，较为适中。其中以山东、河南、河北、北京、天津等为代表，陕西口味除咸鲜之外，略偏重于酸辣咸，而山西则略偏重于酸咸，东北三省的辽宁、吉林、黑龙江则以口味厚重醇浓为特征。在这一区域内，各地饮食风味虽然有共同之处，但也展现出了丰富多彩的风貌，主要代表的风味流派有鲁菜、豫菜、陕菜、京菜、辽菜等。

1. 鲁菜

鲁菜，又称山东菜。历史悠久，影响广泛，是中国饮食文化的重要组成部分，成为中国四大菜系之一。鲁菜以其味鲜咸脆嫩，口味纯正，风味独特，制作精细享誉海内外。《黄帝内经》云：“东方之域，天地之所始生也。鱼盐之地，海滨傍水，其民食鱼而嗜咸，皆安其处，美其食。”齐鲁大地就是依山傍海、物产丰富、经济发达的美好地域，为饮食文化的发展、山东菜系的形成，提供了良好的条件。早在春秋战国时代齐桓公的宠臣易牙就曾是以“善和五味”而著称的名厨；北魏朝时，高阳太守贾思勰在其著作《齐民要术》中，对黄河中下游地区的烹饪术作了较系统的总结、记下了众多名菜做法，反映当时鲁菜发展的高超技艺；唐代段文昌，山东临淄人（今属淄博市辖区），穆宗时任宰相，精于饮食，并自编《食经》五十卷，成为历史掌故。到了宋代，宋都汴梁所作“北食”即鲁菜的别称，已颇具规模。明清两代，已经自成菜系，从齐鲁而京畿，从关内到关外，影响所及已达黄河流域中下游、京津、东北地带，有着广阔的饮食群众基础。

山东古为齐鲁之邦，地处半岛，三面环海，腹地有丘陵平原，气候适宜，四季分明。海鲜水族、粮油牲畜、蔬菜果品一应俱全，为烹饪提供了丰盛的物质条件。庖厨烹技全面，巧于用料，注重调味，适应面广。其中尤以爆、炒、烧、塌等最有特色。正如清代袁枚称：“滚油炮（爆）炒，加料起锅，以极脆为佳。此北人法也。”瞬间完成，营养素保护好，食之清爽不腻；烧有红烧、白烧，著名的“九转大肠”是烧菜的代表；“塌”是山东独有的烹调方法，其主料要事先用调料腌渍入味或夹入馅心，再沾粉或挂糊。两面塌煎至金黄色。放入调料或清汤，以慢火煒尽汤汁，使之浸入主料，增加鲜味。山东广为流传的锅塌豆腐、锅塌菠菜等，都是久为人们所乐道的传统名菜。

鲁菜还精于制汤。汤有“清汤”“奶汤”之别。《齐民要术》中就有制作清汤的记载，是鲁菜烹调提鲜的关键调料。俗有“厨师的汤，唱戏的腔”之称。经过长期实践，现已演变为用肥鸡、肥鸭、猪肘子为主料，经沸煮、微煮、“清哨”，使汤清澈见底，味道鲜美。奶汤则呈乳白色。用“清汤”和“奶汤”制作的菜肴，多被列为高级筵宴的珍馐美味。

随着历史的演变和经济、文化、交通事业的发展，鲁菜逐渐形成了济南、胶东为代表的地方风味，而不拘一格的孔府菜在近几十年里也成为鲁菜的标志。

泉城济南，自金、元以后便设为省治，济南的烹饪大师们利用丰富的资源，全面继承传统技艺，广泛吸收外地经验，把东路福山和南路济宁、曲阜的烹调技艺融为一体，将当地的烹调技术推向精湛完美的境界。济南菜取料广泛，上至山珍海味，下至瓜果菜蔬，就是极为平常的蒲菜、芸豆、豆腐和畜禽内脏等，一经精心调制，即可成为脍炙人口的美味佳肴。济南菜讲究清香、鲜嫩、味纯，有“一菜一味，百菜不重”之称。鲁菜精于制汤，则以济南为代表。济南的清汤、奶汤极为考究，独具一格。在济南菜中，用爆、炒、烧、炸、煸、扒等技法烹制的名菜就达二三百种之多。

胶东风味以烟台、青岛菜为代表，以烹制海鲜见长。胶东菜源于福山，距今已有700余年历史。福山地区作为烹饪之乡，曾涌现出许多名厨高手，通过他们的努力，福山菜流传于省内外，并对鲁菜的传播和发展做出了贡献。烟台是一座美丽的滨海城市，山清水秀，果香鱼肥，素有“渤海明珠”美称。“灯火家家市，笙歌处处楼”，是历史上对烟台酒楼之盛的生动写照。用海味制作的筵宴，如全鱼席、海参席、海蟹席、小鲜席等，构成品类纷繁的海味菜单。青岛菜在保持胶东菜传统风味的基础上又受到西式菜肴烹饪的影响，是胶东菜创新发展的代表。

孔府菜，是融合山东地方风味与宫廷、官府于一体的特色菜肴体系。坐落在山东曲阜的孔府，自古以来优越的社会地位与经济保障，在孔府历代厨师的不断创新努力下，奠定了孔府菜的基础，形成了从接待上自历代皇帝、王公大臣，下至一般家庭饮食的完整菜肴体系，具有雅俗共赏、精美并举的特色，成为中国饮食文化发展史上具有典型意义的官府菜。

鲁菜在用料上具有明显的地域特色，体现海产与陆产结合，高端与普通共用。讲究选料，长于鉴别。在味型上则讲究调味纯正，以鲜咸为主，擅用葱蒜。沿海以鲜活海味的原味取鲜，内陆以吊制清汤调味取鲜。在烹调技法上丰富繁多，有爆、炒、烧、扒、烩、汆、熘、炸、熬、蒸、烤、熏、腊、拔丝、挂霜、琉璃、蜜汁、水晶等。其中尤以爆、炒最能体现鲁菜快速出菜的特色。鲁菜具有鲜爽脆嫩，突出原味，刀工考究，配伍精当，善于调和，工于火候，技法全面，菜式众多的综合特点。并且体现咸鲜脆嫩，口味纯正，讲究配伍，平和适中的特征。鲁菜中传统代表性名菜有九转大肠、奶汤鸡脯、糖醋鲤鱼、葱烧海参、清蒸加吉鱼、油爆双脆、带子上朝、八仙过海闹罗汉、诗礼银杏、青州全蝎、泰安豆腐、博山烤肉、德州脱骨扒鸡等。

趣味链接

“九转大肠”的趣闻

相传，九转大肠是清光绪年间由济南的九华楼酒楼首创。有一次，九华楼的店主请客，厨师上了一道风格独特的菜——烧大肠，颇受宾客们的赞赏。大家品尝后都赞不绝口。但各人说法不一：有的说甜，有的说酸，有的说咸，有的说辣。其中有位颇有学识的客人站起来说：“道家善炼丹，有‘九转仙丹’之名，食此佳肴可与仙丹媲美，这道美食就叫‘九转大肠’吧！”在座宾客都十分赞赏这一菜名，从此九转大肠就越来越为大家所知。制作方法和用料也不断改进，味道越来越好。

2. 豫菜

河南菜简称豫菜，豫菜特色是中扒（扒菜）、西水（水席）、南锅（锅鸡、锅鱼）、北面（面食、馅饭）。就烹饪技术来说，豫菜的特色是选料严谨、刀工精细、讲究制汤、质味适中。而河南菜的烹调方法，也有50余种，扒、烧、炸、熘、爆、炒、炝别有特色。其中，扒菜更为独到，素有“扒菜不勾芡，汤汁自来黏”的美称。另外，河南爆菜时多用武火，热锅凉油，操作迅速，质地脆嫩，汁色乳白。

河南菜，历史悠久，源远流长。根据仰韶、后冈（安阳市）、新郑等地出土文物的考证，早在5000多年前，中华民族的祖先已在此居住，并形成了相当发达的文化底蕴。夏商两代，虽不断迁徙，但其都城多在河南境内。《左传·昭公四年》说：“夏启有钧台之享。”杜预注：“河南阳翟县南有钧台陂，盖启享诸侯于此。”这是我国最早的宴会记录。商朝开国宰相伊尹，出生于“伊水之滨”（今伊川、嵩县之间），“耕于有莘之野”（今莘县莘亭镇），擅割烹，“善均五味”，被后人推崇为烹调始祖。洛阳自东周到五代有九个朝代建都，开封自战国到金朝有七个朝代建都。我国八大古都，河南省居其四。周朝建都洛阳之后，饮食制度已初步建立。《周礼·天官冢宰》记载有“膳夫、庖人、内饔、外饔、亨人、猎人、食医”等职官，负责国王、王后的膳馐、食疗及祭祀。北宋时的国都汴梁（今开封），已拥有上百家著名饮食店和餐馆。南宋诗人曾作诗咏道：“梁园歌舞足风流，美酒如刀割断愁。记得承平多乐事，夜深灯火上樊楼。”樊楼是北宋时东京市场上有名的北食店之一。

河南菜总的特点是：鲜香清淡，四季分明，形色典雅，质味适中，可以说与中国菜的南味、北味有所区别，而又兼其所长。著名的菜肴品种有洛阳燕菜、开封糖醋软熘鲤鱼焙面、套四宝、卫源清蒸白鳝、司马怀府鸡、郑州二鲜铁锅蛋、信阳桂花皮丝、清蒸白鳝、琥珀冬瓜、烧臆子等。

3. 陕菜

陕菜，即陕西菜，又称为秦菜，但近年来学界和陕西饮食界更趋向于陕菜的名称。广义的陕菜包括陕西、甘肃、宁夏、青海、新疆等地方风味，属于我国大西北饮食风味，而以陕西菜具有代表性。现在所说的陕菜是以关中风味菜、陕南风味菜、陕北风味菜为其代表组成的陕西菜肴体系。陕菜起源于周秦时期的关中平原，活跃在渭水两岸，扩展于陕南陕北，对晋、豫和大西北各地风味都有一定的影响。

陕西在中国文化发展史上具有重要地位，其烹饪发展可以上溯至仰韶文化时期。虽然八大菜系中没陕菜的名字，但其实陕菜是中国最古老的菜系之一。它的形成发展对我国其他的菜系或多或少都产生了一定影响，尤其是在我国的北方地区。陕菜形成要从历史追溯到古人开拓周原开始。随着其后周的强大，其饮食逐渐丰富。我国的大西北地区，历史上包括从长安到地中海东岸罗马帝国和黑海口君士坦丁堡的“古丝绸之路”辽阔的地域空间，由于当时的政治、经济、文化、贸易的发展，形成了许多名胜古迹，也带来了膳食饮馔相应的发展。

陕菜主要由衙门菜、商贾菜、市肆菜、民间菜和以清真菜为主的少数民族菜组成。衙门菜，又称官府菜，历史悠久，以典雅见长，如“带把肘子”“箸头春”等。商贾菜以名贵取胜，如“蚝油生菜”“佛手海参”等。市肆菜以西安、咸阳等重镇中心的名楼、名店的肴馔为主，为了招徕顾客，竞争激烈，各有千秋，代表名菜如“明四喜”“奶汤锅子鱼”“烩肉三鲜”等。民间菜经济实惠，富有浓厚的乡土气息，如“光头鱼片”“肉丝烧茄子”“葫芦头”等。清真菜，历经明、清，初具规模，如“全羊席”，闻名遐迩。陕菜的几个组成部分各有特色，但由于市肆菜和民间菜品种繁多，名厨如云，占有地理优势，富有浓郁的秦陕地域特色，且接触面大，覆盖面广，在保持传统特色的基础上，不断创新发展，充实提高，始终居陕菜的主导地位，对衙门菜、商贾菜和少数民族菜的发展，有一定的影响。

陕菜具有“三突出”的特色：一为主料突出，以牛羊肉为主，以山珍野味为辅；二为主味突出，一个菜肴所用的调味品虽多，但每个菜肴的主味却只有一个，酸辣苦甜咸只有一味出头，其他味居从属地位；三为香味突出，除多用香菜作配料外，还常选干辣椒、陈醋和花椒等。干辣椒经油烹后拣出，是一种香辣，辣而不烈。醋经油烹，酸味减弱，香味增加。花椒经油烹，麻味减少，椒香味增加，选用这些调料的目的，并非单纯为了辣、酸、麻，主要是取其香。烹饪技法，则以烧、蒸、煨、炒、汆、炝为主，多采用古老的传统烹调方法，如石烹法，至今沿用，可谓古风犹存。烧、蒸菜，形状完整，汁浓味香，特点突出。清汆菜，汤清见底，主料脆嫩，鲜香光滑，清爽利口。温拌菜，不凉不热，蒜香扑鼻，乡土气息极浓。

陕菜代表菜主要有：奶汤锅子鱼、葫芦鸡、遍地锦装鳖、温拌腰丝、红烧金鲤等。

4．京菜

北京菜又称京帮菜，它是以北方菜为基础，兼收各地风味后形成的。北京因其都城的特殊地位，集全国烹饪技术之大成，不断地吸收各地饮食精华。吸收了汉满等民族饮食精华的宫廷风味以及在广东菜基础上兼采各地风味之长形成的谭家菜，也为京帮菜带来了光彩。北京菜中，最具有特色的要算是烤鸭和涮羊肉。烤鸭是北京的名菜，涮羊肉、烤牛肉、烤羊肉原是北方少数民族的食法，辽代墓壁画中就有众人围火锅吃涮羊肉的画面。现在，涮羊肉所用的配料丰富多样，味道鲜美，其制法几乎家喻户晓。

一般来说，北京菜起源于金、元、明、清的御膳、官府和食肆，受鲁菜、满族菜、清真风味和江南名食的影响较大，泛及天津和华北，近年来已推向海外。它由本地乡土风味、齐鲁风味、蒙古族风味、清真风味、宫廷风味、斋食风味、江南风味7个分支构成。其风味特色是：选料考究，调配和谐，以爆、烤、涮、扒见长；酥脆鲜嫩，汤浓味足，形质并重，名实相符，菜路宽广，品类繁多，广集全国美食之大成。

近几十年来，北京人口激增，全国各地来北京定居的人口占相当大的比重，他们带来了各地区的饮食习俗，这是我国各地饮食风俗空前的大融合。北京传统的饮食习惯、饮食风俗逐渐淡化。能代表北京饮食文化成就的，应首推北京的众多菜肴。北京菜富有代表意义的传统名菜主要有：北京烤鸭、涮羊肉、干炸丸子、三元牛头、八宝豆腐等。

趣味链接

关于北京烤鸭的来历

关于烤鸭的形成，早在公元400多年的南北朝，《食珍录》中即有“炙鸭”字样出现，南宋时，“炙鸭”已为临安（杭州）“市食”中的名品。其时烤鸭不但已成为民间美味，同时也是士大夫家中的珍馐。但至后来，据《元史》记载，元破临安后，元将伯颜曾将临安城里的百工技艺徙至大都。由此，烤鸭技术就这样传到北京，烤鸭并成为元宫御膳奇珍之一。继而，随着朝代的更替，烤鸭亦成为明、清宫廷的美味。明代时，烤鸭还是宫中元宵节必备的佳肴；据说清代乾隆皇帝以及慈禧太后，都特别爱吃烤鸭。从此，便正式命名为“北京烤鸭”。后来，北京烤鸭随着社会的发展，逐步由皇宫传到民间。

5．辽菜

辽菜是继传统八大菜系之后，推出的一个新菜系，它是根据辽宁地区民族特点、区域特点、饮食习俗、烹饪技法创建的一种地方菜系。辽菜历史源远流长，它的形成与辽宁的政治、历史、地理、民族、文化、风俗、资源及经济发展的因素有密切联系。辽菜是利用辽宁产的绿色食品原料和特有的烹饪工艺，并结合辽宁地区各民族饮食文化和习俗形成的独特菜系。清朝宫廷菜、王（官）府菜、市井菜、民俗菜、民族菜和海鲜构成辽菜的基本框架。

辽宁自古以来就是多民族居住的地方，创造出了灿烂的民族文化和源远流长的饮食文化。据考证，辽菜有3000余年的历史。辽阳出土的东汉一号墓的庖厨壁画证明，东汉时期辽阳一带的烹饪技艺已有相当水平。进入清代，盛京（沈阳）已是清朝兴隆之地。由于清朝建都于沈阳，辽菜受满族食风影响较为深远，宫廷菜的精湛与考究、王府菜的名贵与品位、市井菜的雅俗共赏，民间菜的乡土醇厚形成了辽菜的开阔胸襟。到20世纪初，辽菜汲取了宫廷菜、京菜、鲁菜的传统技艺精华，同时融合了满、蒙古、朝鲜、汉民族菜的特点和东北地区气候山水的优势，创造了具有菜品丰富、季节分明、口味浓郁、讲究造型的辽菜特点。

辽菜在长期的发展过程中，形成了一系列风味名菜，这些品种也较为集中地体现了辽菜特色。如“拌拉皮”“酸菜粉”“尖椒土豆片”“猪肉炖豆角”“小鸡炖蘑菇”“鲇鱼炖茄子”，当然还有富有代表性的“杀猪炖菜”等，这些菜深受关内外食客的喜爱，经久不衰。

二、长江流域风味流派

我国的长江文化流域是一个风味流派荟萃的地域，包括长江上游、长江中游和长江下游各流域范围内口味特征上与之相同或相近的饮食范围体系。该区域内包括四川、重庆、安徽、湖南、湖北、江苏、浙江、上海、江西等省市。这一广大地区民众的基本饮食特征是口味多样，中上游略偏重于以辣咸为主，兼具麻、酸；中下游则以口味甜咸见长，清鲜淡雅。在这一区域内，沿长江流域各地饮食风味展现出了丰富多彩的风貌，主要代表的风味流派有川菜、苏菜、湘菜、徽菜、浙菜、沪菜等。

1．川菜

四川菜，简称川菜，川菜饮食文化是巴蜀文化的重要组成部分，它发源于古代的巴国和蜀国。川菜的发展有着优越的自然条件，川地位于长江中上游，四面皆山，气候温湿，烹饪原料丰富多样，川南菌桂荔枝硕果累累，川北鳞介禽兽品种珍异，川东井盐香料尤佳，川西三椒茂盛。川地江河纵横，水源充沛，水产品种特异，如江团、肥沱、胭脂鱼、东坡墨鱼、剑鱼等，质优而名贵。山岳深丘中盛产野味，如贝母鸡、虫草、竹荪、天麻等。调味品更是多彩出奇，如自贡的川盐、阆中的保宁醋、内江的糖、永江的豆豉、德阳的酱油、郫都区的豆瓣、茂汶的花椒等。这些特产为川菜的发展提供了必要而特殊的物质基础。

一般来说，川菜是以成都、重庆两个地方菜为代表，选料讲究，规格划一，层次分明，鲜明协调。川菜作为我国八大菜系之一，在我国烹饪史上占有重要地位，它取材广泛，调味多变，菜式多样，口味清鲜醇浓并重，以善用麻辣著称，并以其别具一格的烹调方法和浓郁的地方风味，融汇了东南西北各方的特点，博采众家之长，善于吸收，善于创新，享誉中外。

川菜起源于古巴蜀文化，但从地方风味的代表流派看，习惯上分为以成都和乐山菜为主的上河帮、以重庆和达州菜为主的下河帮、以自贡和内江为主的小河帮。上河帮菜肴的特点是口味清淡，传统菜品较多，小吃多样。菜式讲求用料精细准确，严格以传统经典菜谱为准，其味温和，绵香悠长。其著名菜品有麻婆豆腐、回锅肉、宫保鸡丁、盐烧白、粉蒸肉、夫妻肺片、蚂蚁上树、灯影牛肉、蒜泥白肉、樟茶鸭子、白油豆腐、鱼香肉丝、泉水豆花、盐煎肉、干煸鳝片、东坡墨鱼、清蒸江团等。下河帮的特点是以家常菜为主，比较麻辣，多有创新。菜式大方粗犷，以花样翻新迅速、用料大胆、不拘泥于材料著称，俗称江湖菜。大多起源于市民家庭厨房或路边小店，并逐渐在市民中流传。以重庆火锅为代表的菜肴近几年来在全国范围内大受欢迎，不少的川菜馆主要菜品均为重庆川菜。其代表作有酸菜鱼、毛血旺、口水鸡等，有干菜炖烧系列；有水煮肉片和水煮鱼为代表的水煮系列；有辣子鸡、辣子田螺和辣子肥肠为代表的辣子系列；有泉水鸡、烧鸡公、芋儿鸡和啤酒鸭为代表的干烧系列；有泡椒鸡杂、泡椒鱿鱼和泡椒兔为代表的泡椒系列；有干锅排骨和香辣虾为代表的干锅系列等。风靡海内外的麻辣火锅、毛肚火锅发源于重庆，因为其内涵已超出川菜的范围，通常被认为是一个独立的膳食体系而被视作中国饮食文化的组成部分。小河帮，又称为盐帮菜，其特点是大气，怪异，高端。

四川各地小吃通常也被看作是川菜的组成部分。主要有担担面、川北凉粉、麻辣小面、酸辣粉、叶儿粑、酸辣豆花等以及用创始人姓氏命名的赖汤圆、龙抄手、钟水饺、吴抄手等。川菜在调味上具有明显特点，突出麻、辣、香、鲜、油大、味厚，重用辣椒、花椒、胡椒和鲜姜。常见的调味方法有干烧、鱼香、怪味、椒麻、红油、姜汁、糖醋、荔枝、蒜泥等复合味型，形成了川菜的特殊风味，享有“一菜一格，百菜百味”的美誉。

趣味链接

麻婆豆腐的民间传说

陈麻婆豆腐店，于清同治初年（1862年）开业于成都北郊的万福桥，原名“陈兴盛饭铺”，主厨为陈兴盛之妻，此人脸上有几颗麻子，人称陈麻婆。该店初为卖小菜、便饭、茶水的小饭铺，来店用饭者多为挑油担子的脚夫，这些人经常买些豆腐，从挑篓里舀点菜籽油，请老板娘代为烹饪，烹出的豆腐又麻、又辣、又烫，风味别具，日子一长，该店铺的烧豆腐就出了名。人们为区别于其他饭铺的烧豆腐，赠名“麻婆豆腐”。名气一大，店子也依菜名改为“陈麻婆饭店”。清朝末年，陈麻婆的豆腐就被列为成都著名食品。作家冯家吉曾在《成都竹枝词》中写道：“麻婆陈氏尚传名，豆腐烘来味最精。万福桥边帘影动，合沽春酒醉先生。”

2. 苏菜

江苏菜，简称苏菜，还因为淮扬风味在江苏菜中占有重要地位，因而也被称为淮扬菜。苏菜是我国长江下游地区饮食风味体系的代表，发展历史悠久，文化积淀深厚，具有鲜明的江南饮食风味特色。

江苏是我国名厨荟萃的地方，我国第一位典籍留名的职业厨师和第一座以厨师姓氏命名的城市均在这里。彭祖制作野鸡羹供帝尧食用，被封为大彭国，也即今天的徐州，故名彭铿，又名彭祖。夏禹时代，“淮夷贡鱼”，淮水出产的白鱼直至明清均系贡品。“菜之美者，具区之菁”，商汤时期的太湖佳蔬韭菜花已登大雅之堂。早在2000多年前，吴人即善制炙鱼、蒸鱼和鱼片。汉代淮南王刘安在八公山上发明了豆腐，首先在苏、皖地区流传。汉武帝逐夷民至海边，发现渔民所嗜“鱼肠”滋味甚美，南朝宋明帝也酷嗜此食。其实“鱼肠”就是乌贼鱼的卵巢精白。名医华佗在江苏行医时，与其江苏弟子吴晋均提倡“火化”熟食，即食物疗法。梁武帝萧衍信佛，提倡素食，以面筋为肴。晋人葛洪有“五芝”之说，对江苏食用菌影响颇大。南宋时，苏菜和浙菜同为“南食”的两大台柱，吴僧赞宁作《笋谱》，总结食笋的经验。豆腐、面筋、笋、蕈号称素菜的“四大金刚”。这些美食的发源都与江苏有关。南北朝时南京“天厨”能用一个瓜做出几十种菜，一种菜又能做出几十种风味来。此外，腌制咸蛋、酱制黄瓜，在1500年前就已载入典籍。野蔬大量入馔，江苏人有“吃草”之名，高邮王盘有专著，吴承恩在《西游记》里也有所反映。江南食馔中增加了满蒙菜点，有了“满汉全席”。饮料中则是香露崭露头角。《红楼梦》中宝玉所食木樨香露，董小宛手制玫瑰香露，虎丘山塘肆所售香露均为当时滋神养体，又能使人齿颊留芳的美食。苏菜主要由金陵风味、淮扬风味、姑苏风味、徐海风味组成。

在整个苏菜系中，淮扬风味菜占主导地位。淮扬风味源自于文化古城扬州和淮安，这里自古富庶繁华，文人荟萃，商业发达，因而烹饪领域高手辈出，菜点被誉为东南佳味。淮扬菜不仅历史悠久，而且也以物产富饶而称雄。水产尤其丰富，如南通的竹蛏、吕泗的海蜇、如东的文蛤等。内陆水网如织，水产更是四时有序，接连上市；土地肥沃，气候温和，粮油珍禽，干鲜果品，罗致备极，一年四季，芹蔬野味，品种众多，从而使淮扬风味生色生香，味不雷同而独具鲜明的地方特色。菜肴具有浓而不腻，淡而不薄，酥烂脱骨不失其形，滑嫩爽脆不失其味的特色。金陵风味为南京饮食特色，这里乃鱼米之乡，物产丰饶、饮食资源十分丰富。著名的水产品有享誉海内外的长江三鲜鲥鱼、刀鱼、河豚，还有南京龙池鲫鱼等。菜肴以清新淡雅、色形优美见长。姑苏风味包括苏州、无锡一带，西到常熟，东到松江、嘉定、昆山。姑苏菜与淮扬菜有同有异之妙，其虾蟹莼鲈，糕团船点味冠全省，茶食小吃，尤优于苏菜系中其他地方风味。其菜肴注重造型，讲究美观，色调绚丽，白汁清炖独具一格，兼有糟鲜红曲之味，食有奇香；口味上偏甜，无锡尤甚。徐海风味原近齐鲁风味，肉食五畜俱用，水产以海味取胜。菜肴色调浓重，口味偏咸，习尚五辛，烹调技艺多用煮、煎、炸等。

整体而言，江苏菜风格清新雅丽、制作精美。反映在刀工精细，刀法多变上。无论是工艺冷盘、花色热菜，还是瓜果雕刻，或脱骨浑制，或雕镂剔透，都显示了精湛的刀工技术。江苏名菜有烤方、水晶肴蹄、扬州炒饭、清炖蟹粉狮子头、金陵丸子、白汁圆菜、黄泥煨鸡、清炖鸡孚、金陵桂花鸭、拆烩鱼头、碧螺虾仁、蜜汁火方、樱桃肉、松鼠鳜鱼、母油船鸭、烂糊、黄焖栗子鸡、莼菜银鱼汤、万三蹄、响油鳝糊、金香饼、鸡汤煮干丝、肉酿生麸、凤尾虾、三套鸭、无锡肉骨头、梁溪脆鳝、苏式酱肉和酱鸭等。

趣味链接

松鼠鳜鱼与乾隆皇帝

据说早在乾隆皇帝下江南时，苏州就有“松鼠鲤鱼”了，乾隆曾品尝过。后来便发展成了“松鼠鳜鱼”。清代《调鼎集》中有关于“松鼠鱼”的记载：“取鲟鱼，肚皮去皮骨，拖蛋黄炸黄，作松鼠式，油、酱油烧”。这条记载间接证明苏州乾隆年间有“松鼠鲤鱼”的传说是可能的。因为《调鼎集》中的不少菜肴均是清乾、嘉时的。其次可以说明今天的“松鼠鳜鱼”正是在“松鼠鱼”的基础上发展起来的。不同的是，古代的“松鼠鱼”是挂的蛋黄糊，而今天的“松鼠鱼”是拍干淀粉。古代的“松鼠鱼”是在炸后加“油、酱油烧”成的，今天则在炸好后直接将制好的卤汁浇上去的。

3. 湘菜

湘菜，湖南菜的简称，是我国历史悠久的一个地方风味菜系。

湘菜历史悠久，早在汉朝就已经形成菜系，烹调技艺已有相当高的水平。湖南地处我国中南地区，长江中游南岸。这里气候温暖，雨量充沛，阳光充足，四季分明。南有雄崎天下的南岳衡山，北有一碧万顷的洞庭，湘、资、沅、澧四水流经全省。自然条件优厚，利于农、牧、副、渔的发展，故物产特别富饶。著名的洞庭湖平原，盛产鱼虾和湘莲，是著名的鱼米之乡。《史记》中曾记载，楚地“地势饶食，无饥馑之患”。长期以来，“湖广熟，天下足”的谚语，更是广为流传。湘东南为丘陵和盆地，农牧副渔都很发达。湘西多山，盛产笋、蕈和山珍野味。丰富的物产为饮食提供了精美的原料，著名特产有：武陵甲鱼、君山银针、祁阳笔鱼、洞庭金龟、桃源鸡、临武鸭、武冈鹅、湘莲、银鱼及湘西山区的笋、蕈和山珍野味。在长期的饮食文化和烹饪实践中，湖南人民创制了多种多样的菜肴。据考证，早在2000多年前的西汉时期，长沙地区就能用兽、禽、鱼等多种原料，以蒸、熬、煮、炙等烹调方法，制作各种款式的佳肴。随着历史的前进，及烹饪技术的不断交流，逐步形成了以湘江流域、洞庭湖区和湘西山区三种地方风味为主的湖南菜系。从湖南的新石器遗址中出土的大量精美的陶食器和酒器，以及伴随这些陶器一起出土的谷物和动物骨骸的残存来测算，证实潇湘先民早在八九千年前就脱离了茹毛饮血的原始状态，开始吃熟食了。春秋战国时期，湖南主要是楚人和越人生息的地方，多民族杂居，饮食风俗各异，祭祀之风盛行。秦汉两代，湖南的饮食文化逐步形成了一个从用料、烹调方法到风味风格都比较完整的体系，其使用原料之丰盛，烹调方法之多彩，风味之鲜美，都是比较突出的。从出土的西汉遗策中可以看出，汉代湖南饮食生活中的烹调方法比战国时代已有进一步的发展，发展到羹、炙、煎、熬、蒸、濯、脍、脯、腊、炮、醢、菹等多种。烹调用的调料就有盐、酱、豉、曲、糖、蜜、韭、梅、桂皮、花椒、茱萸等。由于湖南物产丰富，素有"鱼米之乡"的美称，自唐宋以来，尤其在明清之际湖南饮食文化的发展更趋完善，逐步形成了全国八大菜系中的一支。

具有鲜明特色的湘菜是由湘江风味、洞庭湖区风味和湘西山区风味为主构成。湘江流域的菜以长沙、衡阳、湘潭为中心，是湖南菜系的主要代表。它制作精细，用料广泛，口味多变，品种繁多。其特点是油重色浓，讲求实惠，在品味上注重酸辣、香鲜、软嫩。在制法上以煨、炖、腊、蒸、炒诸法见称。煨、炖讲究微火烹调，煨则味透汁浓，炖则汤清如镜；腊味制法包括烟熏、卤制、叉烧，著名的湖南腊肉系烟熏制品，既作冷盘，又可热炒，或用优质原汤蒸；炒则突出鲜、嫩、香、辣，市井皆知。著名代表菜有海参盆蒸、腊味合蒸、走油豆豉扣肉、麻辣仔鸡等，都是名菜佳肴。洞庭湖区的菜以烹制河鲜、家禽和家畜见长，多用炖、烧、蒸、腊的制法，其特点是芡大油厚，咸辣香软。炖菜常用火锅上桌，民间则用蒸钵置泥炉上炖煮，俗称蒸钵炉子。往往是边煮边吃边下料，滚热鲜嫩，津津有味，当地有"不愿进朝当驸马，只要蒸钵炉子咕咕嘎"的民谣，充分说明炖菜广为人民喜爱。代表菜有洞庭金龟、网油叉烧、洞庭鳜鱼、蝴蝶飘海、冰糖湘莲等，皆为有口皆碑的洞庭湖区名肴。湘西山区菜擅长制作山珍野味、烟熏腊肉和各种腌肉，口味侧重咸香酸辣，常以柴炭作燃料，有浓厚的山乡风味。代表菜有红烧寒菌、板栗烧菜心、湘西酸肉、炒血鸭等，皆为驰名湘西的佳肴。

湘菜的共同风味代表是辣味菜和腊味菜。以辣味强烈著称的朝天辣椒，全省各地均有出产，是制作辣味菜的主要原料。腊肉的制作历史悠久，在我国相传已有2000多年历史。整体来看，湘菜则是以刀工精细，形味兼美，调味多变，酸辣著称，讲究原汁，技法多样，尤重煨烤的特点见称。

4．徽菜

徽菜，是安徽菜的简称，安徽菜起源于汉魏时期的歙州，发端于唐宋，兴盛于明清，民国时期继续发展，中华人民共和国成立以后进一步发扬光大。徽菜是我国饮食文化发展历史上典型的"因商而彰"的菜肴体系，明、清年间，徽菜餐馆遍及三大流域的众多大中城市及地方重镇。徽菜具有浓郁的地方特色和深厚的文化底蕴，是中华饮食文化宝库中一颗璀璨的明珠。徽菜的形成与江南古徽州独特的地理环境、人文环境、饮食习俗密切相关。绿树丛荫、沟壑纵横、气候宜人的徽州自然环境，为徽菜提供了原料。得天独厚的条件成为徽菜发展的有力物质保障，同时徽州名目繁多的风俗礼仪、时节活动，也有力地促进了徽菜的形成和发展。

徽州，古称新安，自秦置郡县以来，已有2200余年的历史，溯源追本，这里曾先后设新都郡、新安郡、歙州等。宋徽宗宣和三年（1121年），改歙州为徽州，历元、明、清三代，统"一府六县"（徽州府、歙县、休宁、婺源、祁门、黟县、绩溪，除婺源今属江西省外，其余今皆属安徽省），行政版属相对稳定。1987年11月，国务院批准改徽州地区为黄山市。仅以绩溪而言，民间筵席中，县城有六大盘、十碗细点四，岭北有吃四盘、一品锅，岭南有九碗六、十碗八等，饮食文化非常发达。徽州风味的主要特点是：擅长烧、炖，讲究火功，并习以火腿佐味，冰糖提鲜，善于保持原汁原味。不少菜肴都是用木炭火单炖、单㸆，原锅上桌，不仅体现了徽州古朴典雅的风格，而且香气四溢，诱人食欲。其代表菜有清炖马蹄、黄山炖鸽、腌鲜鳜鱼、徽州毛豆腐、徽州桃脂烧肉等。

除了徽州风味，安徽菜系还包括沿江风味和沿淮风味。沿江风味，以芜湖、安庆地区为代表，主要流行于沿江地区，以后也传到合肥地区。沿江风味以烹调河鲜、家禽见长，讲究刀工，注意形色，善于用糖调味，擅长红烧、清蒸和烟熏技艺，其菜肴具有酥嫩、鲜醇、清爽、浓香的特色。代表菜有清香炒乌鸡、生熏仔鸡、八大锤、毛峰熏鲥鱼、火烘鱼、蟹黄虾盅等。“菜花甲鱼菊花蟹，刀鱼过后鲥鱼来，春笋蚕豆荷花藕，八月桂花鹅鸭肥”，鲜明地体现了沿江人民的食俗情趣。沿淮风味，是以蚌埠、宿县、阜阳等地为代表，主要流行于安徽中北部。沿淮风味有质朴、酥脆，咸鲜、爽口的特色。在烹调上长于烧、炸、熘等技法，善用芫荽、辣椒配色佐味。代表菜有奶汁肥王鱼、香炸琵琶虾、鱼咬羊、老蚌怀珠、朱洪武豆腐、焦炸羊肉等。

徽菜在整体上看，其风味特色是长于制作山珍海味，精于烧炖、烟熏和糖调；重油、重色、重火力，原汁原味。代表性名菜有无为熏鸡、屯溪臭鳜鱼、八公山豆腐、软炸石鸡、毛峰熏鲥鱼、酥鲫鱼、葡萄鱼、椿芽拌鸡丝等。

5．浙菜

浙菜，是浙江菜的简称，是著名的八大菜系之一。浙菜富有江南特色，历史悠久，源远流长，是中国著名的地方菜种。浙菜起源于新石器时代的河姆渡文化，经越国先民的开拓积累，汉唐时期的成熟定型，宋元时期的繁荣和明清时期的发展，浙江菜的基本风格已经形成。

浙江菜的形成有其历史的原因，同时也受资源特产的影响。浙江濒临东海，气候温和，水陆交通方便，其境内北半部地处我国“东南富庶”的长江三角洲平原，土地肥沃，河汉密布，盛产稻、麦、粟、豆、果蔬，水产资源十分丰富，四季时鲜源源上市；西南部丘陵起伏，盛产山珍野味，农舍鸡鸭成群，牛羊肥壮，无不为烹饪提供了殷实富足的原料。特产有富春江鲥鱼、舟山黄鱼、金华火腿、杭州油乡豆腐皮、西湖莼菜、绍兴麻鸭、越鸡和酒、西湖龙井茶、舟山梭子蟹、安吉竹鸡、黄岩蜜橘等。丰富的烹饪资源、众多的名优特产与卓越的烹饪技艺相结合，使浙江菜出类拔萃地独成体系。

浙菜主要由杭州、宁波、绍兴、温州四个地方风味所组成，各自带有浓厚的地方特色。杭州菜历史悠久，自南宋迁都临安（今杭州）后，商市繁荣，各地食店相继进入临安，菜馆、食店众多，而且效仿京师。据南宋《梦粱录》记载，当时“杭城食店，多是效学京师人，开张亦御厨体式，贵官家品件”。经营名菜有“百味羹”“五味焙鸡”“米脯风鳗”“酒蒸鳅鱼”等近百种。明清年间，杭州又成为全国著名的风景区，游览杭州的帝王将相和文人骚客日益增多，饮食业更为发展，名菜名点大批涌现，杭州成为既有美丽的西湖，又有脍炙人口的名菜名点的著名城市。杭州菜制作精细，品种多样，清鲜爽脆，淡雅典丽，是浙菜的主流。名菜如西湖醋鱼、东坡肉、龙井虾仁、油焖春笋、西湖莼菜汤等，集中反映了“杭菜”的风味特点。改革开放以来，随着浙江经济的迅猛发展，“杭州菜”以其特有的魅力吸引了大江南北的食客，“杭州菜”馆如今已经遍布祖国各地。宁波菜以“鲜咸合一”，蒸、烤、炖制海味见长，讲究嫩、软、滑，注重保持原汁原味，色泽较浓。著名菜肴有雪菜大汤黄鱼、薹菜拖黄鱼、木鱼大烤、冰糖甲鱼、锅烧鳗、熘黄青蟹、宁波烧鹅等。绍兴菜富有江南水乡风味，作料以鱼虾河鲜和鸡鸭家禽、豆类、笋类为主，讲究香酥绵糯、原汤原汁，轻油忌辣，汁浓味重。其烹调常用鲜料配腌腊食品同蒸或炖，且多用绍酒烹制，故香味浓烈。著名菜肴有糟熘虾仁、干菜焖肉、绍兴虾球、头肚须鱼、鉴湖鱼味、清蒸鳜鱼等。温州古称“瓯”，地处浙南沿海，当地的语言、风俗和饮食方面，都自成一体，别具一格，素以“东瓯名镇”著称。温州菜也称“瓯菜”，瓯菜则以海鲜入馔为主，口味清鲜，淡而不薄，烹调讲究“二轻一重”，即轻油、轻芡、重刀工。代表名菜有三丝敲鱼、双味蝤蛑、橘络鱼脑、蒜子鱼皮、爆墨鱼花等。

总之，浙江菜品种丰富，菜式小巧玲珑，菜品鲜美滑嫩、脆软清爽，其特点是清、香、脆、嫩、爽、鲜。原料运用讲究品种和季节时令，以充分体现原料质地的柔嫩与爽脆，所用海鲜、果蔬之品，无不以应时当令为上，所用家禽、畜类，均以特产为多，充分体现了浙菜选料讲究鲜活、用料讲究部位，遵循“四时之序”的选料原则。主要代表名菜有西湖醋鱼、东坡肉、赛蟹羹、家乡南肉、干炸响铃、荷叶粉蒸肉、西湖莼菜汤、龙井虾仁、杭州煨鸡、虎跑素火腿、干菜焖肉、蛤蜊黄鱼羹、叫化童鸡、香酥焖肉、丝瓜卤蒸黄鱼、三丝拌蛏、油焖春笋、虾爆鳝背、新风蟹鲞、雪菜大汤黄鱼、冰糖甲鱼、蜜汁灌藕、嘉兴粽子、宁波汤团、湖州千张包子等。

6．沪菜

沪菜是上海菜的简称，起源于清代中叶的浦江平原，后受到各地帮口和西菜的影响，特别是受淮扬菜系的影响最大，成为今天的海派菜。

上海是国家中心城市、超大城市，也是世界上最大的国际贸易港口之一。近百年来，由于工业发达，商业繁荣，一直以“世界名都”著称于世。它位于我国长江三角洲，是一个沿江滨海的城市，气候温暖，四季分明，邻近江湖密布，全年盛产鱼虾，市郊菜田连片，四时蔬菜常青，物产丰富。上海是交通枢纽，采购各地特产方便，这又为上海菜的发展提供了良好的原料、调料。

自1843年上海开埠以来，随着工商业的发展，四方商贾云集，饭店酒楼应运而生。到20世纪三四十年代，各种地方菜馆林立，有京、广、苏、扬、锡、甬、杭、闽、川、徽、潮、湘，以及上海本地菜等16个帮别，同时还有素菜、清真菜，各式西菜、西点等。这些菜在上海各显神通，激烈竞争，又相互取长补短，融会贯通，这为博采众长，发展有独特风味的上海菜创造了有利条件。

上海菜原以红烧、生煸见长。后来，吸取了无锡、苏州、宁波等地方菜的特点，参照16个帮别的烹调技术，兼及西菜、西点之法，使花色品种有了很大的发展。菜肴风味的基本特点是汤卤醇厚，浓油赤酱，糖重色艳，咸淡适口。选料注重活、生、寸、鲜，调味擅长咸、甜、糟、酸。名菜如“红烧鮰鱼”，巧用火候，突出原味，色泽红亮，卤汁浓厚，肉质肥嫩，负有盛誉。“糟钵头”则是上海本地菜善于在烹调中加“糟”的代表，把陈年香糟加工复制成糟卤，在烧制中加入，使菜肴糟香扑鼻，鲜味浓郁。“生煸草头”，择梗留叶，重油烹酒，柔软鲜嫩，蔚成一格。而各地方风味的菜肴也逐步适应上海的特点，发生了不同的变革，如川菜从重辣转向轻辣，无锡菜从重甜改为轻甜，还有不少菜馆吸取外地菜之长。经过长期的实践，在取长补短的基础上，形成了上海菜的独特风味。

如今的上海菜，在不断兼收并蓄、博采众长的基础上，形成了选料新鲜、讲究品质、刀工精细、制作考究、火候恰当、清淡素雅、咸鲜适中、口味多样等优点。其代表性名菜有青鱼下巴甩水、青鱼秃肺、腌川红烧圈子、生煸草头、白斩鸡、鸡骨酱、糟钵头、虾子大乌参、松江鲈鱼、枫泾丁蹄等。

三、珠江流域风味流派

我国的珠江文化流域是南国饮食风味的发源地，在中国饮食文化宝库中具有极其重要的地位。尤其是改革开放以来，随着经济的率先发展，以粤菜为代表的饮食风味引领了中国近20年来餐饮市场的繁荣发展。该区域内包括广东、福建、香港、台湾等省区，其饮食风味就是著名的粤菜、闽菜、滇菜和港澳台风味饮食。

1. 粤菜

粤菜是广东菜系的简称，也是我国岭南饮食文化的代表，是著名的四大菜系之一。

粤菜的形成有着悠久的历史，自秦始皇南定百越，建立“驰道”与中原的联系加强，文化教育经济便有了广泛的交流。汉代南越王赵佗，五代时南汉主刘龑归汉后，北方各地的饮食文化与其交流频繁，官厨高手，也把烹调技艺传与当地同行，促进了岭南饮食烹饪的改进和发展。汉魏以来，广州成为我国南方大门和与海外各国通商的重要口岸，唐朝异域商贾大批进入广州，刺激了广州饮食文化的发展。至南宋，京都南迁，大批中原士族南下，中原饮食文化融入了南方的烹饪技术。明清之际，粤菜广采“京都风味”“姑苏风味”以及扬州炒卖和西餐之长，使粤菜在各大菜系中脱颖而出，名扬四海。除历史因素外，粤菜的生成环境也是一个不可忽视的重要因素。广东地处我国东南沿海，山地丘陵，岗峦错落，河网密集，海岸群岛众多，海鲜品种多而奇。因此原料不仅丰富，而且很有特色。

粤菜包括广州风味、东江风味和潮汕风味。广州菜包括珠江三角洲和肇庆、韶关、湛江等地的名食在内。地域最广，用料庞杂，选料精细，技艺精良，善于变化，风味讲究，清而不淡，鲜而不俗，嫩而不生，油而不腻。夏秋力求清淡，冬春偏重浓郁，擅长小炒，要求掌握火候和油温恰到好处。广州菜取料广泛，品种花样繁多。广东菜的另一突出特点是，用料精而细，配料多而巧，装饰美而艳，而且善于在模仿中创新，品种繁多。广州菜的第三个特点是口味比较清淡，力求清中求鲜、淡中求美。而且随季节时令的变化而变化，夏秋偏重清淡，冬春偏重浓郁。食味讲究清、鲜、嫩、爽、滑、香，调味遍及酸、甜、苦、辣、咸，此即所谓五滋六味。代表菜肴有白灼虾、烤乳猪、香芋扣肉、黄埔炒蛋、脆皮乳鸽、炸鲜奶等。东江风味又称客家菜。客家人原是中原人，在汉末和北宋后期因避战乱南迁，聚居在广东东江一带。其语言、风俗尚保留中原固有的风貌，菜品多用肉类，极少水产，主料突出，讲究香浓，下油重，味偏咸，以砂锅菜见长，有独特的乡土风味。东江菜以惠州菜为代表，下油重，口味偏咸，酱料简单，但主料突出。喜用家禽、畜肉，很少配用菜蔬，河鲜海产也不多。代表品种有东江盐焗鸡、东江酿豆腐、爽口牛丸等，表现出浓厚的古代中州之食风。潮汕风味，是指潮州、汕头一带的地方饮食，该地区在我国古代隶属闽地，其语言和习俗与闽南相近。划归广东之后，又受珠江三角洲的影响。故潮州菜接近闽、粤，汇两家之长，自成一派。潮汕菜以烹调海鲜见长，刀工技术讲究，口味偏重香、浓、鲜、甜。喜用鱼露、沙茶酱、梅膏酱、姜酒等调味品，甜菜较多，款式百种以上，都是粗料细作，香甜可口。代表品种有豆酱鸡、护国菜、什锦乌石参、葱姜炒蟹、干炸虾枣等。除此之外，粤菜还有近代发展起来的海南风味菜，虽然菜肴的品种较少，但颇具南国热带地域食物特有的风味，而且越来越受到广大食客的喜欢。

整体来看，粤菜具有生猛、鲜淡、清美的特色。用料奇特而又广博，技法广集中西之长，趋时而变，勇于创新。点心精巧，大菜华贵，富于商品经济色彩和热带风情。代表性名菜有金龙脆皮乳猪、盐焗鸡、鼎湖上素、蚝油网鲍片、大良炒牛奶、白云猪手、烧鹅、咕噜肉、南海大龙虾等。

趣味链接

太爷鸡的传说

民间传说，“太爷鸡”是由一个去职的县太爷所创制。清末年间，江苏人周桂生出任广东新会县知县，辛亥革命推翻了清王朝的统治后，也结束了他县太爷的为官生涯。周桂生全家便搬迁到了广州市。后来积蓄用完了，生活难以为继，周桂生无奈便在街边弄了一个专营熟肉的小铺子。他把自己当官时吃过吴粤名肴的经验，把江苏的熏法和广东的卤法融合起来，制成了兼具江苏和广东风味的一道鸡馔，当时被人们称为“广东意鸡”。由于鸡馔的味道特别，食客蜂拥而至，声名鹊起。后来人们知道制作这种鸡肴的人原来是一位县太爷，人们就称之为“太爷鸡”。而今“太爷鸡”不仅在岭南地区广泛流传而且成为粤菜的代表性菜肴之一。

2. 闽菜

闽菜，也就是福建菜，是中国八大菜系之一，经历了中原汉族文化和当地古越族文化的混合、交流而逐渐形成。根据闽侯县甘蔗镇恒心村的昙石山新石器时代遗址中，保存的新石器时期福建先民使用过的炊具陶鼎和连通灶，证明福州地区在5000年之前就已从烤食进入煮食时代了。早在两晋、南北朝时期的"永嘉之乱"以后，大批中原衣冠士族入闽，带来了中原先进的科技文化，与闽地古越文化的混合和交流，促进了当地的发展。晚唐五代，河南光州固始的王审知兄弟带兵入闽建立"闽国"，对福建饮食文化的进一步开发、繁荣，产生了积极的促进作用。唐朝徐坚的《初学记》云："瓜州红曲，参糅相半，软滑膏润，入口流散。"这种红曲由中原移民带入福建后，由于大量使用红曲，竟逐渐成为闽菜的烹饪特色，有特殊香味的红色酒糟也成了烹饪时常用的作料。红糟鱼、红糟鸡、红糟肉等都是闽菜中红糟菜肴体系的代表。

福建是我国著名的侨乡，旅外华侨从海外引进的新品种食品和一些新奇的调味品，对丰富福建饮食文化，充实闽菜体系的内容，也曾发生过不容忽略的影响。福建人民经过与海外、特别是南洋群岛人民的长期交往，海外的饮食习俗也逐渐渗透到闽人的饮食生活之中，从而使闽菜成为带有开放特色的一种独特的菜系。清末民初，福建先后涌现出一批富有地方特色的名店和真才实艺的名厨。当时福建是对外贸易的一个重要区域，福州和厦门一度出现了特殊的市场繁荣景象。为了满足官僚士绅、买办阶层等上流社会应酬的需要，福州出现了"聚春园""惠如鲈""广裕楼""嘉宾""另有天"，厦门出现了"南轩""乐琼林""全福楼""双全"等多家名菜馆。这些菜馆或以满汉大席著称，或以官场菜见长，或以地方风味享有盛誉，各有擅长，促进了地方风味的形成和不断完善。

闽菜由福州、闽南和闽西三路不同风味的地方菜组合而成。福州菜是闽菜的主流，除盛行于福州外，也在闽东、闽中、闽北一带广泛流传。其菜肴特点是清爽、鲜嫩、淡雅、偏于酸甜，汤菜居多。福州菜善于用红糟为作料，尤其讲究调汤，予人"百汤百味"和糟香袭鼻之感，如茸汤广肚、肉米鱼唇、鸡丝燕窝、鸡汤汆海蚌、煎糟鳗鱼、淡糟鲜竹蛏等。闽南菜，盛于厦门和晋江、尤溪地区，东及台湾。其菜肴特点是鲜醇、香嫩、清淡，并且以讲究作料、善用香辣而著称，在使用沙茶、芥末、橘汁以及药物、佳果等方面均有独到之处，如东璧龙珠、清蒸加力鱼、炒沙茶牛肉、葱烧蹄筋、当归牛腩、嘉禾脆皮鸡等。闽西菜，盛行于"客家话"地区，其菜肴特点是鲜润、浓香、醇厚，以烹制山珍野味见长，略偏咸、油，善用生姜，在使用香辣佐料方面更为突出。如烧鱼白、炒鲜花菇、蜂窝莲子、金丝豆腐干、涮九品等。

闽菜的烹饪技艺，既继承了我国烹饪技艺的优良传统，又具有浓厚的南国地方特色。其风味特色是：清鲜、醇和、荤香、不腻，重淡爽、尚甜酸，善于调制珍馐，汤路宽广，作料奇异，有"一汤十变"之誉。代表性名菜有佛跳墙、龙身凤尾虾、淡糟香螺片、鸡汤汆海蚌、太极芋泥、七星丸、烧橘巴、玉兔睡芭蕉、扒通心河鳗、梅开二度、四大金刚等。

趣味链接

佛跳墙的趣闻轶事

据说："佛跳墙"这个菜起源于清道光年间，距今已有近200年的历史。开始是由福州市聚春园菜馆郑春发烹制出售的。郑春发早年在清衙门布政司周莲府串当家厨时，为了迎合周莲的口味，郑春发曾精心研究坛煨技术，巧妙地增加山珍海味，对每种主料都取其精华，经过多道加工，最后用绍兴酒坛细心煨制，成为远近闻名的坛煨菜肴。当时有几位秀才，听说聚春园菜馆有异香奇味的好菜，便拥进菜馆要求僮官供尝。僮官捧出一个陈酒坛来，打开坛子顿时异香扑鼻，秀才们陶醉了，一个个伸着脑袋观看，并拍手同赞：妙哉!妙哉，其中一人当场赋诗："坛启荤香飘四邻，佛闻弃禅跳墙来。""佛跳墙"由此得名。

3．滇菜

滇菜，云南菜的简称。滇菜历史渊源悠久，风味流派丰富多彩，是我国西南少数民族地区饮食风味的代表。云南为我国用火熟食的发源地之一，早在180万年前的远古时期，云南的人类活动已经出现在中华大地的前面，这与云南得天独厚的自然环境分不开。滇菜于先秦时期打下了基石，初具规模于汉魏，兴于唐宋，盛于元明，形成于清代，于近代得到了全面发展。虽然在近3000多年前汉族的祖先在中原开发出"文明时代"之时，惯于依靠优越的自然条件而又为多山的环境所局限的云南古代民族落后于中原民族，但却无意中保留了迄今为止众多的带有原始遗风的烹调方法，成为滇菜的起源、发展，以及生息在云南独有的少数民族菜的代表。历经汉魏、隋唐与宋明时期各代，云南与中原的频繁交流与融合，于有清一朝形成了滇菜的独特风味体系。清代中叶以后，湖广三江的人，来滇做生意的，留而不去，难以计数，1840年以后，通商口岸经济发达，滇越铁路建成，各地餐馆云集云南，促进了滇菜的完善发展。

一般意义上，滇菜是由三大区域地方风味所构成，包括广义上的滇东北、滇西南、滇南等。滇东北地区，交通较为便利，与中原交往较多，烹饪受其影响较深，特别与四川接壤，其烹调、口味近似川菜。滇西南地区，因与中国西藏以及泰国、缅甸、老挝接壤，少数民族较多，历史上南诏国、大理国均建都于大理，其烹调技法受藏族菜、回族菜、寺院菜影响，形成聚居云南少数民族菜点。如清真菜、傣味、白族菜、纳西族菜点等。滇南地区，气候温和，雨量充沛，自然资源丰富，明代以来经济文化发展较快，与越南接壤，自修建滇越铁路后，交通方便，城镇人口猛增，饮食业非常兴旺，形成了风味流派的影响。但从民族风味而言，滇菜包括以昆明为主体的汉族饮食菜肴风味、发源于古老的用火摇篮彝族地区的饮食菜肴风味、大理白族饮食菜肴风味、玉龙山下纳西族饮食菜肴风味、热带雨林西双版纳傣族饮食菜肴风味，以及摩梭人、傈僳族人等饮食风味。

就烹饪技艺而言，滇菜擅长蒸、炸、卤、炖、烤、腌、冻、舂。用料以山珍、水鲜见长。其综合性的口味特点：鲜嫩清香回甜，酸辣适中，偏酸辣微麻，讲究本味，酥脆、烟熏、糯香、重油醇厚。

滇菜常见的代表性菜肴如“过桥米线”“气锅鸡”“石屏烧豆腐”“鸡丝草芽”“锅巴油粉”“酸辣大头鱼”“酸辣螺黄”“金竹棕包白鱼酸汤”“红油麻辣鲜笋”“黄酸笋”“牛撒撇”等，以及回族的“牛干巴”“腊鹅”、白族的“乳扇”、彝族的“乳饼”、傣族的“喃味”、拉祜族的“血鲊”、藏族的“琵琶肉”等。

4. 港澳台风味

港澳台风味菜肴是指长期以来流行在香港、澳门、台湾三地民众生活中，并对当地民众饮食口味有一定影响的饮食风味体系，包括流行菜肴和点心小吃等。

香港风味大部分属于粤菜，但香港近年随着国际化的进程与交流，已经不算是正宗的粤菜了，许多大酒楼现在大多经营新派菜色，跟以前的传统菜路不大相同。香港是美食天堂，世界各地的美味佳肴在此汇集，西餐、中餐及其他各国风味菜在当地都能品尝得到。中餐以粤菜为主，兼收国内各大菜系的代表作。海鲜非常流行，连皮蛋瘦肉粥都加鲍鱼点缀。香港是广东“汤文化”的发扬光大者，也是“茶文化”的开拓创新者。香港的用餐环境、人文气氛、服务态度都会让人大开眼界，心满意足。入夜后，庙街有一些特色小菜，是典型的大众小吃。著名的港式小吃有云吞面、鱼蛋、牛丸、清汤腩、牛杂等。

澳门风味也大部分属于粤菜，但澳门长期以来受葡萄牙饮食的影响，加之与南洋各国商贸的密切往来，形成了粤式风味、葡式风味、南洋风味在澳门交融汇集的特征。首先，在澳门，粤式风味的粥面馆、茶餐厅、糖水铺、牛杂店等随处可见；其次，自16世纪葡萄牙人来到澳门，把当地的月桂、橄榄油、腊肠、葡萄酒以及其他食材带进了澳门，同时也把葡萄牙人的烹饪技艺带到了澳门，以“葡国鸡”“葡式杂烩”“澳门猪扒”等为代表的菜肴应运而生，逐渐形成了澳门独有的土生葡菜；最后，澳门是南洋各国商人大量出没的地方，南洋风味美食也在这里汇集。

台湾风味因其特殊的历史背景更是呈现出多元化的特点。台湾岛内气候炎热，倾向自然原味，调味不求繁复，清淡鲜醇便成了台湾菜烹调的重点。台湾四面环海，海产资源丰富，滋味本就鲜美的海中鲜，不需太多繁复的佐料及烹调法，就已是美味无比。所以台湾菜一向以烹煮海鲜闻名，再加上受到日本料理的影响，台湾菜发展出了海味之冷食或生吃，且颇为人们所喜爱。于是虾、蟹、鱼几乎攻占了台湾烹饪的所有席面，而成为台湾菜异于其他菜系之特色。台湾风味中，亦汤亦菜的汤羹菜是一大特色，如西卤白菜、生炒花枝等。汤羹菜发展于清朝时，当时初移民来台湾的只限男性，对于忙于开垦又不善家务的他们来说，煮一锅汤汤水水最为方便。农耕生活辛劳，物质又不像现在这么丰沛，只要一锅可为汤又可为菜的汤羹菜，即可满足全家饱食，又营养俱全，更为方便。台式羹汤逐渐发展成更鲜美、更细致的美味。台湾风味的另一特色，便是善用腌菜、酱菜烹出美味菜肴来。腌菜、酱菜之所以入得菜肴，与天气炎热有关，再加上其时民众劳动量大，汗水流得多，而喜食咸味，再加上为能长时间保存食物，便制作了各种腌制菜，如咸菜、黄豆酱等，尤其是台湾的客家人所制作的腌酱菜更是无出其右。台湾菜，菜品精致，主料以海鲜为主，融会了闽菜、粤菜及客家菜的烹调手法，先后经过荷兰、日本的文化影响，再结合台湾的物产及当地食俗发展起来的一种饮食风味体系。台湾小吃丰富多彩，常见如蚵仔煎、虱目鱼肚粥、炒米粉、大饼包小饼、万峦猪脚、大肠蚵仔面线、甜不辣、台南担仔面、润饼、烧仙草、筒仔米糕、花枝羹、鱼酥羹、肉羹、猪血糕、东山鸭头、肉圆、卤肉饭、波霸奶茶、布丁豆花等，无不展示出台湾丰富而多元的饮食文化现象。

四、其他风味流派

素菜

中国素菜，是中国饮食文化重要的组成部分，也是菜肴流派之一。素菜通常指用植物油、蔬菜、豆制品、面筋、竹笋、菌类、藻类和干鲜果品等植物性原料烹制的菜肴。

中国素菜起源于我国先秦时期以粮豆瓜果为主体的膳食系统。西汉初期，淮南王刘安发明了豆腐，把素菜的发展推向了一个新阶段，形成了“民间素菜”。汉魏以后，这一膳食传统逐步与佛教、道教的教义教规结合，特别是南朝梁武帝时，寺院菜由寺观向民间发展，才形成一大风味流派。隋唐时期，素菜得到了很大发展。到唐代就有了花样素食，形成供帝王享用的“宫廷素菜”。北宋都市出现了市肆素食，有专营食素菜的店铺，仅《梦粱录》中记述的汴京素食即有上百种。明清两代是素食素菜的发展时期。尤其到清代时，我国素菜已形成寺院素菜、宫廷素菜与民间素菜三个流派。

素菜营养丰富，别具风味，吃起来入口生津，有利于人体健康。素菜主要以绿叶菜、果品、菇类、菌类、植物油为原料，味道鲜美，富有营养，容易消化。从营养学角度看，蔬菜和豆制品、菌类等素食含有丰富的维生素、蛋白质、水，以及少量的脂肪和糖类，这种清淡而富于营养的素食，对于中老年人来说更为适宜。特别是素食中蔬菜往往含有大量的膳食纤维，保持身体健康。

中国素菜发展到现在，品种有8000多种。按其制作方法，大体可分为三类。一是卷货类：用油皮包馅卷紧，淀粉勾芡，烧制，如素鸡、素酱肉、素肘子、素火腿等；二是卤货类：以面筋、香菇为主，烧制而成，如素什锦、香菇面筋、酸辣片等；三是炸货类：是过油煎炸而成，如素虾、香椿鱼、小松肉、炸盒子等。素菜具有时鲜为主，清爽素净，花色繁多，制作考究，富含营养，健身疗疾的特征。代表菜主要有罗汉斋、鼎湖上素、雪积银钟、混元大菜、三姑守节、魔芋豆腐等。

现代科学的素菜，采用纯天然植物为原料，经高科技手段加工提取，制成大豆分离蛋白制品、魔芋制品，配以天然的山珍菌菇、绿色果蔬，通过拌、炒、炸、熘、烧、烩、焖、炖、蒸等烹饪手法，力求美味，力求营养。其制作出的“仿荤素菜”可谓神形兼备，达到以假乱真的程度，其美味堪与荤食大菜媲美，甚至更胜一筹，其营养价值远非肉食可比。当前，素菜因其健康、环保、天然、营养而备受人们的喜爱，成为一种时尚的生活方式，风行全球。

第三节　民族风味与面点、小吃风味

一、中国民族饮食风味流派简介

在我国众多饮食风味流派中，影响最大的当属于地方风味菜系和民族风味流派。地方风味菜系有专节介绍，下面对我国较有影响的民族风味进行简要介绍。

1. 朝鲜族风味

流传于东北和天津。选料多为狗肉、牛肉、瘦猪肉、海鲜和蔬菜，擅长生拌、生渍和生烤，习以大酱、清酱、辣椒、胡椒、麻油、香醋、盐、葱、姜、蒜调味，菜品风味鲜香脆嫩，辛辣爽口。餐具多系铜制，喜好生冷。名菜有生渍黄瓜、辣酱南沙参、苹果梨咸菜、头蹄冻、烧地羊、生烤鱼片、冷面等。

2. 满族风味

流传于东北、京津和华北，有400余年的历史，在清代颇有名气。用料多为家畜、家禽等。主要烹调方法有白煮和生烤，口味偏重鲜咸香，口感重嫩滑。菜品多为整只或大块，届时用手撕解或刀割食。名菜主要有白肉血肠、阿玛尊肉、烤鹿腿、手扒肉、酸菜等。

3. 蒙古族风味

流传于内蒙古、东北和西北地区，有800多年的历史，元代是其鼎盛时期。蒙古族菜与蒙古菜近似，统称“乌兰伊德”，意为“红食”，而以奶、面、点心则称为“白食”。蒙古族菜肴取料多系牛羊。一般不剔骨，斩大块，或煮或烤。仅用盐或香料调制，重酥烂，喜咸鲜，油多色深量足，表现塞北草原粗犷饮食文化的独特风采。名菜主要有手把羊肉、烤羊尾、炖羊肉、羊肉火锅、炒骆驼丝、太极鳝鱼等。

4. 彝族风味

流传于川、云、贵、桂等地，有800多年的历史。宋辽金元时的南诏国菜品即以其为主体。取料多用“两只脚”的鸡鸭和“四只脚”的猪牛羊。多为大块烹煮，添加盐和辣椒佐味。名菜有坨坨肉、皮干生、羊皮煮肉、肝胆参、油炸蚂蚱、生炸土海参、巍山焦肝等。

5. 藏族风味

流传于西藏、云南和青海，有1400多年的历史，隋唐至今，其高原雪山的独特风味一脉相承。菜料多为牛羊、野禽、昆虫、菌菇等；重视酥油入馔，习惯于生制、风干、腌食、火烤、油炸和略煮；调味重盐，也加些野生香料；口感鲜嫩，份足量大。名菜有手抓羊肉、生牛肉、火上烤肝、油炸虫草、油松茸、煎奶渣、“藏北三珍”（夏草黄芪炖雪鸡、赛夏蘑菇炖羊肉、人参果拌酥油大米饭）、竹叶火锅等。

6．苗族风味

流传于贵州、云南、四川、湖南等地，有1000多年的历史，不同分支的饮食风味大同小异。食料广泛，嗜好麻酸糯，口味厚重，制菜常用甑蒸、锅焖、罐炖、腌渍诸法，洋洋洒洒的酸菜宴独具特色。名菜有瓦罐焖狗肉、薏仁米焖猪脚、血肠粑、油炸飞蚂蚁、辣骨汤、鱼酸、牛肉酸、蚯蚓酸、芋头酸、蕨菜酸、豆酸、蒜苗酸、萝卜酸等。

7．侗族风味

流传在黔、桂、鄂交界的山区，有近千年历史。侗族菜现仍秉承古代百越人的山林食风，最大的特点是无料不腌，无菜不酸，腌制方法巧妙独特，酸辣香鲜，甘口怡神，名菜有五味姜、醅鱼、牛瘪、酸笋、酸鹅、腌蜻蜓、腌葱头、腌芋头、腌蚌等。

8．傣族风味

流传在云南西双版纳、德宏一带，有800余年历史。用料广博，制菜精细，煎、炒、炮、熘无所不通。口味偏好酸香清淡，昆虫食品在国外与墨西哥虫馔齐名。肴馔奇异自成系统，有热带风情和民族特色。名菜有苦汁牛肉、烤煎青苔、五香烤傣鲤、菠萝爆肉片、炒牛皮、鱼虾酱、香茅草烧鸡、牛撒撇拼盘、炸什锦、蚂蚁酱、蜂房子、生吃竹虫、清炸蜂蛹、烧烤花蜘蛛、凉拌白蚁蛋、油煎干蝉等。

9．土家族风味

流传在湘、鄂、川三省边界，有近2000年历史。由于受到湘、鄂、川菜系的影响，饮食文化较为发达。食材包括禽畜鱼鲜和粮豆蔬果，还有山珍及野味，烹调技法全面，嗜好酸辣，有“辣椒当盐”之说。肴馔珍异而丰满，带有浓郁的南国原始山林情韵。名食有小米年肉等。

10．壮族风味

流传在桂、粤、滇、湘等地，有3000年以上的历史，是现今岭南食味的本源。当地居民擅长烤、炸、炖、煮、卤、腌等，口味趋向麻辣酸香、酥脆爽口。美食众多，调理精细，筵席设计朴素，食礼隆重，在桂菜中占有重要的地位。名菜有辣白旺、火把肉、盐风肝、皮肝生、脆熘蜂儿、油炸沙蛆、洋瓜根夹腊肉、烤辣子水鸡、酿炸麻仁蜂、白炒三七鸡、酸水煮鲫鱼、马肉米粉等。

二、中国面点风味简介

中国面点是中国饮食文化不可缺少的组成部分。中国面点不仅制作精美，品种繁多，而且风格各异，五彩缤纷，但按照传统餐饮业的认知，习惯上分为京式、苏式和广式三大流派。

1．京式面点

以北京为中心，泛及黄河中下游的鲁、津、豫等广大地区。京式面点是以面粉为主料，擅长调制面团，有抻面、削面、小刀面、拨鱼面四大名面等，工艺独具。风味上具有质感爽滑，柔韧筋道，浓香鲜美，软嫩松泡的特点。代表品种有：北京的龙须面、艾窝窝、小窝头、肉末烧饼、豌豆黄、炒疙瘩等；天津的狗不理包子、蜜三刀、十八街麻花、耳朵眼炸糕等；山东的蓬莱小面、高汤水饺、盘丝饼等；山西的刀削面、拨鱼儿、莜面栲栳栳等；河南的沈丘贡馍、勺子馍、武陟油茶、博望锅盔等。

趣味链接

北京名点艾窝窝的传说

据说，明时皇后和妃子住在“储秀宫”，她们天天吃山珍海味，感到有些腻了。有一天，在“储秀宫”做饭的一位回族厨师，从家里带了些经常食用的清真食品“艾窝窝”，正在厨房里吃的时候，被一位宫女看见了。她一尝很好吃，就给皇后带了点，皇后一尝，也感到非常好吃，就当即让这位回族厨师为居住在“储秀宫”的皇后和妃子们做“艾窝窝”吃。特别是皇后很喜欢吃艾窝窝，不仅在日常生活中经常食用，而且还格外大加赞赏，说厨师做的“艾窝窝”不仅“色雪白”好看，而且吃起来，其味香甜。此后艾窝窝就由“皇宫”传了出来，一下子变得身价百倍，名震京城。

2．苏式面点

以江苏为主体，活跃于长江下游地区的沪、浙、皖等地。米面与杂粮兼作，精于制作糕团，造型纤巧，由宁波、金陵、苏锡、淮扬、越绍、皖南等分支构成。其总体风味特色是重调理，口味厚，色深略甜，馅心讲究掺冻。代表品种主要有：江苏淮安文楼汤包、扬州富春包和翡翠烧卖、南京的薄皮包饺和花色酥点、苏州糕团、黄桥烧饼、东台鱼汤面；上海的南翔馒头、小绍兴鸡粥、开洋葱油面、排骨年糕；浙江的虾爆鳝面、宁波汤圆、五芳斋粽子、西湖藕粉；安徽的乌饭团、笼糊等。

3．广式面点

以广东为典型代表，包括珠江流域的桂、琼以及闽、台等地。善用薯类和鱼虾作坯料，大胆借鉴西点工艺，富有南国情调，茶点、席点久享盛名。风味特色是讲究形态、花式与色泽，用料偏重于油、糖、蛋，馅心晶莹，造型小巧，清淡鲜滑。代表品种主要有：广东的叉烧包、虾饺、沙河粉、艇仔粥、娥姐粉果和莲蓉甘露酥；广西的马肉米粉、蛤蚧粥、太牢烧梅、靖西大年粽和月牙楼尼姑面；海南的竹筒饭、芋角、云吞、海南粉；福建的米酒糊牛肉、蚝仔煎、土笋冻、鼎边糊；台湾的椰子糯米团、蛤子煲饭和虱目鱼粥等。

三、中国小吃风味简介

中国丰富多彩的小吃，是中国菜肴制作水平的发达与面点制作技术的高超融合而成的食品体系，大多是源于民间的传统饮食生活并广泛流行。在我国民间，能够体现饮食文化发达的不仅有精美的菜肴和各色面点的制作技术，而且还有各具地域文化特色的小吃。这些小吃丰富多彩、品类众多、风格各异，最富有地方饮食风味和民俗文化特征。一般来说，中国具有典型意义的小吃流派主要有如下几种。

1．北京小吃

萌发于元，当时已有正饼、仓馒头和炒黄面等，至清代，吸收满点，花色品种日趋多样。有荤素、甜咸、干稀、凉热之分。集中于隆福寺、西四、大栅栏、天桥一带。其风味特色是：应时当令，适应民俗，用料广博，品种丰富，做工精细，技法多样。汉民族小吃多以猪内脏为主料，风味突出，代表品种主要有三鲜烧卖、天仙居炒肝、合义斋灌肠、景泉居苏造肉等。回民小吃讲究品种配套，如老豆腐配火烧、豆腐脑配芝麻烧饼、馅饼配小米粥、焦圈配吊炉烧饼，另外还有奶酪、奶卷、奶饽饽等。宫廷小吃重视配方和造型，以精取胜，有小窝头、芸豆卷、栗子糕、驴打滚等。

2．天津小吃

始于明代，成熟于清代，民国初年达到繁荣景象，品种繁多。其风味特色是原料充裕，广集南北技艺之精华，季节性鲜明，强调时令性和民俗性，技法精妙，做工精细，经营方式灵活，网点成片。其代表品种主要有：狗不理包子、桂发祥麻花、耳朵眼炸糕、虾子豆腐脑、嘎巴菜、肉火烧、白记水饺、五香驴肉等。

趣味链接

“驴打滚”的由来

对于“驴打滚”的由来，众说纷纭，很多的人把它看作是一种形象的比喻——制成的豆面糕放在黄豆面中滚一下，如郊野真驴打滚，扬起灰尘似的，故而得名。但古人对此也是疑惑不解。在《燕都小食品杂咏》中就说：“红糖水馅巧安排，黄面成团豆里埋。何事群呼‘驴打滚’，称名未免近诙谐。”还有“黄豆黏米，蒸熟，裹以红糖水馅，滚于炒豆面中，置盘上售之，取名‘驴打滚’真不可思议之称也。”

3．上海小吃

始于1840年前后，有近200年的历史，包括城隍庙小吃、高桥糕饼和葛派点心三类，品种繁多，做工精美，四季分明，名品主要有城隍庙的南翔馒头、小绍兴鸡粥和排骨年糕；高桥的粽子、松饼、一捏酥和鲜肉月饼；当代全国点心状元葛贤萼制作的花篮粉果、虾蓉馄饨、鸽蛋圆子和八宝酥盒等。

4．江苏小吃

历史悠久，格调高雅，支系繁多，如扬州富春茶点、金陵秦淮小吃、苏州观前街小吃、无锡太湖船点、苏州糕团、南通小吃等，品种千计，宛如工艺品。扬州富春茶点以富春茶社为代表，波及扬州、镇江、淮安一线，精品有三丁包、水晶肴肉、文楼汤包、淮安茶馓、淮饺、蛋炒饭、五丁包、煮干丝等。金陵秦淮小吃以永和园茶社为轴心，有50多家饮食店和200多种小吃上市，特色是老、精、新、奇。精品有油炸干、豆腐脑、五香回卤干、五香茶叶蛋、蛤蟆酥、小元宵、小刀面、素菜包、鸭油酥烧饼、蒸儿糕等，还有著名的秦淮八绝。苏州观前街小吃形成于清末，富有姑苏风情，精品有梨膏糖、酒酿圆子、油氽排骨、什锦莲子、藕粉圆子、千张包子、白汤大面、鸡酥豆糖粥、海棠糕、酱螺蛳、盐金花菜、喜蛋等。其他如无锡太湖船点以娇小可爱著称，苏州糕团则是南方米制品中的佼佼者，南通小吃以自然原料、工艺新颖见长。

5．山东小吃

始于西汉，当时已有烧饼问世。北魏《齐民要术》所载品种较多，至唐宋后，技艺进一步发展，明清时期形成体系。面制食品特色鲜明，有民间小吃、市肆小吃、筵席小吃三大类别，风味特点是：大多源于民间，与当地的习俗、物产紧密相关，技法多样，品类齐全，物美价廉，城乡随处可见。代表品种主要有：福山拉面、蓬莱小面、蛋酥炒面、周村烧饼、潍县杠子头火烧、潍坊朝天锅、单县羊肉汤、临沂糁汤、状元饺等。

6．四川小吃

历史悠久，包括成都、重庆、自贡、乐山、江津、绵阳诸支系，以品种齐全、风味独具、经济实惠而驰誉西南，天府小吃脍炙人口。其风味特色是清鲜醇浓并重，善用麻辣。讲究制汤，用汤佐味。重视质量和信誉，保持传统风味。价格适中，贫富皆宜。代表品种主要有夫妻肺片、赖汤圆、龙抄手、钟水饺、马红苕、韩包子、担担面、鲜花饼、蛋烘糕、缠丝酥、鸡汁锅贴、珍珠圆子、川北凉粉、鸳鸯叶儿粑、小笼蒸牛肉、五香牛肉干、苕蓉香麻枣、炒米糖开水等。

7．山西小吃

起于汉唐，兴于宋元，至明清时发展更是迅速，山西有“面食之乡”的美誉。山西小吃又被称作山西面食，包括晋式面点、面类小吃和山西面饭，面食品种之多，花样之繁，为全国之冠。晋式面点，注重色味质感，讲究好看好吃，做工精细。传统品种主要有：金丝一窝酥、麻仁太师饼、火腿萝卜饼、天花鸡丝饼、三丝春卷等。面类小吃的品种也很丰富，地方性强，代表品种主要有：荞麦灌肠、太谷饼、葱花油脂烧饼、莜面搓鱼、硬面盖帽、大头麻叶等。至于山西面饭，乃是山西小吃之精华，集中国面条之大成。其特点是：米麦豆薯皆可制面，面团多达20多种，花色繁多，有拉面、削面、拨面、搓鱼、流尖、蘸尖、握溜溜、擦蝌蚪、栲栳栳等百余种，吃法各不相同，煮、炒、炸、焖、蒸、煎、烩、煨，随人所愿。浇头有七大类，百余种，讲究面码和小料，因面而变，代表品种主要有太谷流尖菜饭、雁北莜面角子、昔阳扁食头脑、长治蒜辣揪片、汾阳酸汤削面等。

趣味链接

栲栳栳的民间传说

莜面栲栳栳，是山西中北部高寒地区民间的家常美食，相传有1400多年的历史了。民间相传，唐国公李渊被贬为太原留守，携家眷途经灵空山古刹盘谷寺，老方丈特制了这种莜面食品以款待。李渊问："手端何物?"老方丈答："栲栳栳"。栲是植物的泛称，栲栳指用竹篾或柳条编成的盛物器具。唐寅有诗云："琵琶写语番成怨，栲栳量金买断春。"看来当时方丈是以手端的小笼屉作答了。后来李渊当了皇帝，便派老方丈到五台山当住持。老方丈带领众僧赴任，路过静乐县，看莜麦初收，便把莜面栲栳栳制法传给当地。再后来这种民间面食传遍了晋、陕、内蒙古、冀、鲁等地，成为北方山区人民的家常美食。

8. 广东小吃

起于宋元，盛在明清，20世纪初蔚为大观。仅用于点心制作的面皮就有4大类23种，馅有3大类47种，可调制品种2000余种。常在茶楼、酒家、大排档供应，是"食在广州"的一大特色。其风味特色是：糖、油、蛋下料重，酥点居多。微生物发酵与化学剂催发并用，质地异常松软。馅料重用虾、鸡、鸭和花卉果珍，味鲜且香。依据节令上市，四季分明。款式新颖，形制纤巧，名贵高档。命名典雅，多为5字，富于画意诗情。代表性的品种：蚝油叉烧包、薄皮鲜虾饺、生磨马蹄糕、蟹黄灌汤饺、腊肠糯米鸡、枣蓉草叶角、凤肝擘酥盒、绿菌白兔饺、彩蝶弄娇花、煎堆、马蹄糕、伦教糕、皮蛋酥、煎酿鸭掌、肠粉、沙河粉等。

▷ 本章小结

中国饮食文化的风味流派历史悠久，派别众多。在历史发展的长河中，中国饮食文化的风味流派形成了地方风味、民族风味和宗教风味三大块。

在地方风味中，首先是四大菜系，即苏菜系、鲁菜系、粤菜系和川菜系，它们的历史发展最为悠久，影响面很广，在这四大菜系的影响范围内，地方风味在历史发展中也出现了一些风味变化，形成了相对稳定并具有一定地方风味特色的流派，主要由北京菜、上海菜、浙江菜、福建菜、安徽菜、湖南菜、湖北菜、河南菜、陕西菜、辽宁菜构成。

在众多民族风味流派中，较为突出的民族风味有朝鲜族、满族、蒙古族、彝族、藏族、苗族、侗族、傣族、土家族、壮族等。

至于中国面点，习惯上分京式、苏式和广式三大流派。中国小吃可谓繁花似锦，争芳斗艳，各地都有独具特色的小吃。而影响最大、品种最多、特点最鲜明的地方小吃主要有北京小吃、天津小吃、上海小吃、江苏小吃、山东小吃、四川小吃、山西小吃和广东小吃。

众多的风味流派和地方小吃构成了中国饮食文化博大的内涵与色彩绚丽的画面。

讨论与训练

1. 中国饮食文化中的风味流派是怎样形成的?
2. 经济的发展对传统菜系的划分有无影响?你认为有哪些方面的影响?
3. 鲁菜系主要由哪几个地方风味构成，各有什么特点?
4. 中国清真菜有哪些基本特征?

分析与应用

1. 根据四大菜系的各自特点，请你用草鱼做出四道具有不同风味特性的菜肴来，并说明这四道鱼菜的特点在哪里。
2. 请你用云南的气锅做一道创新菜，并说明你的创新菜“新”在哪里。
3. 多年来，“东坡肉”一菜的菜系归属问题一直为专家们争论不休，你认为这道菜当属于哪个菜系?
4. 传统月饼制作有苏式、京式和广式之分，请你到市场上对这三种流派的月饼进行一下判别，并拿出你的判别依据来。

第
4
章

中国传统烹调技艺

▷ 本章内容

1. 中国烹饪工艺流程的构成。
2. 热菜烹饪技法。
3. 冷菜烹饪技法。
4. 面点烹饪技法。

▷ 学习目标

认识、了解包括中国传统烹饪方法在内的技术内容，尤其在了解和学习了热菜烹制与面点制作的一般工艺流程后，对于系统提高对中国饮食文化和传统烹饪技艺的认识水平是非常必要的，并在此基础上，掌握中国烹饪、饮食文化的深刻内涵，从而能真正起到弘扬中国烹饪文化的目的。

中国传统烹饪技术是一个非常复杂的工艺过程，不仅技术较强，而且专业性也非常强，并且由于大部分工艺环节都是用手工操作的，因此，掌握起来就需要经过一定时间的专门学习和技术训练，所以不是所有的人都可以在较短的时间内就能掌握的。中国传统烹饪的主要技术环节包括烹饪原料的选择、原料的初步加工处理、原料的切割与分配、原料的预热处理与形坯处理、加热烹调及装盘等。

第一节　中国烹饪工艺流程的构成

一、烹饪工艺流程的概念

在学习和了解工艺流程的构成之前，我们需要对其中的几个基本概念进行学习和了解。

1．工艺的概念

一般来说，工艺是指把原料或半成品运用各种手段将其加工成为产品的方法和过程。这是一个非常宽泛的含义，既适合于以机器为生产工具的产品生产，也适合于用手工进行的各种产品生产。菜肴的生产制作也是一个把原料加工成为成品的过程，也是一种生产工艺。

2．流程的概念

从一般意义上来说，流程是指一个或一个系列连续有规律的运行过程，而且这些运行过程以确定的方式发生或执行，导致特定结果的实现。菜肴的生产加工也是由若干个有规律的连续作业的不同环节的运行过程，也有一个工艺流程的问题。

3．烹饪工艺流程

我们这里所说的烹饪工艺流程，就是指菜点加工技术人员运用不同的加工工具，采取多种形式的方式方法，对食品原料进行加工处理，最后制成可以供人们直接食用的成品的过程，这个系统而完整的过程就构成了烹饪生产的工艺流程。

烹饪的工艺流程虽然表面上看，只是把生的原料加工成为熟食品的过程，但在这个运行过程中是运用了若干不同的生产工具、不同的加工手段和方法、不同的加热途径等才完成的，其复杂性和工艺难度并不比一般的工业产品低。作为一个学习中国烹调技术的人员必须明确这一点。

二、中国烹饪工艺流程的构成

从广义上考虑，中国烹饪工艺包括的内容相当广泛，如烹饪原料的初始加工和食品成形后的上桌等。但考虑到最基本的，我们把它限定在生产过程中直接的、核心的部分即烹饪的物质三要素和工艺流程两个方面。

1．中国烹饪生产的物质条件

烹饪生产得以进行的第一条件就是物质条件。中国烹饪的物质条件中最主要的有三个，被称为烹饪物质三要素。它们是：烹饪生产的对象——烹饪原料；烹饪生产的手段——烹饪工具；烹饪生产的主体——烹饪人员。三个要素是一个统一的整体，缺一不可。

没有烹饪原料，“巧妇难为无米之炊”，产品就没有物质基础；没有烹饪工具，烹饪生产就失去了物质手段，也无法改变原料的形状；没有烹饪人员，所有的烹饪活动就无法进行。

2．中国烹饪生产的技术条件

中国烹饪生产即食品加工制造的技巧艺术，也就是平常所说的工艺。中国烹饪工艺分为传统烹饪工艺和现代烹饪工艺两类。中国烹饪工艺的内容，包括其生产过程中各个环节所使用的技巧方法。生产的菜肴类别不同，其具体工艺就不同。而且每一类工艺之中还包括有若干具体的技巧方法，组成这一工艺的技法系统。

宏观上看，中国烹饪的工艺流程按次序包括如下几大内容，而且这几个内容如果按照生产顺序排列起来，就是烹饪工艺流程的几个阶段，主要包括：食品原料的选择阶段，原料加工阶段，加工成形的原料进行组配阶段，加热烹调阶段，成品菜肴装盘出品阶段等。

（1）食品原料的选择阶段　食品原料的选择阶段表面上看，似乎不应属于工艺范畴，但实际上它不仅与下面的几个工艺过程有着紧密的联系，而且食品原料选择过程的本身家是一项非常复杂的工艺过程，烹饪技术人员必须运用自己所掌握的丰富的技术手段，对不同的食品原料进行品质优劣的分析和鉴别。因此，食品原料的选择是菜点工艺流程中不可缺少的第一个关键环节。

（2）原料加工阶段　原料的加工阶段主要包括两个大的工序，一是原料的初步加工处理阶段，简称初加工；二是在原料初步加工的基础上进行原料的成形加工过程，简称细加工。

对原料进行初步加工的过程，主要包括对鲜活原料的宰杀处理、原料分档、洗涤治净处理，以及对干货原料的涨发处理等工艺。原料的初步加工阶段对于菜肴的质量影响是非常大的，如果不能很好地把原料进行初步的加工处理，或是在加工处理过程中将原料的质量降低，那就必然会影响到最后菜肴的完成质量。因此，原料的初步加工处理是至关重要的工艺环节。现在的许多年轻厨师和初学厨师的人，对于原料的初步加工技术不是非常重视，甚至有的厨师上灶炒菜作业都运用自如了，但仍然不会对原料、特别是一些重要的原料进行初步的加工处理，这是现代青年厨师的一个误区。

原料的细加工阶段，也就是原料的成形加工工艺，是最能体现厨师刀工水平的工艺过程。厨师运用各种刀方把不同的原料根据菜肴规格的需要切割成不同的形态，如丁、丝、条、片、块、段、粒、米、泥等，以达到菜肴烹调的需要，其重要意义是不言而喻的。

所以，厨师的基本功之一就是要练好运刀的技术，烹饪行业称为“刀工技术”。

（3）加工成形的原料进行组配阶段　大部分中式菜肴使用的原料，是由两种或两种以上搭配而成的，有的甚至达到十几种以上，这就需要在菜肴正式烹调之前，按照菜肴的原料搭配规格把它们组配起来。这个工艺过程就是中国烹饪的原料组配阶段。目前，大多数的厨房中都配有专门负责原料组配的“主配师”，与原料成形的切割岗位有了明确的分工。

（4）加热烹调阶段　烹饪工艺流程中的加热烹调阶段是菜肴完成的关键所在，也是工艺难度最大的一个环节。严格讲，这一阶段应分为两个小的工艺环节，即正式烹调前的预制阶段和正式烹调阶段。

正式烹调前的预制阶段一般是由打荷岗厨师来完成的，主要的技术处理内容包括原料的形坯处理和预热处理，特别是一些运用复合烹调方法完成的菜肴，以及一些工艺难度要求较高的菜肴，原料的形坯处理与预热处理是非常关键的工艺环节。

正式烹调阶段的工作是站灶厨师完成的。加热烹调阶段的工艺难度是整个烹饪工艺流程中最高的，它不仅要求有较高的掌握运勺（或炒锅）的工夫，而且尤其要有熟练运用火候、准确调味的种种技术能力。一个菜肴成功与否，加热烹调是关键的一环，也是菜品成熟的最后一道工序。

（5）成品菜肴装盘出品阶段　一个完整产品的最后工序就是包装，对于菜肴的出品来说，它的最后一道工序就是装盘。不同的菜肴有不同的装盘要求，不同的菜肴有不同的盛器与之相配合。所以，菜肴的装盘也不是随随便便就可以应付的，它有着较高的装盘艺术要求。操作人员必须根据具体菜品的装盘要求来完成成品菜肴装盘出品阶段的工艺过程。

三、中国烹饪工艺流程示意图及其作用

如果我们把中国烹饪工艺的流程用一个示意图表示出来，就会很直观地、清楚地、全面地把烹饪工艺的工艺内容与流程顺序展示出来。

1．中国烹饪工艺流程示意图

把能够系统展示、全面表现中国烹饪工艺流程的简单图示称作中国烹饪工艺流程示意图，如图4-1所示。

2．中国烹饪工艺流程示意图的作用

对于每一位了解与学习烹饪技术的人来说，仅仅熟练掌握了中国烹饪工艺流程示意图，就可以学到全部的烹饪技艺吗？就能很好地进行烹饪技术的操作并掌握其操作要领吗？显然是不行的，因为在中国烹饪工艺流程中的每一个技术环节，都需要学习者通过反复的实践与练习才能运用自如。

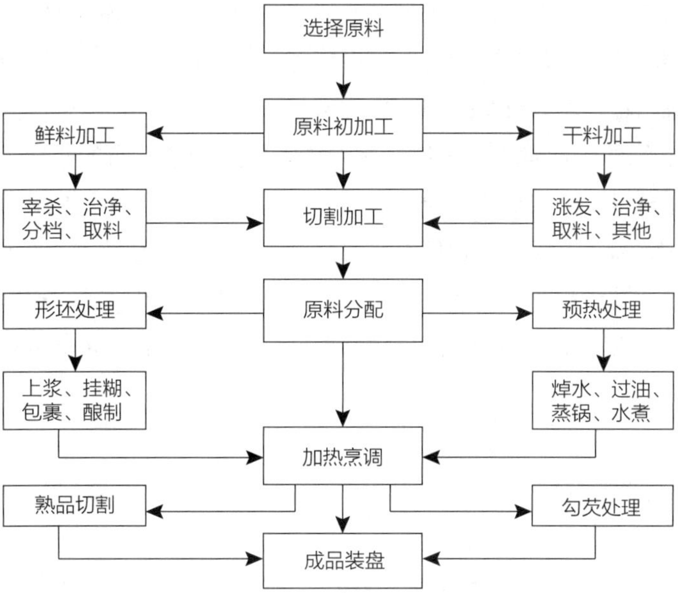

图 4-1　中国烹饪工艺流程示意图

那么，中国烹饪工艺流程示意图有什么作用呢？

（1）揭示中国烹调技术的一般规律　中国菜肴的烹调方法很多，不同的烹调方法之间都有一定的差异，但如果把这些烹调方法归结起来，再从中找出它们的共性与规律性，对于我们了解中国烹饪技术的内涵具有重要的指导意义。中国烹饪工艺流程示意图，就是通过一个简单、清楚、直观、明了的示意图，把中国烹调技术的一般性规律揭示出来。也就是说，在这个示意图中，虽然没有表述具体的烹调方法，但无论哪一种烹调方法从工艺流程的角度上看，都包含在烹饪工艺流程示意图中了。

烹饪工艺流程示意图中的每一个技术环节也不是说每一种烹调方法都能用到，可能有的烹调方法只用到了其中的几个环节，但在工艺流程的顺序结构上都是一致的。因而，中国烹饪工艺流程示意图揭示的是中国烹调技术的一般规律，它适合于一切烹调方法。

（2）展现并揭示烹饪工艺流程中各个技术环节之间的相互关系　任何一个生产工艺流程都是从原料—加工—出品的流向运行的，菜肴的加工制作也是如此。加工烹制一个菜品，也有不同工艺环节上的先后顺序、相互关系、制约体系等，中国烹饪工艺流程示意图也体现了这一点。只要掌握了中国烹饪工艺流程示意图，就可以从中了解到上一个环节与下一个环节的顺序关系以及同一环节中不同技术要点的关键所在。了解了这样的关系所在，对于菜肴生产、出品质量的控制具有特别重要的意义。

（3）能够使人更加全面地掌握中国烹饪技术　学习烹调技术需要循序渐进，这是人人皆知的道理，菜肴需要一个一个地学习、练习，烹调方法需要一个一个地慢慢掌握。有时学了几年，甚至十几年，也掌握了几十甚至数百个菜肴的烹制，但对于中国烹饪的系统知识和全部内容仍然不甚了了，其原因就在于没有能够从中国烹饪完整体系的高度对其加以总结。中国烹饪工艺流程示意图则是从中国烹饪完整体系的角度进行了高度的总结，这对于全面、系统地学习、掌握烹饪技术具有重要的指导意义。

（4）有助于烹饪的生产管理　在厨房生产中，完成一个菜肴的制作，是需要若干人在不同的工艺环节中从事不同的技术作业实现的，如果某一两个环节之间出现脱节，就会影响到菜肴的出品，这就需要烹饪生产管理人员对烹饪工艺流程的运行进行管理。如果管理人员不了解整体的烹饪工艺流程，不熟悉烹饪工艺流程各环节之间的关系，就不能实施有效的菜肴生产管理。中国烹饪工艺示意图可以帮助管理人员对整个的工艺流程进行分析，找出问题，并解决问题。

四、中国面点工艺流程

中式面点是中国烹饪的重要组成部分之一。中国面点加工过程虽然与菜肴的烹饪加工有异曲同工的特点，但在实际运用中还是有很大区别的。中国面点工艺流程包括：原料的选择、原料的加工调制、成形方法与手段、成熟方法与装盘。

如果用烹饪工艺流程图的方式表示出来，就可以展示出各个工艺环节中的不同之处。同样，面点工艺流程示意图对于学习中式面点技术的人员来说，同样具有重要的指导意义。中式面点工艺流程如图4-2所示。

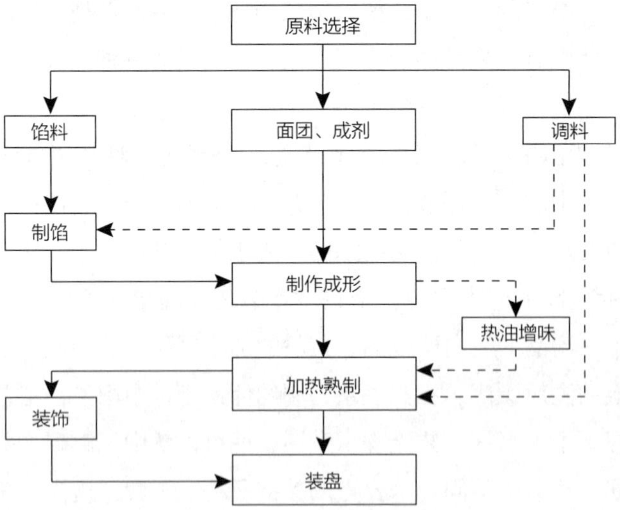

图 4-2　中式面点工艺流程示意图

应用贴士

中国烹饪工艺流程图的应用意义

烹饪工艺中的每个环节是相互联系的，但并不是每个菜肴都要必须运用统一的工艺流程。不同的菜肴应根据具体的技术要求采用不同的程序，有的菜肴制作时几个工艺程序都要使用，有的菜肴制作只需要其中的几道或一两道程序就可以。

同样，中国面点工艺流程图与中国烹饪工艺流程图是一样的，都是反映加工工艺流程的一般规律。不同的面点在运用中是有所区别的，有的面点要经过所有工艺程序，有的则不需要。

第二节 热菜烹饪技法

烹调方法就是把经过初步加工和切配成形的原料，通过加热和调味，制成不同风味菜肴的操作方法。我国菜肴品种虽多至数千种，但就其菜肴的加热途径、制作特点、形态及风味特色而言，归结起来有三四十种基本的烹调方法。常用的有炸、炒、熘、爆、烹、炖、焖、煨、烧、扒、煮、汆、烩、煎、贴、煽、蒸、烤、涮等。

在常用的烹饪方法中，有的加热时间较长，有的则较短（几乎转瞬即成），也有的加热时间长短适中等。有的烹饪方法是以油为主要的传热媒介进行的，有的则是用水，也有的是蒸汽等为传热媒介进行的。下面就以导热媒介为依据进行分类，介绍烹饪中经常用到的烹饪方法。

一、以油为导热体的烹饪方法

以油为主要导热体的烹饪方法包括炒、爆、炸、烹、熘、煎、贴、煽、挂霜、拔丝等多种，它们的主要特征是在菜肴的加热烹制中是以油为主要的传热媒介，由于油在短时间内可以产生较高的温度，因而烹调时间都比较短，有的在瞬间就可以完成。

1. 炒

炒是将切配后的丁、丝、片、条、粒等小形原料，用中油量或少油量，以旺火快速加热的烹饪方法。根据工艺特点和成菜风味，炒的烹饪方法又可分为许多种，主要的有滑炒、软炒、生炒、熟炒等。滑炒的成品菜肴具有柔软滑嫩、紧汁亮油的特点，如滑炒虾仁、滑炒里脊丝等；软炒的成品菜肴具有细嫩软滑、酥香油润的特点，如炒木樨肉、软炒鲜奶等；生炒成菜具有鲜香脆嫩、汁薄入味、滑润清爽的特点，如金钩挂银条等；熟炒成菜具有酥香油润、见油不见汁、韧柔醇美的特点，如炒蟹黄、回锅肉等。

2．爆

爆是指将原料剞成花形，先经沸水稍烫或滑油、油炸后，直接在旺火热油中快速烹制成菜的工艺过程。爆的菜肴具有形状美观、脆嫩清爽、亮油包汁的特点。适宜用爆的原料多为具有韧性和脆性的水产品和动物肉类及其内脏类原料。爆可分为油爆、葱爆、酱爆、芫爆、汤爆等数种，它们的原料、刀工和制作方法基本相同，只是所用的主要辅料或调味料有所区别。其中油爆最有代表性，成品菜肴具有色泽光亮、鲜嫩爽口、亮油包汁等特点，如油爆肚仁、油爆海螺片等。

应用贴士

炒、爆是最富有中国特色的烹调方法

中国在刚刚实施改革开放的年代里，有一次中国烹饪代表团参加国际烹饪比赛。中国厨师运用炒、爆的烹调方法制作菜肴，手持炒勺，在熊熊燃烧的火焰上颠来翻去，少则几十秒钟、多则几分钟的时间，一盘盘美味菜肴就展现在众人面前，被外国同行称为“魔法师”的烹饪技艺。中国烹饪中的炒、爆，素以旺火速成见长，菜肴不仅保持脆、嫩的特色，更益于营养素的保护，是富有中国烹饪技术特点的代表。

3．炸

炸是将经过加工处理的原料，放入大油量的热油锅中加热使其成熟的一种烹饪方法。炸的特点是火力旺，用油量多。炸的应用范围很广，它既是一种能单独成菜的方法，又能配合其他烹饪方法共同成菜。用于炸的原料在加热前，一般须用调味品浸渍，有些菜肴在加热后，往往还要随带辅助性调味品。炸可分为清炸、酥炸、软炸、干炸、卷包炸等几种，菜肴的成品特点是香、酥、脆、嫩。清炸成菜具有外香酥、里鲜嫩的特点，如清炸仔鸡、清炸里脊等；酥炸成菜的特点是外酥松、内软烂细嫩、香醇，如香酥鸡腿等；软炸成菜的特点是外酥香、内鲜嫩、柔韧醇厚，如软炸大虾、椒盐里脊等；干炸的成菜特点是外脆内嫩、干香醇美，如干炸里脊、干炸豆腐丸子等；卷包炸的成菜特点是造型优美、外酥脆、内鲜嫩，如纸包虾、香酥蛋卷等。

4．烹

烹是将新鲜细嫩的原料切成条、片、块等形状，调味后，经挂糊或不挂糊，用中火温油炸至呈金黄色捞出，另起小油锅投入主辅料，再加入兑好的调味汁，翻匀入味成菜的工艺过程。烹的特点是“逢烹必炸”，即菜肴原料必须经过油炸（或油煎），然后再烹入事前兑好的不加淀粉的调味汁。烹适用的原料为新鲜易熟、质地细嫩的动物性食材，尤其适合海产类的烹制。烹的成菜特点是外酥香、内鲜嫩、汁少醇厚、爽口不腻，如烹虾段、烹带鱼段等。

5．熘

熘是将切配后的丝、丁、块等小形或整形原料，经滑油、油炸、蒸或煮的方法加热成熟，再用芡汁粘裹或浇淋成菜的一种烹饪方法。熘的菜肴一般芡汁较宽。熘因操作方法和技巧上的不同，可分为炸熘、滑熘、软熘。炸熘的成菜特点是外酥香松脆、内鲜嫩熟软，如炸熘鱼条、焦熘肉片等；滑熘的成菜特点是滑软柔润、鲜嫩多汁、清淡醇厚，如滑熘肉片、醋熘白菜等；软熘的成菜特点是滑嫩清鲜、柔软爽口，如软熘鱼扇等。

6．煎

煎是以少量油加入锅内，放入经加工处理成泥、粒状原料制成的饼，或挂糊的片形等半成品原料，用小火两面煎熟的工艺过程。煎的成菜特点是色泽金黄，外酥脆内软嫩。如椒盐鸡饼、南煎丸子等。

7．贴

贴是一种特殊的烹调方法，是将两种以上的新鲜、细嫩原料，经加工成片或蓉（蓉状原料调味后叠粘在一起）等形状，用肥膘肉垫底，挂薄浆，以净锅适量油小火，把膘朝下放入锅内，加热定型，再烹入酒和适量清水焖至成熟的烹饪方法。贴的成菜特点是一面香脆、一面软嫩、鲜香味浓、美观整齐。贴的烹调方法一般在菜肴制作中应用较少，因其加工操作较为烦琐又不宜大量制作。贴的代表菜例有锅贴鱼、锅贴虾仁、锅贴鸡等。贴的方法也可将原料加工粘叠后以汽蒸的方法先行加热成熟，再以肥膘沾干粉拖蛋糊油煎成菜。

8．塌

塌是将加工切配的原料，挂糊后放入锅内煎至两面金黄起酥，另起小油锅加入调味品及少量清汤，用小火煨透收浓汤汁，或经勾芡成菜的工艺过程。塌的成菜特点是色泽金黄，质地酥嫩，滋味醇厚。如锅塌豆腐、拖塌黄鱼等。

9．挂霜

挂霜是将经过初步熟处理的半成品，粘裹上一层由白糖经熬后冷却而成的白霜或撒上一层糖粉成菜的工艺过程。挂霜的烹调方法适用于核桃仁、花生仁、银杏、鸡蛋、香蕉、苹果、雪梨、猪肥肉、排骨等原料。其成菜特点是色泽洁白，甜香酥脆。如挂霜丸子、酥白肉等。

10．拔丝

拔丝是把经油炸熟的半成品，放入由白糖熬制成的糖液中粘裹而成菜的工艺过程。因成菜后，若将其中几块相互黏结的菜肴拉开，就会拔出糖丝，故名拔丝。拔丝菜肴的在筵宴中应用较广，尤其是喜庆筵宴，拔丝菜多为必备之品。适用于拔丝的原料主要是水果和根茎类蔬菜，如香蕉、苹果、山楂、橘子、梨、山药、马铃薯、白薯等。拔丝的成菜特点是色泽金黄，明亮晶莹，外脆里嫩，口味香甜。如拔丝香蕉、拔丝山药等。

趣味链接

蒲松龄与拔丝菜肴

蒲松龄是中国明末清初著名的文学家，一本《聊斋志异》享誉国内外。在蒲松龄的家乡山东淄博，举凡婚嫁迎娶的筵席上，拔丝菜肴是必不可少的，蒲松龄为此还在他的《日用俗字》中进行过记载："而今北地兴缠果，无物不可用糖粘。"拔丝菜肴在当时我国北方民间的广泛应用由此可见一斑。拔丝菜肴作为筵席中的一道收尾菜，具有甜甜蜜蜜、情谊不断的寓意，是喜庆筵席中的必备之品。

二、以水为导热体的烹饪方法

以水为菜肴烹饪时热量传导体的烹饪方法主要有烧、扒、焖、炖、煨、煮、烩、汆、涮等，是烹饪中运用极为广泛的烹调方法。因为水加热时的最高温度只有100℃，烹饪原料在受热时是逐级由外到内成熟的，因而，用水为传热媒介的烹饪方法一般需要较长的加热时间，其中有的甚至需要几个小时，乃至十几个小时。成菜则具有软滑、酥烂等特点。

1．烧

烧是将半成熟的原料，在加入适量的汤汁和调味品后，先用旺火烧沸，再用中火或小火加热至汤汁浓稠入味成菜的工艺过程。按工艺特点和成菜风味，烧可分为红烧、白烧、干烧、酱烧、葱烧等多种。红烧的成菜特点是色泽金黄或红亮、质地细嫩或软熟、鲜香味厚，如红烧鱼、红烧牛肉等；干烧的成菜特点是色泽红亮、质地细嫩、带汁亮油、香鲜醇厚，如干烧鱼等。

2．扒

扒是将初步熟处理的原料，经切配后整齐地叠码在盘内成形，然后推放入锅加入汤汁和调味品，用中火烧透入味，最后勾芡收汁大翻勺，并保持原形装盘成菜的工艺过程。扒制菜肴所用的多为一些经过加工的高档原料，如海参、鱼肚及蔬、菌等类原料。扒的方法，根据其色泽可分为红扒、白扒，烹调技巧完全相同，只是红扒用有色调味料，白扒用无色调味料。从形态上讲，可分为整扒、散扒，整扒为整形不改刀的原料，散扒是切配成小形原料摆码整齐成形。其成菜特点是选料精细，讲究切配造型，原形原样，不散不乱，略带卤汁，鲜香味醇。如海米扒油菜、白扒鱼肚等。

3．焖

焖是把经过炸、煸、煎、炒、焯水等初步熟处理的原料，掺入汤汁用旺火烧沸，撇去浮沫，再放入调味品加盖用小火或中火慢慢加热，使之成熟并收汁至浓稠的成菜工艺过程。适合焖的原料主要有鸡、鸭、鹅、兔、猪肉、鱼、蘑菇、鲜笋、蔬菜等。焖的烹调方法按色泽和调味的区别，细分有油焖、黄焖、红焖三种，但操作程序和技巧都大同小异。焖的成菜特点是形态完整，汁浓味醇，熟软醇鲜或软嫩鲜香。如蚝油焖鸭、黄焖舌尾等。

4．炖

炖是把经过加工处理的大块或整形原料，放入炖锅或其他陶器中，加足水分，用旺火烧开，再用小火加热至熟软酥烂的工艺过程。炖的成菜特点是汤多味鲜，原汁原味，形态完整，软熟不碎烂，滋味醇厚。如清炖牛肉、烂炖肘子等。

5．煨

煨是把经过炸、煸、炒、焯水等初步熟处理的原料，加入汤汁用旺火烧沸，撇去浮沫，放入调味品加盖，用小火或微火长时间加热，使其熟烂成菜的工艺过程。其成菜的特点是原汁原味，形态完整，软熟不碎烂，滋味醇厚。如甲鱼汤、坛子肉等。

6．煮

煮是将原料（或经过初步熟处理的半成品）切配后放入多量的汤汁中，先用旺火烧沸，再用中火或小火加热，然后经调味制成菜肴的工艺过程。煮制的方法适应面较广，鱼类、猪肉、豆制品、水果、蔬菜等原料都适合煮制菜肴。其成菜的特点是保持原形，汤宽汁浓，汤菜合一，清鲜爽利，原汁原味。如盐水大虾、水煮肉片等。

7．烩

烩是将多种易熟或经初步熟处理的小形原料，一起放锅内，加入鲜汤、调味料用中火加热烧沸，再用湿淀粉勾成汁宽芡浓的成菜工艺过程。成菜具有原料多种，汁宽芡厚，色泽鲜艳，菜汁合一，清鲜香浓，滑润爽口的特点。如烩四宝、烩鸭舌掌等。

8．汆

汆是以新鲜质嫩、细小、薄而易熟的原料，入沸汤水中旺火短时间加热断生，再以多量汤汁调味烧沸，混合成菜的烹调方法。汆的加热时间极短，原料在滚沸汤水中迅速断生即成，汤汁只调味、不勾芡。有的汆菜可根据原料及成菜特点，运用相适应的汆水加热方法成菜。汆的菜肴的成品特点是汤宽鲜醇、原料质地嫩脆、清淡爽口。如清汆丸子、生汆鱼片等。

9．涮

涮是一种特殊的烹饪方法，它是取用火锅将汤水烧沸，将质地新鲜、细嫩或形体小、加工成薄片状的原料放入沸汤水中烫至断生成熟，随即蘸上调味品佐食的方法。涮的特点是原料质地鲜嫩，汤味鲜醇，宜菜宜汤，随涮随吃。原料、调味料除规范配置外，可由食用者自行选择取用掌握。涮菜在选料、加热和调味特色方面较为讲究。涮的方法是由食用者在餐桌上利用加热器具自行对原料加热熟制，火锅多采用固体酒精、炭、液化气、电能等加热，由于加热器具较小，火力集中，保持汤汁沸腾，原料熟制较快。涮的原料一般有牛肉片、羊肉片、鱼片、腰片、百叶、虾等，配备有新鲜的叶类蔬菜、豆制品、粉丝等，涮菜特别重视荤素搭配及口味的调剂，常见的有涮羊肉、四川火锅、毛肚火锅、四生（六生或八生）火锅、菊花火锅、鸳鸯火锅等，皆以鲜嫩、爽脆、本味突出、风味香鲜醇厚见长。

应用贴士

丰富多彩的烹饪方法对中国烹饪的意义

中国烹饪技术的精湛深厚就包括丰富多彩的烹饪方法的运用，它反映了中华民族在自身的发展过程中所展示的聪明才智。烹饪方法的多样化，是形成中国菜肴丰富多彩的因素之一，并充分体现出中国烹饪文化的特色与深厚的底蕴。

一个烹饪技术高超的烹饪工作者，也就是厨师，具备全面的技术素养。掌握烹饪技术的系统过程和全面知识，尤其是掌握对烹饪原料品质检验的技术、原料的加工技术、烹饪方法的运用技术等，都是特别重要的。

三、以其他媒介为导热体的烹饪方法

在众多的烹饪方法中，除以油和水为导热体的两大类之外，还有一些用其他传热媒介进行菜肴烹制的烹饪方法，因为每一种的数量都比较少，所以归为以其他媒介为导热体的烹饪方法，主要的有蒸、烤、蜜汁、焗、微波烹调等。

1．蒸

蒸是将切配并调味的原料装盘，利用蒸汽加热，使原料成熟或软熟入味成菜的工艺过程。蒸的适用范围很广，无论形大或形小，流体或半流体、质老难熟或质嫩易熟的各类原料，均适用于蒸。蒸看似容易，其实技术要求复杂。根据不同的制肴特点蒸可分为清蒸、粉蒸、扣蒸等。成菜的特点是原形不变，原味不失，原汤原汁，软嫩柔韧，清香爽利。如清蒸鱼、粉蒸肉等。

2．烤

烤是利用各种燃料（如柴、炭、煤、天然气、煤气等）燃烧的温度或远红外线的辐射热使原料至熟成菜的工艺过程。烤适用于鸡、鸭、鹅、鱼、乳猪、方肉等整形和大块的原料。成菜的特点是色泽美观，形态大方，皮酥肉嫩，香味醇浓，干爽无汁。如烤牛肉片、烤鸡等。

3．蜜汁

蜜汁把经过加工处理或初步熟处理的小形原料，放入用白糖、蜂蜜与清水熬成的糖液中，使其甜味渗透，质地软糯，糖汁收稠成菜的工艺过程。凡适合拔丝的原料均适用于蜜汁。成菜的特点是色泽美观，酥糯香甜，滋润滑爽。如蜜汁莲子、蜜汁山药墩等。

4. 焗

焗是由西式烹饪传入的方法，原意特指烤，是广东特有的烹调术语。焗是将整只或整形或经加工成较小形状的原料过油处理后，添加汤汁在加热中自然稠汁，入味较透，有油汁，其成菜特点为色泽和谐美观、质地软嫩、香鲜浓醇、油汁光泽明亮。焗的方法在用料、调味、火候运用和成形的质量标准上均具特色，根据所用调料的类别，焗有蚝油焗、陈皮焗、西汁焗、香葱焗、西柠焗等，突出各具味型的风味特色，代表菜有陈皮焗凤翅、蚝油焗乳鸽、葱姜焗蟹、西汁焗鸡腿等。

5. 微波烹调

微波烹调主要是利用微波炉内的磁控管放射微波，使经加工调味的烹饪原料在较短时间内成熟成菜的方法，具有节能、省时、快速、均匀成熟的特点，能较好地保持原料的色泽、水分、新鲜质地和营养成分，不易将原料烧焦。微波炉还可用于原料的解冻和菜肴的保温，微波加热的效果取决于时间与功率的配合设定，加热时间的设定，即烹调火候的掌握和运用是非常关键的，所以要认真全面地了解和掌握微波设备的正确使用，使之灵活运用于多种烹饪方法。微波炉可用于多种烹饪方法，如煎、炸、炒、蒸、煮、烧、烤等，可烹制烤肉串、海鲜串、纸包鸡、啤酒炖牛肉、豆豉排骨、红烤牛腩、扣虾饼、五彩鱼丸汤等多种风味菜肴，微波烹调必须依赖厨师的操作技能和丰富的经验，是菜肴制作的有益补充和变革。

第三节 冷菜烹饪技法

冷菜是指制作后用来凉吃的菜肴，有热制冷吃和冷制冷吃两大类。绝大多数冷菜是经过加热烹制，凉凉后食用的。冷菜具有脆嫩爽口、香而不腻、造型美观、干香少汁等特点。烹饪中常用的冷菜烹调方法一般分为两大类。

一、热制冷吃菜肴的烹调方法

热制冷吃菜肴的烹调方法，是指调味过程中需要先加热制成菜肴凉凉后再供食用的菜肴，常见的烹制方法有卤、酱、白煮、冻、酥、熏、烤、蒸等。

1. 卤

卤是指将加工处理的大块或整形的原料，放入多次使用的卤汁中，加热煮熟使卤汁的香鲜滋味渗透入内的烹调方法。操作过程一般是将卤汁倒入锅内，烧开，调好色、味、香后，再放入需要卤制的原料。先用旺火烧开，再用小火加热，至原料达到成熟程度，滋味渗透入味后捞出。静置凉凉后，按食用所需切成条或片等形装盘即成。菜肴具有色泽紫红、光亮清爽、味醇不腻等特点。

2．酱

酱是指将经腌制或焯水的半成品，放入酱汁中浇沸，再用小火煮至软熟捞出，然后把酱汁收浓淋在酱制的原料上（或将酱制的原料浸泡在收浓的酱汁内）的烹调方法。具体操作过程是先将原料用精盐或酱油腌渍，或进行焯水处理，然后放入以酱油为主的汤中，汤中加入葱段、姜块、精盐、白糖、绍酒和香料包（大料、桂皮、草果、丁香、陈皮、甘草、小茴香、砂仁、豆蔻、白芷、花椒等）。先用旺火烧沸，撇去浮沫，再用小火煮至软熟酥烂捞出，取部分酱汁用微火熬浓，涂在酱制品表面上即成。也可将煮酥烂的制品放原酱汁中浸泡，随用随取。菜肴具有色泽棕红、酥烂咸香、滋味醇厚等特点。

3．白煮

白煮是将原料放在白汤锅中煮熟的烹调方法。工艺过程是先把原料洗涤干净，先放冷水锅中，烧沸，焯去血污，捞出另放入沸水锅里浸煮至熟透（捞出或放原汤汁中浸泡），凉凉后改刀装盘，再佐以调制的复合调味料即成。

4．冻

冻是指利用原料本身的胶质或以另外酌加的猪皮、食用果胶、明胶、琼脂等（经熬或蒸制后）的凝固作用，使原料凝结成一定形状成菜的烹调方法。加工时一般将含有胶质的原料洗净，和不含有胶质的原料一起放入冷水锅中，用旺火烧沸，用中小火加热至原料酥烂，停火，捞出香料包，凉凉即可。

5．酥

酥是将原料用油炸酥或投入汤锅内加以醋为主的调料用小火焖烂的烹调方法。具体操作过程是将原料处理干净，略腌后，用热油炸至上色，捞出放入加入调味料的汤锅内，或取不用油炸的原料，摆在锅内，加入大量食醋及其他调味料，然后加盖，旺火烧开，中小火焖煮至酥烂软滑即成。如酥鲫鱼、酥海带等。菜肴具有酥烂鲜香、味道酸甜、醇厚滑润等特点。

6．熏

熏是指将经加工处理后的半成品，放入熏锅内，利用熏料起烟熏制成菜的烹调方法。熏分生熏和熟熏两种，未经熟处理的原料熏制为生熏，经过熟处理的原料为熟熏。具体做法是将经过加工处理或经过煮、蒸、卤、炸等熟处理的原料，放入锅内的网架上，锅底放入湿木屑、茶叶等，加盖密封，然后在锅底加热，熏到熟透取出，凉凉刷上香油即成。

7．烤

烤是将原料腌渍后，放入烤箱或挂入明炉内，经热空气循环传热，使原料成熟的烹调方法。一般的工艺过程是把原料经过加工处理，内外用调味料抹匀腌好入味（有的皮面还要抹一层着色剂），然后放入烤箱内，定好温度、时间，烤至熟透上色，取出凉凉，外表刷上一层香油即成。

8．蒸

加工工艺与热菜的蒸相同，是将切配并调味的原料装盘，利用蒸汽加热，使原料成熟或软熟入味成菜的工艺过程。蒸的适用范围很广，无论形大或形小，流体或半流体、质老难熟或质嫩易熟的各类原料，均适用于蒸。冷菜的蒸与热菜的蒸的区别在于，热菜的蒸讲究火候，老嫩适中，而冷菜则必须蒸透，取出放置凉凉后，大块的需经刀工处理装盘。

应用贴士

冷菜的作用

冷菜是中国烹饪的重要组成部分。冷菜是指制作后用来凉吃的菜肴，有热制冷吃和冷制冷吃两大类。绝大多数冷菜是经过加热烹制，凉凉后食用的。

冷菜具有脆嫩爽口、香而不腻、造型美观、干香少汁等特点，是筵宴和家庭日常饮食中不可缺少的菜品。尤其是在炎热的夏季，一盘味美清爽的冷拼菜肴，可以给家人带来无限的惬意。

二、冷制冷吃菜肴的烹制方法

冷制冷吃菜肴的烹制方法是指在制作菜肴的最后调味阶段不加热，也就是只调味不烹制的工艺过程。常见冷制冷吃菜肴的制作方法有拌、炝、浸、糟、醉、腌腊等。

1．拌

拌的工艺过程是将切配成形的丝、丁、条、片等原料，用油划过或是用沸水焯过，捞出控净油（水）盛盆内，加入各种调味品搅拌均匀装盘即成。

2．炝

炝的工艺过程是将切配成形的丝、丁、条、片等原料，用油划过或是用沸水焯过，捞出控净油（水）盛盆内。另用锅加油烧热，加花椒炸至焦香，捞出花椒粒，趁热将花椒油浇在原料上，加盖略闷一会儿，拌匀装盘即成。

3．浸

浸的工艺过程是把原料加工处理后，用调味料先进行腌渍或煮、炸等熟处理，然后再放入兑制的卤汁中，进行浸泡，使其入味成菜的加工过程。

4．糟

糟的工艺过程是把原料加工处理后，用调味料进行腌渍或放锅内煮熟，再放到调好的红糟汁或香糟汁中浸泡，使其入味成菜的操作过程。

5．醉

醉的工艺过程一般多用鲜活动物性原料。将原料治净后放入预先调制好的白酒或料酒中浸泡，使其浸透入味成菜的操作过程。

6．腌腊

腌腊是把原料（多为动物性原料）加工处理干净后，用盐、料酒等调味品腌渍入味，然后置阴凉处晾干或风干（也有用烘烤和烟熏的方法），使其水分蒸发而成的操作过程。如香肠制作，成品具有色泽红褐、咸淡适中、香味浓郁、鲜美不腻、便于久贮的特点。

知识延伸

艺术拼盘与食品雕刻

冷菜的艺术拼盘实际上就是美化冷菜的装盘艺术，把制作好的冷菜，经过刀工处理后，按一定的规格要求和艺术造型，整齐美观地装入盘中，具有造型优美，形态多样，富于变化的特点。食品雕刻，是将某些烹饪原料用特殊刀具、刀法雕刻成花卉、虫鸟、山水等各种实物形象，用以美化、装饰菜肴的一种精巧细致的特殊技艺。艺术拼盘与食品雕刻是中国饮食文化的组成部分，是色彩和造型的表现艺术，是烹饪技术和艺术的结合。不仅可以美化单个菜肴，而且可丰富筵宴的内容，增加菜肴色、形的感染力，活跃宴会气氛，诱人食欲，给人以高雅优美的艺术享受。

第四节　面点烹饪技法

面点加工，习惯上又称为白案技术，而用于面点制作的技术也是一个较为复杂的过程，较之菜肴的制作又显得容易些，但要运用好面点制作的各个技术环节，也并非易事。面点制作工艺一般包括调制面团、调制馅料、加工手法、成形方法及熟制方法等。

一、面团

1．面团的种类

由于和面时所用的原料和添加料的不同，调制的方法及其用途也不一样，因而面团可分为很多种，主要有水调面团、膨松面团、油酥面团、米粉面团、其他面团等。

（1）水调面团　水调面团是指面粉掺水拌和而成的面团。这种面团一般组织严密，质地坚实内无孔洞，体积也不膨胀，富有韧性和可塑性。水调面团按和面时使用水的温度不同，还可以分为冷水面团、温水面团、热水面团。

（2）膨松面团　膨松面团就是在调制面团过程中，加入适当添加剂或采用一定的调制方法，使面团组织产生孔洞，变大变疏松的工艺过程。膨松面团在烹饪中应用极广，常使用的有发酵面团、化学膨松面团和物理膨松面团三种。

（3）油酥面团　油酥面团是用油和面粉作为主要原料调制成的面团，它具有很强的酥松性。油酥面团制作时一般由两块面团制成：一种是水油面，另一种是干油酥。水油面是用水、油、面粉三者调制，用料比例为水：油：面粉=2：1：5。和面时将水与油一起加入面粉中抄拌。水的温度一般为35℃左右。面团要反复搓擦，使其柔软，有光泽，有韧性。然后用干净湿布盖好，静置。干油酥是把油脂加入面粉里，采用推擦的方法成团。面粉与油的比例为1：0.5。一般先把面粉和冻猪油拌和，用双手的“掌跟”一层一层向前推擦，反复操作，直到擦透为止。

（4）米粉面团　米粉面团是指用米磨成粉后与水和其他辅助原料调制而成的面团。具有黏性强、韧性差的特点。米粉面团是以制作糕、团、饼、粉等点心为主的面团，特别在我国南方地区，应用非常普遍。米粉面团制品很多，但最常用的有米糕制品和米团制品。

（5）其他面团　其他面团的种类较多，但主要的有蛋和面团、杂粮面团、鱼虾蓉面团等。

2．面团的调制

面团的调制包括和面和揉面。

（1）和面　和面是指将面粉与水、油、蛋等按比例配方掺和揉成面团的工艺过程。它是整个面点制作中最基础的一道工序。面点的好坏，与和面的优劣有着直接关系。和面的手法一般有抄拌法、调和法、搅和法。

（2）揉面　揉面就是在面粉吸水发生粘连的基础上，通过反复揉搓，使各种粉料调和均匀，充分膨胀形成面团的过程。揉面是调制面团的关键，它可使面团进一步均匀、增劲、柔润、光滑等。揉面的主要手法有捣、揉、搋、摔、擦等几种。

二、面点成形方法

面点成形是运用调制好的各类面团，配以各式馅心制成形状多样的成品生坯的过程。这一过程直接影响着成品的形态和质量，是面点制作中的重要工艺。虽然面点制品成形方法是多种多样的，但面点制作中常用的方法不外乎以下几种。

1．揉

揉是将下好的剂子，用两手互相配合，揉成圆形或半圆形的团子。这种方法是比较简单、常用的成形方法之一。一般用于馒头的制作。

2．包

包是将擀好或压好的皮子内包入馅心使之成形的一种方法。面食品中许多的馅心品种都采用包的方法，如包子、水饺、馅饼、汤圆等。

3．卷

卷是将面片或坯皮，按需要抹上油或馅，然后卷起来，成为有层次的圆筒状的成形方法。卷是面点中较常用的方法，常用于制作花卷及各类“卷”酥。卷可分为单卷法和双卷法两种。

4．按

按是将包好的面点生坯，用两手配合，利用手掌压成扁圆形的成形方法。主要适用体形较小的包馅品种。

5．擀

擀是用面杖或走棰等工具将面团或包馅的生坯压延成制品要求的形态的成形方法。这种方法在日常家庭的面点加工中用途很广，适用于各式坯皮的制作。如饺子、面条、各式酥皮等。

6．叠

叠是把生坯加工成薄饼后，抹上油、馅心等，再折叠起来的方法。叠与擀可结合操作，如千层酥、兰花酥等。

7．摊

摊是将生坯加热制成较薄的坯皮的方法。这种成形方法具有两个特点。一个是边成形边制熟；另一个是所使用的面团较稀软或是面糊。如煎饼、春卷皮等品种。

8．捏

捏就是运用拇指与其他手指协调配合用力，把生坯捏成一定形状的方法。多用于各色蒸饺、酥点的花形加工。如梅花饺、四色饺等。

9．切

切是以刀为工具，将面坯分割成形的一种方法。常见的品种有刀切面和一些小形酥点的成形等。

10．削

削是将经过加工的坯料利用特制刀具推削，使其成为一定形状的方法。一般用于刀削面的制作。

11．抻

抻是将面团用一定的手法反复抻拉成形的一种方法，是北方制面条的一种独特方法。其技术难度较大，需多做抻拉练习才能掌握。

12．钳花

钳花就是将半成品的表面，用花钳或剪刀等工具，进一步加工成多种多样形态的方法。钳花的方法多种多样，可在生坯的边上竖钳或斜钳，也可在生坯的上面斜钳出各种花样，还可以钳出各式小动物的羽、翅、尾纹及鱼的鳞等。

13．模印

模印就是把经加工的坯料放入特制的模具内，使其具有一定花纹形态的方法。模具有图案多种多样，如梅花、菊花、喜、寿、福、蝴蝶、金鱼、小鸟、桃、苹果等。操作时将面剂揉成团压入模具内，成形后轻轻磕出。这种成形法具有使用方便，规格一致，保证形态质量等特点。如月饼的制作。

14．滚沾

滚沾就是把加工成小形的馅料，沾水后放入各种各样的粉料中，反复摇晃，使其沾上层层粉料，而成为圆形制品的方法。滚沾成形法工艺较独特，常用于北方元宵的成形。

15．镶嵌

镶嵌是在经加工的半成品表面或内部嵌入一定原料，使之成熟后形成美观图案的方法。镶嵌成形又可分为直接镶嵌和间接镶嵌两种。直接镶嵌就是在加工成的半成品表面嵌入不同颜色的物料，如在生坯上嵌枣或果脯等；间接镶嵌是把各种配料和粉料拌和在一起，制作的成品表面露出配料，如红豆糕、八宝饭。

知识延伸

中国的面塑艺术

面塑在我国有着源远流长的历史，是中国民间文化艺术的一项绝技。它也是烹饪工作者用来美化筵宴、追求饮食艺术美的一种形式。一块块面团，在面塑艺人的手中，可以变化成为各色的艺术人物形象，形态逼真、栩栩如生、寓意深刻，用以点缀筵宴、菜肴，不仅能够烘托宴会主题，营造宴会气氛，而且更有提升宴会艺术品格、创造宴会艺术美的效果。

三、馅心的制作

馅心，就是用各种不同的烹饪原料，经过精细加工拌制或熟制而成的形式多样、味美适口的面点心子。馅心制作，是面点制作过程中的重要工艺之一。馅心制作的好坏，对成品的质量有直接影响。制馅技术比较复杂，需要具备多方面的能力，除刀工技艺、调味技术外，还要掌握制馅原料的特点及熟制方法等。而且还需经过多次反复实践操作，才能制出较为理想的馅心。

1. 馅心种类

常见的馅心按口味可分为咸馅和甜馅。

（1）咸馅　咸馅种类较多，根据用料可分为素馅、荤馅、荤素馅。这三种馅心的制作过程中，又有生熟之分。

（2）甜馅　甜馅虽然南、北有别，种类较多，但大都是以糖为基本原料，再配以各种豆类、果仁、果脯、油脂以及新鲜蔬菜、瓜果、蛋乳类或少量香料等。有时还需经过复杂的工序和各种加工法，如浸泡、去皮、切碎、挤汁、煮拌等制作而成。甜馅常用的有糖馅、泥蓉馅和果仁蜜饯馅。

2. 馅心制作要领

馅心的制作有拌制和烹调两类制作方法，不论采用哪种方法，调制馅心都要掌握以下几个方面的要领。

①严格选料，正确加工。

②根据面点的要求，确定口味的轻重。

③正确掌握馅心的水分和黏性。

④根据原料性质，合理投放原料。

四、面点熟制方法

面点熟制是对成形的面点半成品，运用各种加热方法，使其成为色、香、味、形俱佳的成品的过程。从大多数面点品种的操作程序看，熟制是最后也是最关键的一道工序，制品的色泽、定型、入味等，都与熟制有密切关系。面点熟制方法主要有蒸、煮、炸、煎、烤、烙等单加热法，有时为了适应特殊需要也可采用综合加热法，即采用蒸、煮后再进行煎、炸等，但大多数面点还是以单加热法为主。

1. 蒸

蒸是把制品生坯放笼屉或蒸箱内，利用蒸汽传热使制品成熟的方法。这种方法多用于发酵面团和烫面团类的熟制，如馒头、蒸包等。蒸的操作程序主要包括蒸锅加水、生坯摆屉、上笼蒸制、控制加热时间、成熟下屉等工艺流程。

2. 煮

煮就是把成形的生坯放入开水锅中，利用水的传热，使制品成熟的一种方法。煮法的使用范围比较广泛。如冷水面团的饺子、面条、馄饨等，米粉制品的汤圆、元宵等。煮的操作程序主要有制品下锅、加盖煮制、成熟捞出等几个步骤。

3. 炸

炸是将制作成形的面点生坯，放入一定温度的油锅中，利用油为传热介质，使之成熟的方法。这种熟制方法适用性较强，几乎各种面团都可使用。如油酥面团制品的油酥点心，膨松面团制品的油条，米粉面团制品的油炸糕等。炸的油温一般最高可达到300℃左右，不同的制品需要不同的油温。有的用热油，有的用温油，还有的先低后高或先高后低，情况各有不同。从面点炸制情况看，油温主要分为温油和热油。温油炸制多用于较厚、带馅和油酥面团制品；热油炸制主要用于碱盐面团及较薄无馅的制品。

4．煎

煎是在平底锅内加入少量的油或水等，放入生坯，利用锅、油或水等传热使之成熟的方法。这种方法常用于水调面团制品的熟制，如煎包、锅贴等。煎的方法，一般可分为油煎和水煎两种。油煎的特点是制品两面金黄，口感香脆；水煎，也称水油煎，是经油煎后再加放少量清水，利用部分蒸汽传热使制品成熟，制品具有底部金黄酥脆，上部柔软油亮的特点。

5．烤

烤是把制品生坯放入烤炉内，利用烤炉的内热，通过对流、传导和辐射的传热方式，使其成熟的方法。这种方法主要用于各种膨松面团、油酥面团等制品，如面包、酥点等。一般烤箱的温度都在200～300℃。在这种高温的情况下，可使制品外表呈金黄色，内部富有弹性和疏松，达到香酥可口的效果。

6．烙

烙就是把制品的生坯，摆放在加热的锅内，利用锅底传热于制品，使其成熟的方法。这种方法主要适用于水调面团、发酵面团和部分米类面团。主要用于各种饼的熟制，如家常饼、葱油饼等。一般烙制的温度在180℃左右。通过锅底热量至熟的烙制品具有外皮香脆，色泽金黄，内部柔软的特点。烙制方法根据其操作的不同，可分为干烙、刷油烙等。

▷ 本章小结

本章介绍了中国饮食原料和烹饪技术两大内容。中国烹饪的特点之一是食料的丰富多彩，众多的烹饪原料是形成众多菜肴的基础。因而，了解中国的烹饪文化内涵就必须对中国烹饪的原料进行系统的学习。但是，丰富多彩的烹饪原料能够成为色、香、味、形俱佳的菜肴，还必须得益于各种各样烹饪方法的运用，而中国的烹饪方法可以说是中国烹饪的一大特色，只有全面了解中国烹饪的烹饪方法，才能更深刻地认识中国烹饪文化的内涵。

讨论与训练

1. 热菜常用的烹调方法有哪些？
2. 冷菜常用的烹调方法有哪些？
3. 用直线与方块的形式画出中国烹饪工艺流程图。
4. 到某大酒店参观厨师是怎样烹制菜肴的，并写出自己的感想。
5. 自己调馅、和面，尝试包一次水饺。

分析与应用

1. 一个技术高超的厨师是不是掌握的烹饪方法越多越好？为什么？
2. 面点的烹饪方法与菜肴的烹饪方法有什么不同点？
3. 家庭的日常饮食中，即使来了客人，菜肴的品种一般都不会太多，并不是主人不想多烹制几个。试根据自己的经验分析一下，这是为什么？

第5章

中国酌酒饮茶文化

▷ 本章内容

1. 中国酒文化。
2. 中国茶文化。

▷ 学习目标

1. 认识酒文化与茶文化的研究内容及其在中国传统文化中的地位和意义。
2. 了解酒、茶的起源和发展概况。
3. 学习中国的名酒和名茶的知识与种类，及酒文学与茶艺的一些知识，并在此基础上掌握酒文化与茶文化是中国饮食文化的重要组成部分。

第一节 中国酒文化

一、中国酒的起源与发展

中国是世界上最早酿酒的国家之一。但酒究竟起源于何时，至今还是个谜。并由此还在我国民间出现了许多关于发明酒的神话传说，形成了独特的有关酒的民间文学。

我国晋代的江统在所撰的《酒诰》中说“酒之所兴，肇自上皇。或云仪狄，一曰杜康。有饭不尽，委余空桑，积郁成味，久蓄气芳。本出于此，不由奇方。”仪狄和杜康都是古代传说中的人物，先秦的许多典籍中也多有记载。

仪狄造酒的记载始见于先秦官吏所撰的《世本》。此书已佚，有清代的辑本。《世本》说：“仪狄始作酒醪，变五味；少康作秫酒。”《战国策》则记录说：“昔者，帝女令狄作酒而美，进之禹，禹饮而甘之，遂疏仪狄，绝旨酒，曰：‘后世必有以酒亡其国者。’”此外，《吕氏春秋》《说文解字》等中都有类似的记载。如果仪狄在历史上是确有其人，应该是大禹时的人，但在《黄帝内经》及后世孔鲋的《孔丛子》中，又都说黄帝、尧、舜时已经有了酒，而他们都比禹生活的年代要早得多，这就非常矛盾。事实上，用粮食造酒是一件非常复杂的事，在数千年前，单凭一个人的力量是难以完成的。很可能，仪狄是一位很会酿酒的大师，他总结了前人的经验，完善了酿酒的方法，酿出了味道美好的酒来，从而出了名。郭沫若主编的《中国史稿》第一册中说：“相传禹臣仪狄开始造酒，这是指比原始社会时代的酒更甘美浓烈的旨酒。”

关于杜康造酒的传说和记载也是非常多的。也许是由于曹操乐府诗《短歌行》中有“慨当以慷，忧思难忘。何以解忧，唯有杜康”之句的影响，杜康造酒的传说在民间特别流行。杜康到底是什么人，众说纷纭。《说文解字》中说：“少康，杜康也。”据历史资料记载，少康是夏朝第五代君主，可见其不可能是酒的发明人。但《世本》《说文解字》中都有关于杜康（少康）作秫酒的说法。这个说法，很可能是比较符合实际的。我国最早的粮食栽培作物是黍、稷、粟、稻，后来才有了高粱。杜康很可能是一位著名的酿酒名家，凭着他对高粱的认识，开始用它的种子造酒。由于高粱是很好的酿酒原料，酿出的酒味道不同凡响，格外美好，杜康之名也由此远播。宋代的《酒谱》的作者窦革就是这样推论的。

事实上，从“不由奇方”的自然发酵酒，到人类能够自己酿酒，是经过了一个很长的过程的。但我国至少在商周时期，我们的祖先已经创造了用酒曲酿酒的方法，使大规模的造酒成为可能。《周礼》一书中提到了“五齐三酒”，可见西周时已经有了不同品类的酒。魏晋南北朝时期，我国的酿酒技术则有了长足的进步，北魏贾思勰的《齐民要术》中，详细地记载了我国北方民间制曲、酿酒的方法以及如何适当用曲、用水酿酒的诀窍。宋元时期，我国发明了蒸馏酒，这是我国古代劳动人民的伟大创举，全国各地涌现出了大量的名酒，据元人《酒小史》一书的不完全统计，此时我国南北各地酒坊和私人酿造的名酒就有100余种，真可谓洋洋大观。

1．古代人饮的酒

从严格的意义上说，我国古代人饮的酒与今天的酒是不一样的。古代人酿出的酒是连汁带滓一起享用的。古籍中所说的“仪狄始作酒醪。”醪，就是汁滓混在一起的酒。这种酒不仅有酒香、酒味，而且吃了还有饱腹作用，也就是酒饭一起吃。不过，吃这样的酒，用酒壶是无法盛装的，所以必须用敞口的容器盛装，然后用勺子舀出来饮吃。这从我国四川、河南、山东等地出土的一些汉画像砖或汉画像石的宴饮图中，可以得到佐证。

除去“滓”的酒，古人称为“清酒”，《周礼》一书中就提到了这样的酒。说明至少在周代时我国已经有了去了滓的酒。这种“清酒”的出现，大概与用酒祭祀有关。古代人在祭祀的时候，把酒倒在捆束的茅草上，滓被过滤出来，酒汁则渗了下去，象征祖或神饮用了，叫作“缩酒”。《诗经》中有用清酒祭祀的诗句，如“清酒既载，以享以祀”等。随着生产的发展，粮食多了，周朝的王室中也开始饮用清酒，但一般平民百姓是喝不起的。周朝在天官属下设有酒正之职官，专管“掌酒之政令，辨五齐三酒之名”。这几种酒都是现在民间酿制的甜酒酿型。当时造酒还不知道用榨和煎的方法，工序极其简单，只是将酒米蒸熟，以少量水撒入酒曲拌和，使之发酵成酒而已。所以，当时的酒味都很淡。

从先秦至汉，酒大致有两类，一类是用重曲酿成的酒，酒熟后再加一定比例的水，有的兑水后再加曲，甘酸中有辛辣味，这就算是当时的烈酒了。另一类是甜酒酿本身及其液汁，称为醴，味甜，可以供不善饮酒的人饮用。其实，这两种酒的度数都不是很高的，所以古代人饮酒才会有斗酒不乱，量大者甚至一次可饮数斗，甚至数石，仍可赋诗作文，而且头脑更加清醒。

趣味链接

于定国饮酒数石不醉的故事

《汉书》记载了一个名字叫于定国的官员，饮酒数石不醉的故事。说：“定国食酒至数石不乱。冬月请治谳，饮酒益精明。”一般的人饮多了酒脑子就糊里糊涂，甚至醉得不省人事，但这位叫于定国的官员却越饮脑子越清醒。古代一石酒相当于100爵，数石就是几百爵酒。看来古代酒的度数真是很低的。

2．古代的造酒法

西周时，我国的酿酒业是比较发达的，宫廷中设有专门掌管造酒的官员，技术人员已经总结出了一整套科学的酿酒工艺流程，这就是所谓的“五齐”“六法”。

所谓“五齐”，即《周礼·天官冢宰》中说的“一曰泛齐，二曰醴齐，三曰盎齐，四曰缇齐，五曰沉齐”。用今天的话来说，就是把酿酒的整个发酵过程大体分为五个阶段。第一个阶段是发酵开始，谷物膨胀，有一部分浮到了水面上来；第二阶段是说进入了糖化阶段，其味变甜；第三阶段是指发酵进入旺盛时期，气泡冒起，发出“嗞嗞”响声；第四阶段是酒精成分逐渐增多，浸出了原料的颜色；第五阶段是发酵停止，酒糟下沉，酒于是就酿造成功了。这种“五阶段”的分法，是符合发酵过程的规律的，这就说明在两三千年前我国酿酒技术是比较成熟的，充分显示了我们前人的聪明才智。我国山西汾阳的汾酒，在酿造中有所谓“酿酒秘诀”，共七条：“人必得其精，水必得其甘，曲必得其时，粱必得其实，器必得其洁，缸必得其湿，火必得其缓”。这与古人之“五齐”“六法”是一脉相承的。

知识延伸

古代酿酒“六法”

“六法”是周代总结得更加完整的酿酒经验。《礼记·月令》中，记载了当时冬季酿酒的完整过程。说：“秫稻必齐，曲蘖必时，湛炽必絜，水泉必香，陶器必良，火齐必得。兼用六物，大酋监之，毋有差贷。”这里讲的六法，就是一要讲原料，二是讲制作酒曲，三是说原料要冲洗干净，四是讲用水，五是讲用具要卫生，六说的是发酵要讲究火候。

3．蒸馏酒的发明

我们今天所大量饮用的白酒，酒度远比古时的酒度高得多，一般都在60度左右，即使最近十几年来所新兴的低度白酒，也都在40度左右，是真正的烈性酒。白酒的酿造工艺较之古代的酿造工艺要复杂得多，是用蒸馏法酿造的。

所谓蒸馏法，就是利用酒精的沸点比水低，气化比水快的特点，在蒸馏酒醪时，只要掌握好温度和时间，就可以得到含酒精量高的酒液。据历史学专家与考古专家的研究成果表明，蒸馏酒的发明大约是在唐宋年间。1975年在河北省出土了一套铜制蒸酒器皿，由上下两个部分组成，下端是一个圆球形蒸汽锅，上体为敞口冷却器，上下套合后，就形成了一套能够完成整个蒸馏过程的酒器。据专家鉴定，这种蒸馏器的铸造年代应该不会迟于1100年前的南宋。关于蒸馏酒的饮用，在宋代许多诗文中也有大量反映。如苏舜钦就写有“时有飘梅应得句，苦无蒸酒可沾巾”的诗句。在北宋人的《曲本草》以及南宋人写的《洗冤集录》等书中也都有“烧酒”“蒸馏酒”的记录。虽然明人李时珍在《本草纲目》中说：“烧酒非古法也，自元时始创”，可能说的是蒸馏酒在我国至元朝时才在民间普遍酿造的情形，并不能证明元之前我国没有蒸馏酒。

4．葡萄酒的酿造

葡萄酒的酿造必先有葡萄。我国古代虽然也有野生葡萄，但真正用于酿造葡萄酒却是在有了良种的葡萄之后实现的。我国的良种葡萄，是自西汉时从西域传入的，但当时数量较少，只能种植在离宫别馆之旁，作为观赏之用，要想吃到新鲜的葡萄在当时是非常不容易的。南北朝时，北齐的李元忠献给世宗一盘葡萄，世宗竟给了他100匹白绢的赏赐。葡萄难得，葡萄酒更难得，《续汉书》上说，东灵帝时，陕西人孟佗以一斛葡萄酒贿赂当时极为得宠的张让，竟获得了“凉州刺史”的官职。显然，此时葡萄酒的加工技术传自西域，不甚成熟，加之原料短缺，即使加上从西域进口的葡萄酒，其数量也是非常小的，因而就特别珍贵。

酿造葡萄酒的兴旺，是在唐太宗打下了吐鲁番（古称高昌）之后，得到了大量的马奶葡萄及其种子，仿照高昌葡萄酒的酿造法，唐太宗并且亲自督造，这样一来，葡萄酒在当时便很快普及起来。王翰一首《凉州词》中的“葡萄美酒夜光杯，欲饮琵琶马上催”可谓流传千古。不过，葡萄酒的真正发展，还是在近代。1892年，著名的华侨实业家张振勋先生在烟台创办了“张裕葡萄酿酒公司”，聘专家，辟果园，并于1914年出厂了第一批葡萄美酒，其名牌白兰地还在次年举行的巴拿马国际博览会上荣膺金奖。

二、酒的种类

我国酒的种类繁多，分类的标准和方法也不相同，有以原料进行分类的，有以酒精含量高低分类的，也有以酒的特性分类的。较为常见的分类方法有两种：一是生产厂家根据酿制工艺来分类，二是商业经营部门根据经营习惯来分类。现在人们习惯上采用经营部门的分类方法，把中国酒分为白酒、黄酒、果酒、啤酒等。

1．白酒

白酒是用粮食或其他含有淀粉的农作物为原料，以酒曲为糖化发酵剂，经发酵蒸馏而成。白酒的特点是无色透明，质地纯净，醇香浓郁，味感丰富，酒精度在30度以上，刺激性较强。白酒根据其原料和生产工艺的不同，形成了不同的香型与风格，白酒的香型有以下五种。

（1）清香型　清香型的特点是酒气清香芬芳，醇厚绵软，甘润爽口，酒味纯净。以山西杏花村的汾酒为代表，故又有汾香型之称。

（2）浓香型　浓香型的特点是饮时芳香浓郁，甘绵适口，饮后尤香，回味悠长，可概括为“香、甜、浓、净”四个字。以四川泸州老窖特曲为代表，故又有泸香型之称。

（3）酱香型　酱香型的特点是香而不艳，低而不淡，香气幽雅，回味绵长，杯空香气犹存。以贵州茅台酒为代表，故又有茅台香型之称。

（4）米香型　米香型的特点是蜜香清柔，幽雅纯净，入口绵甜，回味怡畅。以桂林的三花酒和全州的湘山酒为代表。

（5）复合香型　兼有两种以上主体香型的白酒为复合香型，也称兼香型或混香型。这种酒的闻香、回香和回味香各有不同，具有一酒多香的特点。贵州董酒是复合香型的代表，还有湖南的白沙液，辽宁的凌川白酒等。

随着我国酿酒业的不断发展与创新，许多新的白酒香型也诞生，如2009年流行的芝麻香型等，充分展示了我国白酒文化的繁荣发展。

2．黄酒

黄酒是我国生产历史悠久的传统酒品，因其颜色黄亮而得名。以糯米、黍米和大米为原料，经酒药、麵曲发酵压榨而成。酒性醇和，适于长期贮存，有越陈越香的特点，属低度发酵的原汁酒。酒精度一般为8～20度。黄酒的特点是酒质醇厚幽香，味感谐和鲜美，有一定的营养价值。黄酒除饮用外，还可作为中药的“药引子”。在烹饪菜肴时，它又是一种调料，对于鱼、肉等荤腥菜肴有去腥提味的作用。黄酒是我国南方和一些亚洲国家人民喜爱的酒品。黄酒根据其原料、酿造工艺和风味特点的不同，可以分为以下三种类型。

（1）糯米黄酒　主要产于江南地区，以浙江绍兴黄酒为代表，生产历史悠久。它是以糯米为原料，以酒药和麸曲为糖化发酵剂酿制而成。其酒质醇厚，色、香、味都高于一般黄酒。存放时间越长越好。由于原料的配比不同，加上酿造工艺的变化，形成了各种风格的优良品种，主要品种有状元红、加饭酒、花雕酒、善酿酒、香雪酒、竹叶青酒等。酒精度为13～20度。

（2）红曲黄酒　主要产出于我国的福建省。红曲黄酒以糯米、粳米为原料，以红曲为糖化发酵剂酿制而成。其代表品种是福建老酒和龙岩沉缸酒，具有酒味芬芳，醇和柔润的特点。酒精度为15度左右。

（3）黍米黄酒　黍米黄酒是我国北方黄酒的主要品种，最早创于山东即墨，现在北方各地已有广泛生产。以黍米为原料，以米曲霉制成的麸曲为糖化剂酿制而成。具有酒液浓郁，清香爽口的特点，在黄酒中独具一格。即墨黄酒还可分为清酒、老酒、兰陵美酒等品种。酒精度为12度左右。

黄酒大多采用陶质坛装，泥土封口，以助酯化，故越陈越香。保存的环境要凉爽，温度要平稳。由于黄酒是低度酒，开坛后要及时销售，时间久了，易被污染而变质。

3．果酒

凡是用水果、浆果为原料直接发酵酿造的酒都可以称为果酒，品种繁多，酒精度为15度左右。各种果酒大都以果实名称命名。果酒因选用的果实原料不同而风味各异，但都具有其原料果实的芳香，并具有令人喜爱的天然色泽和醇美滋味。果酒中含有较多的营养成分如糖类、矿物质和维生素等。因为人们更喜欢用葡萄来酿造酒，所以果酒可以分成葡萄酒类和其他果酒类。葡萄酒的特点后面将专作介绍。其他果酒有苹果酒、山楂酒、杨梅酒、广柑酒、菠萝酒等多种。果酒除葡萄酒外，其他果酒的产量是比较少的。

4．啤酒

啤酒是以大麦为原料，啤酒花为香料，经过发芽、糖化、发酵而制成的一种低酒精含量的原汁酒，通常人们把它看成一种清凉饮料。其酒精度为2～5度。啤酒的特点是有显著的麦芽和啤酒花的清香，味道纯正爽口。啤酒含有大量的二氧化碳和丰富的营养成分，能帮助消化，促进食欲，有清凉舒适之感，所以深受人们的喜爱。啤酒中含有11种维生素和17种氨基酸。1升啤酒经消化后产生的热量，相当于10个鸡蛋，或500克瘦肉，或200毫升牛奶所生产的热量，故有“液体面包”之称。啤酒分类有以下几种。

（1）根据啤酒是否经过灭菌处理，可将其分为鲜啤酒和熟啤酒两种　鲜啤酒又称生啤酒，没有经过杀菌处理，因此保存期较短，在15℃以下保存期是3～7天，但口味鲜美，目前深受消费者欢迎的“扎啤”就是鲜啤酒。熟啤酒是经过杀菌处理的啤酒，稳定性好，保存时间长，一般可保存3个月，但口感及营养不如鲜啤酒。

（2）根据啤酒中麦芽汁的浓度，可将其分为低浓度啤酒、中浓度啤酒和高浓度啤酒三种　低浓度啤酒麦芽汁的浓度为7～8度，中浓度啤酒麦芽汁的浓度为10～12度，高浓度啤酒麦芽汁的浓度为14～20度。啤酒中的酒精量含量，也是随麦芽汁的浓度增加而增加的，低浓度啤酒的酒精量含量在2%左右，中浓度啤酒的酒精含量为3.1%～3.8%，高浓度啤酒的酒精含量为4%～5%。

（3）根据啤酒的颜色，可将啤酒分为黄色啤酒、黑色啤酒和白色啤酒三种　黄色啤酒又称淡色啤酒，口味淡雅，目前我国生产的啤酒大多属于此类，其颜色的深浅各地不完全一致。黑色啤酒又称浓色啤酒，酒液呈咖啡色，有光泽，口味浓厚，并带有焦香味，产量较少，仅在北京、青岛有生产。白色啤酒是以白色为主色的啤酒，其酒精含量很低，我国已有生产，适合不善饮酒的人饮用。

（4）根据啤酒中有无酒精含量，可将其划分为含酒精啤酒和无酒精啤酒两种　无酒精啤酒是近年来啤酒酿造技术的一个突破，它的特点是保持了啤酒的原有味道，但又不含酒精，受到广泛的好评。

知识延伸

中国的药酒

药酒是中国独特酒文化的一部分，在中国酒文化发展史上具有特别的意义。

药酒是以成品酒（大多用白酒）为酒基，搭配各种中药材和糖料，经过酿造或浸泡制成，且具有不同作用的酒品。药酒可以分为两大类：一类是滋补酒，它既是一种饮料酒，又有滋补作用，如竹叶青酒、五味子酒、男士专用酒、女士美容酒；另一类是利用酒精提取中药材中的有效成分，以提高药物的疗效，此种酒是真正的药酒，大都在中药店出售。

三、中国名酒

1．茅台酒

茅台酒产于贵州仁怀茅台镇。在茅台镇，关于茅台酒的生产历史有着许多美丽动人的民间传说。茅台镇有着悠久的酿酒历史，但究竟茅台酒起源于何时，尚无定论。有人说，汉代时，这里的枸酱酒就已负盛名。也有人认为，北宋时期，这里就产大曲酒。据资料记载，明代嘉靖年间（1522—1566年），镇上就出现了烧酒坊，到1840年，全镇有烧酒坊已不下20家，耗费的粮食多达20000石，酒的产量也多达170吨。这在我国的酿酒史上实属罕见。茅台酒品质无比佳美，被清代的大儒学家郑珍视为“酒冠黔人国”。

1915年巴拿马太平洋万国博览会上，茅台酒获得殊荣。至于在这次博览会上，茅台酒究竟拿了金牌还是银牌，国内许多报刊上的说法不一。

中华人民共和国成立以后，茅台酒在1953年、1963年、1979年、1984年和1989年五次蝉联国家名酒称号，并获得金质奖。有人作诗赞美它有“风味隔壁三家醉，雨后开瓶十里香”的魅力。茅台酒的成功，除了它独特的酿造方法，还与它所处的气候、水土等自然环境有着极大的关系。国家为了保证茅台酒的质量，早在1972年就决定，赤水河的上游不再建造任何工厂。

趣味链接

茅台酒的故事

1915年，茅台酒被推选参加在巴拿马举行的太平洋万国博览会，在博览会上博得了各国专家的好评，初步确定为酒类第一。但由于当时中国在国际上地位很低，少数国家和几个大财团，故意压低茅台酒的声誉，使茅台酒屈居第二。当时，我国代表团人员对此十分不满，但却没有直接表现出来。在第二天的大型宴会上，代表团便携带几瓶茅台酒应邀出席。席间，当大家喝得高兴时，一位中国代表取出一瓶茅台酒，装作不小心的样子，“砰”的一声，将酒瓶摔落在地。顿时，满室异香，一股股浓郁的酒香扑鼻而来，竟使各国代表团目瞪口呆，馋涎欲滴，异口同声惊呼：“好酒！好酒！”并纷纷议论：“这是哪一国家的酒？”“为什么这次没有评上世界第一？”当大家知道这是中国的茅台酒时，都纷纷向中国代表要茅台酒品尝。从此，茅台酒蜚声中外，名扬天下。

2. 汾酒

唐代诗人杜牧的《清明》诗云：“清明时节雨纷纷，路上行人欲断魂。借问酒家何处有？牡童遥指杏花村。”诗中提到的“杏花村”，到底在哪里？有人说就是山西汾阳的杏花村，有人说不是，而是在“池州”……但不管怎么说，山西汾阳杏花村产美酒，确是事实。山西汾阳杏花村人，除有精湛的酿酒技艺，还有个得天独厚的条件，就是村里有一口淳美的古井。此井之水四季温度如一，品之甘冽清新，绵甜芬芳。而汾酒便是得益于此井水酿造而成。

1951年，崭新的杏花村汾酒厂建立，产量、质量不断创造新的水平。纯洁、杂质少确实是汾酒独具一格的特点。郭沫若同志生前访问杏花村时，写下了“杏花村里酒如泉，解放以来别有天”的诗句。

1915年，汾酒在巴拿马太平洋万国博览会上获一等金质奖，1918年获“中华国货展览会金质奖”，中华人民共和国成立以来，汾酒在全国评酒会上五次蝉联国家名酒称号。

3．五粮液酒

四川宜宾市酒厂生产的五粮液酒，以独特的原料配方和工艺，在酒类生产中独树一帜。它选用高粱、糯米、大米、玉米、小麦五种粮食作基本原料，采取“续糟配料，混蒸制曲，陈年老窖发酵，原度封坛贮藏”工艺酿成。四川大部分地区以种植水稻为主，在习惯上称其他谷物为“杂粮”，因此，五粮液的前身也叫“杂粮酒”。1920年，当地有个文人叫杨惠泉，品尝了“杂粮酒”后，认为此酒香醇无比，实为绝代佳酿，但其名俗无雅意，既然用五种粮食精酿而成，不如就叫“五粮液”，此名一出，人皆称好，从此五粮液便流传于世了。

在盛产水稻的四川宜宾，人们造酒为什么会舍弃水稻而取用杂粮呢？据传在明末清初，四川叙州城（今宜宾）北门外有一个酿酒作坊叫“利川永糟房”。该作坊的老板擅于经营，也善于发现人才和笼络人才。1928年，他听说当地的赵铭盛擅长用五谷杂粮酿酒，其酒浓郁清冽，是酒中之上品，只是对酿酒秘方守口如瓶。赵铭盛周围的人，包括妻子老小，竟无人知道这个糟酒的秘密。眼看着赵铭盛已是80余岁的人了，人们担心他的绝技会无人传于后世而绝迹。

糟房老板想了很多感化赵氏的办法，他给赵的子女安排了工作，接着又给买了一套新房，老板还亲自拜赵为师，逢年过节按时给他送礼。特别是当赵盛铭得了一场重病，老板不惜重金，四处请来好医生，使赵的身体很快恢复。糟房老板的真诚终于使赵感动，就献出了“祖传秘方”。按秘方投产后生产出来的酒，果然酒质香醇，不同凡响。

中华人民共和国成立以后，宜宾酒厂在继承传统工艺的基础上，不断改进，在全国评酒会上，三次蝉联“中国名酒”称号。1979年，五粮液酒厂在推广优选法过程中取得了新成果，著名数学家华罗庚先生赠诗云：“名酒五粮液，优选味更醇。省粮五百担，产量增五成。豪饮李太白，雅酌陶渊明，深恨生太早，只能享老春。”

4．洋河大曲

“名酒所在，必有佳泉”。江苏泗阳出产的洋河大曲就是用当地的“美人泉”水酿造而成的。

洋河大曲的生产虽然是沾了名泉好水的光，但酒厂自己也为此总结出了一套独特的酿酒工艺，加之严格的生产管理，使洋河大曲酒有了“福泉酒海清香美，味占江南第一家”的美誉，且经久不衰。据《宿迁县志》记载，清朝的乾隆皇帝在第二次下江南时，曾在此建造行宫，一住就是七天，喝了洋河大曲之后，赞不绝口，并写下了“味甘香醇，真佳酿也”的赞语。

1915年，洋河大曲在全国名酒展览会上获得一等奖，1923年，在南洋国际名酒赛会上，获“国际名酒”称号。中华人民共和国成立后，在第三、第四、第五届全国评酒会上，蝉联名酒称号。如今的“蓝色经典”即其传承。

5．剑南春酒

剑南春酒产于四川省绵竹酒厂，是我国历史名酒之一，迄今已有1200多年的历史了。在唐代，绵竹属于剑南道，绵竹产的剑南烧春为皇帝专享的贡品。相传，年轻时的大诗人李白曾在绵竹“解貂赎酒”，留下了千古佳话。

剑南春酒的前身是绵竹大曲。绵竹大曲在明、清之时已远近闻名。早在20世纪初，就多次荣膺四川名酒称号。中华人民共和国成立以后，在原来大曲酒的传统酿造工艺基础上，通过技术革新，改进工艺和调整原料，酿成了更胜一筹的美酒“剑南春”酒。剑南春不仅酒美，名字也美。

趣味链接

剑南春酒名字的趣闻

20世纪50年代，当时知名的蜀中诗人庞石帚执教于四川大学，常饮剑南春酒。也是庞先生与该酒有缘，有一次与几位忘年交朋友聚会，庞先生用绵竹大曲来招待他们。酒酣耳热之后，几位热血青年觉得此酒味绝好，只可惜名字不甚美，于是怂恿庞先生为之改名。庞先生听了，微笑不答，但却记在了心里。后来，果然绵竹大曲酒厂的领导请庞先生为酒厂题字，于是庞先生就挥毫写下了“剑南春”三个字。

“剑南春”三个字，典雅又含蓄，它指出了美酒是出自剑门雄关之南的天府之国，而“春”字则蕴涵着大地生机勃勃、万物更新的意思，真是妙不可言。在第三、第四、第五届全国评酒会上蝉联国家名酒称号。

6．古井贡酒

古井贡酒产于安徽省亳州古井酒厂，是我国的历史名酒。亳州是我国历史有名的古老都城，是东汉曹操和著名医家华佗的家乡，也是我国著名的酒乡。据史料记载，东汉建安元年，曹操曾向汉献帝上书说，亳州是古老的产好酒的地方，并上表了“九酝酒法”。可见早在东汉时期，亳州已闻名于世。酿古井贡酒用水的井位于亳县西北20公里的“碱店集”，此井据传是南北朝时期的遗迹。据《亳县志》记载，南朝梁武帝萧衍中大通四年（532年），派大将元树屯率军进取亳县城。北魏元帅樊子鹄命独孤将军守江拒敌。两军鏖战多日，最终独孤将军不能克敌，遂激愤而死。后人为纪念这位将军，在战地修了一座独孤将军庙，并在庙的周围挖掘了24眼水井。随着时代推移，岁月久远，大部分井被泥沙淤塞，已夷为平地了。只有4眼水井还完好无损地被保留下来了。由于这一带多属于盐碱地，水味多苦涩，唯独其中一眼水井水质甘甜，适宜饮用，并能酿出香馨醇厚的美酒。1000多年来，人们一直取这口古井的水用来酿酒，“古井酒”便因此得名，并因酒质优美而闻名于世。自明万历年间（1573—1619年）起，在明、清两代的300多年间，均被列为进献皇室的贡品，故又得名“古井贡酒”。中华人民共和国成立以后，古井贡酒在第二、第三、第四、第五届评酒会上蝉联国家名酒称号。

7．泸州老窖特曲

传说有一位年迈的善良的老樵夫，为生活所迫，不得不日日出没于深山老林之间。有一天，正当他气喘吁吁进到山里时，忽见白、黑二蛇正在相斗。白蛇弱小，黑蛇粗大。老樵夫心想，人间强凌弱、大欺小之事，不足为奇，不想蛇等动物中也有这种事，于是就挥斧将黑蛇砍死。等到他返回时，天已漆黑。朦胧中忽见一道光线，眼前出现一座宫殿，一白发白须白袍的长者，自称龙君，在门口迎接，请入殿中，设宴摆酒，临别时赠酒一瓶。老樵夫喝得昏昏沉沉，只觉得天旋地转，头重脚轻，不小心被井栏石绊摔了一跤，怀抱的美酒掉到了井里。老樵夫醒来时，只闻得井中冲出阵阵酒香。从此，老樵夫以此井之水酿酒为生。他酿的酒，清冽甘爽，远近闻名，这就是后来的泸州老窖，而坠瓶之井，就是今日尚在的“龙泉井”。传说不是史实，但在400多年前，泸州确实已有了美酒。至今泸州曲酒厂内还有几个老发酵窖，是400年前的遗存。用这种窖发酵的酒自然就是“老窖”酒了，“泸州老窖”的名称也由此而来。因该酒具有浓郁的芳香，故属于“浓香型”酒。

1953年，泸州老窖酒被评为全国八大名酒之一，以后又连续几次蝉联全国名酒称号。

8．双沟大曲

双沟大曲产于江苏泗洪县双沟镇。双沟地区产酒有着悠久的历史。据载，宋仁宗时，御史唐介被贬，路过泗州，在泗州渡淮河时，留下了《渡淮》诗一首。诗中有两句说：“斜阳幸无事，沽酒听渔歌”。说明诗人在这里买过酒喝。以此算来，双沟镇生产白酒的历史也有千年之久了。据《泗洪县志》记载，苏东坡也曾路过泗州，夜宿泗州时有挚友章使君前来送甘甜美酒对饮，曾有诗记云：“使君夜半分酥酒，惊起妻孥一笑哗”。诗中的“酥酒”无疑就是双沟地区的美酒。

现在这里生产的双沟大曲，其历史可上溯至清朝年间。乾隆初年，有山西贺某来此，发现这里濒临淮河，且傍镇一段河水尤宜酿酒，附近又出产高粱等杂粮，于是就在双沟镇设立了“贺全德糟坊”，将山西的酿酒技艺与当地的条件相结合，酿出的酒香浓味美，传遍全国，名声大振。1963年、1979年，双沟大曲两次被评为全国优质白酒，1984年、1989年两次蝉联国家名酒称号。

9．西凤酒

西凤酒产于陕西省的凤翔、宝鸡一带，历史悠久。据载，先秦时这里就有了酿酒作坊。1986年当地发掘的秦公一号大墓中，就发现了不少酒器。西凤酒以凤翔县柳林镇所产最为有名。柳林镇是一个充满传奇色彩的地方。《列女传》中说，秦穆公的女儿弄玉和她的丈夫萧史，均善吹箫，能作凤鸣。后来夫妻二人吹箫引来龙和凤，双双乘龙跨凤飞升而去。西凤酒的商标上有凤凰图案，据说与此有关。到了唐代，凤翔是西府府台的所在地，称之“西府凤翔”，西凤酒因此得名。

趣味链接

西凤酒的传说

相传，唐高宗时，吏部侍郎裴行俭送波斯王子归国，走到雍县（今凤翔南）西城时，忽见飞舞的蜂、蝶纷纷坠地，空中随风飘来阵阵酒香。主客皆觉惊诧，就命人打听缘由，回报说前边十五里的柳林镇一家酒坊正大兴土木扩建，从地下挖出一逾三百年的酒坛，酒色清碧，香味浓郁。工匠皆因喝了坛子里的酒，一个个醉得不省人事。正是坛中之酒的芳香顺风飘来醉倒了蜂蝶。

传说颇具浪漫色彩，但也说明凤翔美酒确实非同寻常。相传，当年的唐高宗品尝了凤翔酒后连连称赞。从此凤翔美酒的名气越来越大了。到了宋代，大文豪苏东坡任职凤翔，特喜欢当地美酒，在他写的《游凤翔普门寺》诗中就有“花开美酒曷不醉”之赞美。

西凤酒香气清芬，幽雅馥郁，过去人们把西凤酒归为汾酒之清香型，实际上它与汾酒并不一致。它酸而不涩，甜而不腻，因而受到饮者的好评和喜欢。在第一、第二、第四届全国评酒会上被评为国家名酒。

10．孔府家酒

曲阜的酿酒业历史悠久，据史料记载迄今已有2000多年的历史了。而孔府酿酒则始于明代，其酿酒技术大有传承历史上“鲁酒”的古风，但又有孔府独特的风格。孔府里酿造的酒被后人称为孔府家酒，酿出的酒开始专为祭孔使用和自己家人饮用，后因孔府中来往的客人，尤其是达官贵人较多，又逐步转为筵宴饮用。尤其是清朝的乾隆皇帝曾八次到曲阜祭孔，多次饮用孔府家酒，每每连连赞赏酒味美好。有一次，乾隆皇帝高兴之余，还对“衍圣公”说，以后赴京时给朕带上几坛子家酒。因而，孔府家酒在清朝年间还被“衍圣公”带进了宫廷，成为皇室的专用酒之一。由于曲阜西关的小羊羔也很肥嫩，也曾成为贡品，在孔府有“羊羔美酒”之称。中华人民共和国成立以后，尤其是改革开放以来，孔府家酒的酿造技术在挖掘整理的基础上得到了较好的传承，质量也有了很大的提高。现在，曲阜酒厂生产的孔府家酒，酒液晶莹剔透，窖香浓郁，甘美纯正，韵味久长，曾多次荣获国家优质白酒称号。目前，它是我国白酒出口量最大的酒种之一。

四、酒与中国文学

“李白斗酒诗百篇”；

“酒隐凌晨醉，诗狂彻旦歌”……

有谁能够否认，酒这种物质无论是在诗人的生活中，还是在诗人诗歌的创作过程中所产生的奇妙的作用呢？酒在中国不仅仅是一种物质文明，更是一种精神文明，也就是我们所说的酒文化。而这种酒文化与中国的文学和文学创作紧密结合的结果，便有了以酒为主题的文学创作与文学作品，形成了独具特色的“酒文学”。

在我国文明发展史上，这种物质与精神的密切关系，可以说是中华民族饮食文化史上特有的一种现象。酒精具有刺激中枢神经的作用，当人们把酒慢饮低酌的时候，这种刺激作用就会由缓到烈逐渐发生刺激作用，使人的思维逐渐地兴奋起来，而产生创作的灵感。中国历史上几乎所有的文人都与酒结下了不解之缘，由此形成了以饮酒为乐事、以歌咏酒为雅事的文学创作内容，就形成了酒文学。这种饮酒活动与诗文创作过程灵感兴发内在规律的巧妙一致与吻合，使文人更爱酒，也由此留下了无数趣闻轶事，而更值得令人鼓舞的是文人们为此创作了大量的酒诗、酒词、酒歌、酒赋及其他更多形式的文学作品，可谓蔚为大观，成为中国文学创作史上的一大奇观。

1．酒与诗歌

“诗言志，歌咏言”，我国是诗歌的故乡。古今诗歌数量之多，无与伦比。其中酒诗酒歌又占据了诗歌中的相当多的部分，真正的比比皆是，代代有作，传承至今，风格各异。一部中国诗歌发展的历史，有多少叙酒之诗、歌酒之事。从《诗经》的“宾之初筵”里的“酒既和旨，饮酒孔偕。钟鼓既设，举酬逸逸。”到曹操《短歌行》中之“何以解忧，唯有杜康”，从《楚辞》到《全唐诗》，几乎每一篇中都充满了酒的芬芳。酒诗酒歌的诞生，是和我国诗歌的诞生同步的。我国最早的诗歌总集《诗经》也可以说是我国最早的酒诗歌，这些酒诗酒歌大多具有浓郁的时代气息与民间风格。秦汉魏晋南北朝是我国酒诗酒歌的繁荣时期，其风格多有忧郁激昂、悲凉慷慨的特点，最有代表性的是曹操的《短歌行》。歌云：“对酒当歌，人生几何？譬如朝露，去日苦多。慨以当慷，忧思难忘。何以解忧，唯有杜康……”其悲壮慷慨激昂之情与美酒交织成一幅别开生面的人生画卷。唐诗在中国诗歌发展史上的辉煌地位，是无与伦比的，唐代诗人之多，吟诗数量之众，都达到了最高峰。其中有关酒的诗歌，更是别具一格，其特点是豪放英发，深情绵绵。杜甫、李白、王绩、陈子昂、王勃、王之涣、王昌龄、王维等都写下了不计其数的酒诗。宋朝以来，诗的成就不是太大，酒诗酒歌数量也较少，但其特点还是比较明显的，多是悲愤豪放或浮艳绮靡之作。近代有关酒的诗歌也不乏豪放雄壮之情，因为作者多借以诗歌抒发大无畏的革命精神与情操。

2．酒与词赋

词，在古代是一种配乐而歌唱的抒情诗体，其兴起与音乐有着直接的关系。酒词则是以酒为内容或借酒抒情遣兴的词，最早是社会名流、文人学士、帝王官宦在楼阁舞台上饮酒吟诗，聆听清歌妙曲时作为自娱或欢娱宾客的文字游戏，但在其发展过程中不断提高，成为我国独树一帜的酒词。据现存的词中，大约最早的酒词当属隋炀帝的《望江南·御制湖上酒》；而最有名的酒词当属大文豪苏东坡的《水调歌头》"明月几时有，把酒问青天。不知天上宫阙，今夕是何年"的词。不过，词发展到了宋代，出现了波澜壮阔的局面。正如《宋词鉴赏辞典》中所说："由单纯的小令，繁衍为八百余调、二千三百余体的形式，使之更适于表现复杂曲折的感情与生活"。

词之外，还有酒赋。赋是我国文体中的一种，源于《诗经》的六义之一的"赋"，发展至汉朝成绩最高，故有"汉赋"之称。赋兼具诗歌与散文的性质，因而易于咏物说理，而酒赋尤富有抒情色彩。由于赋最易于咏物抒情，因而，在我国文学史上出现了独具一格的酒赋。仅直接以《酒赋》为名的篇章就有扬雄、曹植、王粲、袁松山、吴淑等文传世。但最有影响力的还是欧阳修的《醉翁亭记》，那种"醉翁之意不在酒，在乎山水之间也。山水之乐，得之心而寓之酒也"的意境，为多少后生追求的生活目标。

第二节　中国茶文化

我国是茶的故乡。从发现茶的药物作用到今天茶成为世界性的饮品，是经历了一个漫长的发展过程的。我国的先民们运用他们的勤劳和智慧，在长期的生产与生活过程中，积累了丰富的种茶与制茶的经验，培育出了诸多茶种，其中仅名茶品种就多达数百种。如今，茶已经成为我国人民日常生活中不可缺少的饮品。古人所谓"开门七件事，柴米油盐酱醋茶"的生活总结，就充分反映了茶在我国人民生活中的地位。

一、中国茶的起源与发展

1．茶的起源

我国有着悠久的饮茶、制茶的历史。那么，茶起源于何时呢？

根据历史学家与植物学家的研究表明，茶树属于双子叶植物山茶科山茶属，起源于距今7000多年前。毫无疑问，世界上最早的茶树是野生植物。后来，当我们的祖先们首先发现了茶的药用与食用价值后，尤其是随后又逐渐发现了茶的饮用价值后，野生的茶树才在人们的有意培育、驯化与人工杂交中，逐渐成为人类今天丰富的茶树资源，并成为我们今天所广泛饮用的饮品——茶。

中国是茶的故乡，茶树的原产地就在我们中国，这一点已被世界茶学界所公认。大量的历史资料和学者们的研究表明，茶树的原产地在我国的西南地区，具体地说是在我国的云南、贵州、四川地区。这里气候温暖，一年四季雨量充沛，温和而潮湿的地理环境特别适合茶树的生长。在目前世界上发现的近300种茶树中，我国就有260余种，仅西南三省就有100余种。大量山茶科植物在西南地区的集中发现，足以证明我国是茶的原产地。

早期的茶，是药食兼用的植物。茶之所以被认为起源于西南地区，并从西南地区流传到全国，也是有历史依据的。清人周蔼联在《竺国纪游》中说："番民以茶为生，缺之必病"。我国的巴蜀地区，古传为瘟疫疾病多发的"烟瘴"之地，所以这里的人们就养成了以嗜好辛香来抵御潮湿的环境，以煎熬茶汤饮用以解毒祛瘴。这样一来，饮用茶的时间长了，茶叶的药用意义逐渐在减弱，而成为生活中必需的饮品意义在逐渐显现，茶于是成了一种饮料。这种演变过程在时间上是没有严格的界限的。饮茶风气之兴，大约始于我国的唐朝，而在唐朝以前连"茶"字都没有出现过（至少从目前发现的现存史料中是这样）。在我国最早的字书《尔雅》中有"荼"字，晋人郭璞在《尔雅注疏》中说："树小如栀子，冬生叶可煮作羹饮。今呼早采者为荼，晚取者为茗。一名荈，蜀人名之苦荼。"明确提出《尔雅》中的"荼"就是指当时人们当作羹饮的普通的茶，而且与我国的西南地区有关。其他一些较早记载饮茶的历史资料，如《僮约》《华阳国志》等所反映的均是我国西南地区饮茶的史实，这就从另外的角度证明我国西南地区是茶的原产地。

饮茶在我国有着古老而悠久的历史，从识茶到后来的食茶、饮茶，经历了数千年的历史。唐以前的典籍资料中，偶尔有关于茶的记载，但都是一鳞半爪，而且常常是语言简略。真正系统完整并且比较科学的介绍茶的书，是我国唐代人陆羽所作的《茶经》。《茶经》是我国也是世界上第一部茶学专著。

中国茶文化的形成，几乎可以认为是以陆羽的《茶经》的出现为标志的。陆羽是唐玄宗时复州竟陵（今湖北省天门市）人，民间称他为"茶神""茶圣"。陆羽在青年时代就对茶产生了浓厚的兴趣。他为了广泛调查茶叶的生产制作情况，曾坚持多年进行实地考察，走遍我国南方茶区。经过他的不懈努力，最终完成了这部著名的茶学著作《茶经》。《茶经》是一种独特的文化创造，它把人们的精神境界与物质生活融为一体，突出反映了我国文化的特点。可以这样讲，陆羽的《茶经》，不仅奠定了中国茶文化的基础，而且开辟了一个新的文化领域。陆羽在《茶经》中不仅系统地介绍了茶的起源、茶的历史、茶的生产经验、烹饮过程等，而且还首次把我国人民普通的饮茶活动当作一种艺术过程来看待，创造性地总结出了烤茶、选水、煮茗、列具、品饮等一套完整的中国饮茶艺术。《茶经》的伟大之处更在于陆羽首次把"精神"贯穿于茶事之中，强调茶人的品格和思想情操，把饮茶看成是一种进行自我修养、锻炼意志、陶冶情操的方法。《茶经》是唐以前有关茶史、茶事、茶艺的辑录与总结，是我们今天研究茶科学、茶文化的一部最为重要的文献。

趣味链接

陆羽降生的故事

据史料记载，陆羽是个弃儿，史称“不知所生”。关于他的身世有这样一个传说：陆羽诞生于湖北省的竟陵（今湖北天门）。当地有一个寺院叫龙盖寺。有一天，寺院的智积禅师清晨散步时，忽然听见一阵大雁的叫声，循声寻去，见有几只大雁正用自己的羽翼护卫着一个幼小的婴儿，禅师遂将婴儿抱回寺中抚养，并用《易经》卜之，为他取名陆羽。《茶经》是陆羽用一生精力与心血写成的一部茶叶专著。它系统地介绍了茶的起源、历史、生产、烹饮、用具等，是世界上最早的一本研究茶的科学著作。

2. 饮茶与制茶

茶叶最早被我国先民利用，是因为发现了它的药用价值。我国把这一阶段称为生吃药用时期，主要以咀嚼茶树的鲜叶，取其叶汁，以使茶叶发挥不同凡响的解毒作用。这个时期在距今4700多年前。因为人类受到季节、交通工具、地域等因素的影响，不能随时随地地采到茶叶，有时见到了却没有用，有时需要却又采不到。如果把新鲜的茶叶存放起来又容易腐烂发霉，于是人们就把茶叶用太阳晒干，这就是最早茶叶加工的方法。新鲜的茶叶是可以直接嚼食的，而干的茶叶不易下咽，而且干吃下去的解毒效果较慢，渐渐地人们又总结出了加水煮熟来吃。

自茶的药用价值发现后，到后来成为饮用品，又经过了一个漫长的过程。饮茶究竟是从什么时候开始的，因为受历史资料的限制，至今学术界仍有争议。顾炎武在《日知录》中说：“自秦人取蜀而后，始有茗饮之事”。这就是说，茶作为饮料之用，大约在先秦时已在局部地区流行。这在《尔雅注疏》中也有论证。晋人常璩在《华阳国志》中也记载了许多茶事，其中谈到周武王伐纣时，巴蜀等地小国所进贡的物品中就有茶叶，这说明在周朝初期，茶叶已经被作为珍贵的物品来看待，也说明在此之前巴蜀地区的人们已经开始用茶，但是否作为饮品，则不得而知。

在现存的文献中，西汉人王褒有一部买卖奴隶的契约《僮约》流传下来，其中有“武阳买茶”“烹茶尽具”的记载。武阳是四川的地方。“武阳买茶”说明当时已有了茶叶市场和茶叶的买卖交易，“烹茶尽具”说明当地人的饮茶已十分讲究，不仅茶要煮熟，而且茶具要洗涤干净。看来，至迟在西汉时，巴蜀地区的人们已经把茶视为极为讲究的饮用之品了。《三国志·吴志》中有以茶代酒的故事，说明在三国时，茶作为饮料已开始向西南以外的地区不断传播。而在其后的发展中，茶也逐渐由上层人物贵重物品开始向平民百姓普及。《广陵耆老传》中有：“晋元帝时，有老姥每旦独携一器茗，往市鬻之，市人竞买”的记载。这已类似今天街头出售的大碗茶，已经演变成了普通的饮料。

唐朝，随着茶叶的生产进一步扩大及佛家寺院饮茶之风的盛兴，茶作为一种普通的饮料已经在我国各地大为普及。《封氏闻见记》中记录说：“南人好饮之，北人初不多饮。开元中，泰山灵岩寺有降魔师，大兴禅教。学禅，务于不寐，又不夕食，皆许其饮茶，人自怀挟，到处煮饮，从此转相仿效，遂成风俗。自邹、齐、沧、棣，渐至京邑，城市多开店铺，煎茶卖之，不问道俗，投钱取饮。其茶自江淮而来，舟车相继，所在山积，色额甚多”。看来，唐朝以后，整个中原地区的饮茶之风也和南地相仿，不仅佛门弟子广为饮用，而市场上以卖茶为生、方便来往客人的茶摊更是遍布城镇。到了宋代，北方不仅广为饮茶，各地也出现了茶市，茶坊更是随处可见，这在史料中多有记载。元、明、清时代，茶叶生产在我国更加繁荣，随着明清以来对外贸易的扩大，茶叶的出口也逐渐增加，先是英国、荷兰、法国等欧洲国家，其后美洲、非洲的一些国家也开始饮用。进入19世纪以来，茶叶已经几乎遍及全球。

好茶不仅源于好的树种，也离不开制茶技术。早期的茶叶是利用太阳自然晒干的，没有技术可言。大约到了三国时期，人们开始把茶制成饼。将新采来的鲜茶叶用米膏调制成团，做成饼形，经过烘烤或晾晒，就成了可以长期保存的茶饼，这可以说是我国制茶工艺的开端。饮用时，将茶饼碾成细末，再煮作羹饮。到了唐代，这种制茶工艺得到了进一步的完善，到陆羽作《茶经》时，他根据饼茶的外形色泽，将饼茶分为八等，可见当时饼茶的制作是十分讲究的。此时，除饼茶外，还有粗茶、散茶、末茶等。散茶是一种蒸青后不捣碎、不压饼用烘干的方法制成的，大部分散茶后来都成了名茶。不过，在当时却是以饼茶最为珍贵。

唐代以后，制茶技术不断发展改进。唐宋年间，随着宫廷需要量的增加，进奉贡茶已成为当时的一种风尚。贡茶的兴起，为茶的制作提供了更好的条件。宋代的制茶中，以片茶、散茶最为丰富。片茶实际上就是唐代的饼茶，不过因为宋代的制茶技术更为先进，制成的饼茶小巧玲珑，饼面还有各种美丽的图案，图案以龙凤多见，因之又称为龙凤茶，被宋徽宗称为“龙凤团饼，名冠天下”。其中尤其以一种小龙凤饼最为精致，一斤小龙团可值二两黄金，因而一般人是见不到的。宋代以后，散茶代替饼茶，在制茶中占据了主要地位。到了明代，散茶的生产在皇室的直接影响下，大为盛行。茶叶的杀青技术也由蒸青改为烘青、炒青。同时，绿茶、黄茶、白茶、红茶、黑茶这些基本茶类已经出现。到了清代，乌龙茶的出现，与以上五大茶类一起，构成了我们今天所饮用的六大基本茶类。

二、中国茶的种类

中国的茶叶种类很多，现根据GB/T 30766—2014《茶叶分类》等为依据制定发布的“国际标准ISO 20715：2023《茶叶分类》”为参照，我们把茶叶分为六大类。

1. 红茶

红茶，属于全发酵类茶叶，因干茶色泽、冲泡后的茶汤和叶底以红色为主而得名。红茶是以茶树新芽叶为原料，经萎凋、揉捻、发酵、干燥等典型工艺过程精制而成。红茶具有红茶、红汤、红叶和香甜味醇的特征。我国红茶品种主要有祁门红茶、政和工夫、闽红工夫、坦洋工夫、滇红工夫、九曲红梅、宁红工夫等，以祁门红茶最为著名。

2. 绿茶

绿茶，属于未发酵类茶叶，绿茶是指采取茶树的新叶或芽，未经发酵，经杀青、整形、烘干等工艺而制作的饮品。其制成品的色泽和冲泡后的茶汤较多地保存了鲜茶叶的绿色格调和鲜叶内的天然物质，其中茶多酚和咖啡碱保留鲜叶的85%以上，叶绿素保留50%左右，维生素损失也较少。我国绿茶品种主要有西湖龙井、洞庭碧螺春、黄山毛峰、信阳毛尖、庐山云雾、六安瓜片、太平猴魁等。

3. 青茶

青茶，即乌龙茶，属于半发酵类茶叶。品种较多，是中国几大茶类中，独具鲜明中国特色的茶叶品类。青茶是经过采摘、萎凋、摇青、炒青、揉捻、烘焙等工序后制出的品质优异的茶类，成品品尝后齿颊留香，回味甘鲜。我国主要的青茶有安溪铁观音、武夷岩茶、凤凰水仙等。

4. 黄茶

黄茶，属于轻发酵类茶叶。黄茶按照鲜叶老嫩芽叶大小又分为黄芽茶、黄小茶和黄大茶。黄芽茶主要有君山银针、蒙顶黄芽、霍山黄芽、远安黄茶等。

5. 白茶

白茶，属于微发酵茶叶，是一种采摘后，不经杀青或揉捻，只经过晒或文火干燥后加工的茶。具有外形芽毫完整，满身披毫，毫香清鲜，汤色黄绿清澈，滋味清淡回甘的品质特点。常见白茶有白毫银针、白牡丹等。

6. 黑茶

黑茶，属于后发酵类茶叶。黑茶因成品茶的外观呈黑色，故得名。传统黑茶采用的黑毛茶原料成熟度较高，是压制紧压茶的主要原料，主产区为广西、四川、云南、湖北、湖南、陕西、安徽等地。代表品种有普洱熟茶、安化黑茶等。

以上是按茶的发酵工艺划分的。绿茶为不发酵的茶，发酵度为零；黄茶为微发酵的茶，发酵度为10%～20%；白茶为轻度发酵的茶，发酵度为20%～30%；青茶为半发酵的茶，发酵度为30%～60%；红茶为全发酵的茶，发酵度为80%～90%；黑茶为后发酵的茶，发酵度为100%。

如果按茶的出产季节可分为春茶、夏茶、秋茶和冬茶。春茶是指当年3月下旬到5月中旬之前采制的茶叶。春季温度适中，雨量充沛，再加上茶树经过了半年冬季的休养生息，使得春季茶芽肥硕，色泽翠绿，叶质柔软，且含有丰富的维生素和氨基酸。不但使春茶滋味鲜活宜人且富有保健作用。夏茶是指5月初至7月初采制的茶叶。夏季天气炎热，茶树新梢芽叶生长迅速，使得能溶解茶汤的水浸出物，特别是氨基酸等含量减少，使得茶汤滋味、香气多不如春茶强烈，由于带苦涩味的花青素、咖啡因、茶多酚含量比春茶多，不但使紫色芽叶色泽增加，而且滋味较为苦涩。秋茶就是8月中旬以后采制的茶叶。秋季气候条件介于春夏之间，茶树经春夏季生长、新梢芽内含物质多少不一，叶底发脆，叶色发黄，滋味和香气显得比较平和。冬茶大约在10月下旬开始采制。冬茶是在秋茶采完后，气候逐渐转冷后生长的。因冬茶新梢芽生长缓慢，内含物质逐渐增加，所以滋味醇厚，气味比较浓烈。

按茶叶的生长环境还可分为平地茶和高山茶。平地茶芽叶较小，叶底坚薄，叶面平展，叶色黄绿欠光润。加工后的茶叶条索较细瘦，骨身轻，香气低，滋味淡。高山茶由于环境适合茶树喜温、喜湿、耐阴的习性，素有高山出好茶的说法。随着海拔高度的不同，造成了高山环境的特点，从气温、降雨量、湿度、土壤到山上生长的树木，这些环境对茶树以及茶芽的生长都提供了得天独厚的条件。因此高山茶与平地茶相比，高山茶芽叶肥硕，颜色绿，茸毛多；加工后叶片条索紧结，肥硕，白毫显露，香气浓郁且耐冲泡。

三、中国名茶

在我国的名山大川之间，有着广大辽阔的产茶区。悠久的产茶历史、丰富的茶树资源、长期的茶树种植，造就了我国拥有丰富的茶叶种类的优势，其中著名的名贵茶叶品种就有数百种之多。

绿茶中如西湖龙井、碧螺春、六安瓜片、黄山毛峰、庐山云雾、顾渚紫笋、信阳毛尖、南京雨花茶等；红茶中则有祁门工夫、宁红工夫、滇红工夫；乌龙名品如武夷岩茶、武夷四大名丛、铁观音、永春佛手等；白茶有银针白毫、白牡丹等；黄茶如君山银针、蒙地黄芽等；黑茶则有六堡散茶、普洱茶等。其他的还有沱茶、普洱方茶、竹筒香茶及各色花茶等，可谓中国名贵茶种不胜枚举。下面选其典型者加以简单介绍。

1．西湖龙井

西湖龙井是绿茶中最著名的茶种之一，产于浙江省杭州西子湖畔的西湖龙井，在绿茶中可算得上是首屈一指的。杭州西湖的群山之间，气候温湿，风调雨顺，云雾丰沛，非常适合茶树的生长。龙井茶的采摘时间及制茶工艺都十分讲究，要求采摘时间早，芽叶嫩，采制勤。尤其是清明前采的“明前茶”和谷雨前采的“雨前茶”十分名贵，有“雨前是上品，明前是珍品”之说。龙井的芽叶非常讲究，只有一个芽叶的称为“莲心”，一芽一叶的叫作“旗枪”，一芽二叶的称为“雀舌”。龙井茶的生产历史悠久，最早在唐代陆羽的《茶经》中已有记载，宋代已将这里出产的茶叶列为贡品。清朝乾隆皇帝下江南时，曾亲临西湖，品尝过龙井茶，饮后赞不绝口，遂将西湖边胡公庙前的十八棵龙井茶树封为御茶。从此，龙井茶之名声大振。传统的西湖龙井有狮峰、龙井、王云山、虎跑泉四个产地，其中以龙井风味的声誉最佳。冲泡后的龙井茶色泽新鲜碧绿，芽叶分明，一旗一枪簇立杯中，观之玲珑剔透，茶汤犹如玉液，闻之清香四溢，沁人心脾。

2．碧螺春

碧螺春产于江苏省太湖边的洞庭山，是我国名茶种类中的珍品。江苏苏州太湖边的洞庭山，分为东西两山。这里土质肥沃，气候温和湿润，雨量充沛，是茶树生长的最佳环境之一。碧螺春茶区别于其他茶的主要特点是种植时，茶树与果树间种，即茶树与桃、杏、李、梅、柿、石榴等交错种植。茶树发芽长叶时能充分吸收其他果树的各种香气，茶吸果香，陶冶熏染出了茶树天然的花果清香。而且长时间的茶果间种，使茶树果树枝丫相连、根脉相通，茶树能够有效地吸收果树的营养素，对人体是十分有益的。碧螺春的采摘也讲究早、嫩、勤、净。一般是清明前开采，谷雨结束，尤以明前茶最为珍贵。上好的碧螺春，每500克有6万～7万个嫩芽，可见茶叶之细嫩。冲泡后的碧螺春其色由清淡至翠绿再到碧绿，其初由幽香至芬芳再到馥郁，清新淡雅，醇厚味甘，余味久久。

3．黄山毛峰

在我国著名的名山胜地中，黄山以其山势险峻、气象万千而独具盛名。古人有“五岳归来不看山，黄山归来不看岳”之说。名山秀水，地杰物华，优良的地理环境孕育了优质的绿茶名品，产于安徽黄山的毛峰茶，以其细嫩匀齐，叶片表面身披银毫而著称，故名毛峰。黄山毛峰是毛峰茶中之极品，是我国十大名茶之一。黄山产茶历史悠久，在明代以前就已经很有声誉，清代中的史料多有所载。黄山毛峰开采于清明前后，采摘时芽叶鲜嫩，形同雀舌，峰毫显露，大小匀称。冲泡后汤色清澈，香味醇厚，风格高雅。

4．庐山云雾

庐山云雾茶因为出产于山势巍然、云雾缭绕的庐山而得名，由于品质超群，早在宋代就被列入了宫廷贡品。庐山种植茶的历史远可追溯到汉朝，佛教的传入，使庐山这个地方一度僧侣云集，东晋时庐山已经成为佛教中心之一。据史料记载，当时的名僧慧远就曾在这里一面讲佛，一面种植茶叶。唐朝时，庐山出产的茶叶已经很有名，宋朝时的许多诗词中对庐山茶都有表述。到了明代，庐山云雾有了确定的名称。庐山茶得益于庐山优越的生态环境，含有丰富的蛋白质、维生素等营养成分，冲泡后芳香馥郁，味美醇厚，汤色清明而鲜艳，观之饮之，无不令人回味无穷。

5．信阳毛尖

信阳毛尖产于我国河南省信阳市，是我国极为少数出产在北方的名贵绿茶之一。据说信阳毛尖已有2300多年的历史了，为我国十大名茶之一。信阳毛尖又称“豫毛峰”，其产区主要分布在信阳西部的山区之间，这里山势险峻，层峦叠嶂，溪水流云，遍布山间。肥沃的土壤环境适合茶树的生长，为信阳毛尖的生产创造了优良的天然条件。信阳毛尖的外形紧细，多白毛，内质清香，饮后唇齿留香。

6．滇红工夫

滇红工夫是产于我国云南省的一种大叶种类型的工夫茶，以其外形肥硕、香味浓郁、金毫显露的风格品质而独具一格，是我国著名的红茶佳品。云南作为世界上最古老的茶的故乡，滇红工夫的生产却相对晚一些，距今只有不到百年的历史。但滇红工夫在20世纪30年代一经出口英国等国，即产生了重大影响，甚至被英国女王视为珍品。20世纪50年代后，红茶在云南开始大量生产，其中滇红工夫茶就占了总产量的20%。云南的主要茶区被科学家认为是“生物优生地带”，这里山峦起伏，雨量常年丰沛，尤其是土地的腐殖物丰富，为红茶生产提供了得天独厚的条件。与绿茶的紧细鲜嫩不同，滇红工夫肥硕健壮，色泽油润乌亮，金毫显露，冲泡后香气鲜醇，味道浓厚。

7．宁红工夫

宁红工夫产于江西省修水县，是我国最早生产工夫茶的名贵品类之一。宁红工夫的生产大约起自清朝道光年间，因修水县、武宁县等古属义宁州，所有出产的红茶被称为宁州红茶，简称宁红。宁红茶的主要产区在江西的西北边缘，这里有两大山脉绵延其间，地势险峻，雨量充沛，土质肥沃，造成宁红茶树根深叶茂、芽叶肥壮的自然品质。宁红工夫茶色泽红润，外形紧结圆直，冲泡后汤色红亮，香味高扬浓郁。其中“宁红金毫”是宁红工夫茶中之精品。宁红工夫茶中还有一个特殊的品种，即束茶，因茶叶酷似龙须而得名龙须茶。它是采用特殊的工艺制成，先选用鲜嫩肥壮的蕻子茶，多为一芽一叶或一芽二叶，萎凋后理齐扎把，用文火慢慢烘干，再用五彩线环绕，扎好后像红缨枪头，五彩缤纷，十分好看。冲泡时抽掉五彩线，但扎把的白线不拆，整个龙须茶犹如菊花一样在碗底绽开，茶色红亮，茶花缤纷，具有很强的观赏价值，誉有“杯底菊花掌上枪”之妙境。

8．武夷岩茶

武夷岩茶是我国传统的乌龙茶，产于我国福建省的武夷山一带。这里风光秀丽，岩峰耸立，四季云雾缭绕，极适合茶树的生长，因为茶树多生长于岩石之间，可谓岩岩产茶，无岩不茶，因此人们把这里出产的茶称为“武夷岩茶”。武夷岩茶历史比较久远，早在唐代就负有盛名，宋时被皇室列入贡茶，清朝时，因武夷岩茶兼具绿茶与红茶的特色，且茶质温和，开始远销海外，并闻名中外。从唐代开始，武夷岩茶在文人的笔下就多有记载和描述。武夷岩茶茶条均匀，色泽呈绿褐色。茶泡后香气浓郁，有兰花之幽香，令人回味无穷。在品饮武夷岩茶时也有讲究，茶具要小巧，易于把玩品味。

9．铁观音

铁观音也是乌龙茶中之珍品，产于福建省安溪县，该茶以其优质味醇而享誉遐迩。铁观音别名红心观音、红样观音，产于安溪县的丘陵低山地带。铁观音原是茶树品种名，因为它适合制成乌龙茶，所以成品的乌龙茶就以铁观音命名。安溪的铁观音一年可采春、夏、暑、秋四次，以春茶最优。成品茶呈弯曲条状，壮结沉实。冲泡后香气持久，滋味甘中带蜜，余香缭绕。

10．普洱茶

普洱茶产于云南普洱，是远近闻名的黑茶名品。它是由优良的云南大叶树种为原料制成的。普洱茶外形肥大粗壮，色泽乌润，茶泡后滋味醇厚。普洱茶被认为是具有保健功能的茶，具有降血脂、减肥、暖胃、助消化、止渴生津等作用。

四、中国茶艺

中国茶文化，首先是一个艺术宝库。中国人不仅喝茶，而且在此基础上又发展出品茶。喝茶为的是解渴，而品茶则把饮茶活动上升为精神和艺术境界。品茶者，不仅含有品评、鉴赏工夫，还包括精细的操作手艺和品茗的美好意境。古人姑且不说，即使今人饮茶，也是非常讲究的。如品茶首先要择器，讲究茶具的古朴还是雅致，追求其美韵，壶要异形，杯要小巧。品茶更要讲究与人品、环境协调，鉴赏茶饮美味的同时，还要领略清风明月、松吟竹韵、梅开雪霁种种妙趣和意境，自然还包括礼仪、礼节、情节、饮规等。其次便是选水、论茶、煮茶等一系列的程序，这就完整地形成了中国独特的饮茶艺术——中国茶艺。

1．识茶

茶在中国人的心目中，乃是天地之间生长的灵物，它生于明山秀水间，与青山为伴，以明月、清风、云雾为侣，得天地之精华，而造福于人类。所以，古代真正的茶人，不仅要懂烹茶待客之礼，而且还能亲执植茶、制作之事，或入深山，访佳茗，探究茶的自然之理。这就是中国茶艺的第一要素“识茶”，古人称为“艺茶”，它包括评茗茶、择产地、采集、制作等内容，都要做到得地、得法、得时。

《茶经》中说：“茶者，南方之佳木也。”“其地，上者生烂石，中者生砾壤，下者生黄土。”这是讲茶树生长的土壤条件。又有：“野者上，园者次；阳崖阴林，紫者上，绿者次；笋者上，牙者次；叶卷上，叶舒次。阴山坡谷者，不堪采掇，性凝滞，结瘕疾。”这讲的是茶的自然环境采摘时机。而这些条件多在我国南部气候温和、环境幽静的名山之中。因而，南方自然多出好茶。所以，选茶就应从重视这种契合自然的条件开始。历史上的名茶，常产生于好山好水间，又得茶人品鉴，假文人传颂。

好茶，还要采摘得时，制作得法。我国自宋朝以来，对采茶的时机要求非常严格。一般以惊蛰为候，至清明前为佳期。晴天以凌晨带露时采之最佳，如果茶被日晒，膏脂被耗，水分不足，精华尽失。采茶用指甲，不用手指，以免被手温所熏染，被汗水所污。茶叶以芽嫩者少者为佳，一芽为莲芯，二芽为旗枪，三芽为雀舌。中国茶艺，在没有进行任何的加工技术之前已经先被人们赋予了一种美的意境。制茶工艺更是好茶的要旨，唐代制茶已经非常讲究，有散茶、末茶、饼茶等种，其加工技术是各有所长的。宋代把饼茶的制作发展到了极致，它是用金银模型压制而成的，精细美观，又称团茶，贡茶则以龙团、凤饼为名。欧阳修在《龙茶录·后序》中记云：“茶为物之至精，而小团又其精者，《录序》所谓上品龙茶者是也，盖自君谟（即蔡襄，字君谟。作者注）始造而岁贡焉。仁宗尤所珍惜，虽辅相之臣，未尝辄赐。惟南郊大礼致斋之夕，中书、枢密院各四人，共赐一饼，……至嘉祐七年，亲享明堂，斋夕，始人赐一饼，余亦忝预，至今藏之。余自以谏官，供奉仗内，至登二府，二十余年，才一获赐。”以欧阳修之职位，20余年才得到皇帝赏赐一饼，可见龙团之精、之贵、之珍。明代以后，则废除饼茶，讲究色、香、味俱佳的散茶。古人制茶既是生产过程，又当作精神享受，是从制茶过程中体验万物造化之理。所以，从茶的命名到制作，皆含规律和美学精神。

2．论水

古来论茶者，无一不重视水品。好茶好水才能相得益彰，相映生辉，否则好茶的神韵必将被劣质的水涤汰走尽。因而，中国茶艺的另一要素便是讲究宜茶之水。关于煮茶用水，唐代的陆羽在《茶经》中早有论述，他认为：“其水，用山水上，江水中，井水下。其山水，拣乳泉、石池漫流者上。其瀑涌湍漱，勿食之，久食，令人有颈疾。又多别流于山谷者，澄浸不泄，自火天至霜郊以前，或潜龙蓄毒于其间。饮者可决之，以流其恶，使新泉涓涓然酌之。其江水，取去人远者。井取汲多者。”在陆羽看来，饮茶之水，首先要远离市井，以减少污染，重活水而恶死水。所以山中乳泉、江中清流就成为首选。而沟壑之水，水流多不畅，故不宜作烹茶之用。唐代张又新在《煎茶水记》中说，李季卿任湖州刺史，行进到扬州偶遇陆羽，便请他上船，直抵扬州驿站。李季卿听说扬子江南泠水煮茶最佳，就派士兵去取。士兵自南泠汲水，不慎上岸时洒了一半，就取了近处的水把罐子补充满。回来陆羽一尝说：“不对，这是近岸水”。又倒出一半，尝之才说：“这是南泠水”。士兵大惊，就如实说明了真相。李季卿折服，随后陆羽口授，列出了天下20处名泉：

江州庐山康王谷水帘水第一；

常州无锡惠山寺石泉水第二；

蕲州兰溪石下水第三；

峡州扇子山蛤蟆口水第四；

苏州虎丘寺石泉水第五；

江州庐山招贤寺下方桥潭水第六；

扬州扬子江南泠水第七；

洪州西山瀑布水第八；

唐州桐柏县淮水源第九；

江州庐山龙池岭水第十；

润州丹阳县观音寺水第十一；

扬州大明寺水第十二；

汉江金州上流中泠水第十三；

归州玉虚洞春溪水第十四；

商州武关西谷水第十五；

苏州吴淞江水第十六；

召州天台西南峰瀑布水第十七；

郴州园泉水第十八；

严州桐庐江严陵滩水第十九；

雪水第二十。

这个对于水品的评鉴标准，是陆羽的个人见解，也有可能并不是陆羽的评定，是他人的伪托。但无论如何，饮茶用水的重要意义充分反映了出来，加深了人们对茶艺中水的作用的认识。自宋代以降，便有了大量的研究鉴别水品的专著。由于不同的茶人的嗜好不同，所处的环境和经历也不同，因而对水的判定标准也就有很大的差别，但其总的标准则是源清、味甘、品活、质轻。

就拿我国著名的“天下第一泉”来说，由于茶人所处的世代、品评的标准等的差异，结果在我国出现了六处：

“庐山康王谷水帘水第一”因为是陆羽认定的，故有“天下第一泉”之称；

“扬子江南泠水”因得到了唐代刘伯刍、宋代文天祥的美誉，被称为“天下第一泉”；

“云南安宁碧玉泉”因得到明人徐霞客与清人杨升庵的赏识，被杨题为“天下第一泉”；

北京的玉泉因乾隆皇帝的验证其水质最轻，被御奉为“天下第一泉”；

山东济南的趵突泉也有“天下第一泉”之称；

四川的玉液泉因有“神水”之称，也有“天下第一泉”的美誉。

除此之外，各地茶人自定的名水就更不必细说了。所以，实际上，究竟谁属第一，实难定论，只有让人们自己去品评了。

3．茶器

早期饮茶的人们可能没有固定的茶具，但大约在汉代以后，人们开始重视对茶具的研究。王褒在《僮约》中有“烹茶尽具”之说，其中的“具”当指饮茶的专用器具。后来尤其是随着唐代饮茶之风的盛行，煮茶、饮茶的专用器具日趋完善，陆羽在《茶经》就开列了20多种专用茶具，这也是茶具发展史上最早、最完善的记载。《茶经》所列主要有以下几类。

①生火、烧水和煮茶器具：包括风炉、承灰、筥、炭挝、火筴、锼（釜）、交床、竹夹等。

②烤茶、煮茶与量茶器具：包括夹、纸囊、碾、罗合、则等。

③提水、滤水和盛水器具：包括水方、漉水囊、瓢、熟盂等。

④盛茶和饮茶器具：包括碗和札。

⑤装盛茶具的器具：包括畚、具列、都篮等。

⑥洗涤和清洁器具：包括涤方、滓方、巾等。

不过，这么多的器具在一般情况下是不全用的，只有正式场合下才能用上。而且，茶具的发展过程中也是经历了不断地更新和完善。如烧煮器，唐宋以前以饼茶为主，要饮茶就先要烧水煮茶，宋代以后，有了少量的散茶，明朝之后饼茶取消，而以散茶为主。饮散茶也需要烧水，但一般不煮茶。因而，其烧水器也就不一样。饮茶器具的变化也是极为明显的，唐代皇室用金属茶具或稀有的琉璃茶碗，而民间多用陶瓷茶碗。从宋代到明朝，饮茶多用茶盏，类似现在的盖碗，但没有盖，有茶托。清朝则以陶瓷茶具最盛，以盖碗为主。近代，则有名目繁多的茶具品类，有陶瓷、玻璃、塑料、搪瓷、金属等。

4．烹制

我国有关烹煮茶的方法大致有如下几种。

①煮茶法：煮茶法是直接将茶放在釜中烹煮，唐代以前盛行此法。一般是先将茶研碎，然后煮水，当釜中水微沸时加入茶末，烧至再沸，也叫二沸，出现沫饽，沫为细小茶花，饽为大花，皆为茶之精品。此时，将沫饽杓出，置熟盂中备用。继续烧煮，茶与水进一步交融，波滚再沸，为三沸，此时将杓出的沫饽浇入釜中，称为“育华”。待精华均匀，茶汤就好了。

②点茶法：点茶法主要流行于宋代。点茶法不直接将茶入釜烹煮，而是先将饼茶碾碎，置碗中备用。以釜烧水，微沸时即冲点入碗，但茶末也同样需要与水交融一体。

③点花茶法：点花茶法是将梅花、桂花、茉莉花等花蕾数枚直接与末茶放置碗中，热茶水汽蒸腾，双手捧定茶盏，使茶汤催花绽放，既美观又增香。

④毛茶法：毛茶法是在茶中加入干果，直接以热水点泡，饮茶食果。此种茶一般是茶人在山中自采自制，自己制备干果，别有风味和情趣。

⑤泡茶法：泡茶法是明清以来运用最广泛的方法，因茶叶种类、地区的不同各有差异。但大体上说来，是以热水激发其茶味、显其色泽、不失其香为要点，浓度则因人、因时、因需而异。

5．品饮

品饮主要讲的是饮茶时的分茶和品饮环境。

唐代以釜煮茶汤，汤熟后用瓢分茶，通常一釜之茶可分五碗，分时沫饽要均匀。宋代的点茶法可以一碗一碗的点，也可以用大汤钵、大茶筅一次点就，然后分茶，分时也要均匀。明清以后，直接冲泡为多，以壶盛之。壶有大小多种，有自冲自泡的小壶，有能斟四五碗的大壶。分茶即便是在民间也是十分讲究的。为使上下精华均匀，烫盏之后往往提壶巡杯而行，好的茶师可以四杯、五杯乃至十几杯巡注几周不停不洒，谓之“关公跑城”，一点一提则叫作“韩信点兵”等。总之，这也是中国茶艺的一部分。

五、文人茶事

饮茶更要讲究环境，因为中国人把饮茶看成是一种艺术。近世的大茶馆、茶社、茶楼等是人多聚饮，形成友好亲切热烈的气氛。而传统的中国茶艺讲究的是清幽典雅之意境。唐代的皎然和尚认为，品茶是雅人韵事，应与赏花、吟诗、听琴等相结合。因而，我国历史上流传着许多有关茶人的韵事轶闻，且不绝于历史典籍中。宋代饮茶环境则因层次不同有很大区别，朝廷重奢侈讲礼仪，民间重友情讲情调，文人则重自然讲雅趣。明清以降，饮茶的环境更为时人所重，尤其看重与大自然的融合之意境。明唐伯虎有《品茶图》一幅，画的是青山高耸，古树杈丫，敞厅茅舍，短篱小草，并题诗云："买得青山只种茶，峰前峰后摘春芽。烹煎已得前人法，蟹服松风朕自嘉。"其品茶心境昭然于世人。

其实，所谓饮茶环境，不仅在景、在物，还要讲人品、事体。翰林院的茶宴文会，虽多礼仪，而不少风雅。文人相聚，松风明月，又逢雅洁高士，自有一番情调。而茶肆茶坊，却少不了欢乐气氛，家中妻儿小酌，茗中透着亲情，好友造访，茶中自蕴敬意。总之，饮茶环境要与人事相协调。

中国历史上，好的茶人往往都是些杰出的艺术家、文学家等。唐代的陆羽、皎然自不必说，五代的陶谷、宋代的苏东坡、苏辙、王安石、欧阳修、徽宗赵佶、元代赵孟頫、明代"吴中四杰"、清代的"扬州八怪"、乾隆皇帝乃至近代的诸多文学大家，都是文化修养很高、艺术造诣深厚的茶人。

应用贴士

中国茶艺的文化艺术内涵

中国人不仅喝茶，而且在此基础上又发展出品茶。喝茶为的是解渴，品茶则把饮茶活动上升为精神和艺术境界。品茶者，不仅含有品评、鉴赏工夫，还包括精细的操作手艺和品茗的美好意境。如品茶首先要择器，讲究茶具的古朴还是雅致，追求其美韵，壶要异形，杯要小巧。品茶更要讲究与人品、环境协调，鉴赏茶饮美味的同时，还要领略清风明月、松吟竹韵、梅开雪霁种种妙趣和意境。中国茶艺包括礼仪、礼节、情节、饮规等，以及选水、论茶、煮茶等一系列的程序，是中国独特的饮茶艺术。

因此，中国人把饮茶品茗称为"茶艺"，并非夸张、吹嘘之词，而确实在烹饮过程中贯彻了丰富的艺术思想，具有很高的美学价值。中国茶艺不仅是我们祖国珍贵文化遗产的一部分，同时，也是中国人民奉献给全世界人民宝贵的文化财富。

本章小结

本章简要地介绍了中国酒文化和茶文化的概况。酒文化和茶文化是中国饮食文化极其重要的组成部分。本章分别从三个方面对酒和茶文化进行了介绍。一是酒、茶的起源与发展；二是对在国内外享有较高声誉的名酒、名茶进行了简介；三是对酒的有关文学和独具特色的中国茶艺进行了简要介绍，使学习者对酒文化和茶文化有一个全面、概括的了解。

讨论与训练

1. 酒文化、茶文化的意义是什么？
2. 酒是怎样被发明创造的？
3. 古代人饮的酒和今天的酒有什么不同？
4. 什么是茶艺，茶艺包括哪些内容？
5. 尝试对我国的“工夫茶”进行表演。

分析与应用

1. 了解名酒、名茶对认识中国传统文化有什么意义？
2. 中国茶艺所要达到的是一种什么样的活动境界？
3. 茅台酒享誉世界，并走向了世界，它在出口外销的过程中仅仅是为了赚取外汇吗？
4. 有条件的话，请茶艺表演大师进行一次茶艺表演，或欣赏日本人的茶道表演。

第6章

中国饮食礼俗文化

▷ 本章内容

1. 中国饮食礼仪。
2. 人生仪礼食俗 。
3. 中华民族食俗与宗教食俗。
4. 传统节日食俗。

▷ 学习目标

学习中国饮食礼仪与饮食习俗，了解并认识中国传统的各种礼仪食俗，包括中华各民族的饮食习俗、人生仪礼食俗、年节食俗，以及现代筵宴饮食礼仪习俗的内容，在了解和掌握中国传统饮食习俗与现代宴饮食俗的基础上，理解中国饮食文化在中国民众生活中的重要地位与意义。

第一节　中国饮食礼仪

一、饮食礼仪概述

中国是闻名世界的四大文明古国之一，素有“礼仪之邦”的美誉。但关于礼仪文明的起源，却有很多种说法。“礼仪”一词，早在我国最早的诗歌总集《诗经》和专门记录礼仪行为规范的《礼记》中就已经出现了。所谓“礼仪卒度，笑语卒获”“优优大哉，礼仪三百，威仪三千，待其人然后行。”不仅说明了中华民族源远流长的礼仪文明，也反映出了中国古代“礼仪”的复杂性和重要性。

《礼记·礼运》上说：“夫礼之初，始诸饮食。”某种意义上说，我国先民的最初礼仪文明行为是从饮食行为开始的。也就是说，人们首先是从吃饭饮水开始来规范自己的行为的，尤其是在食物具有了丰富储备之后。《周易·序卦传》说：“物富然后有礼。”《管子》也有“仓廪实而知礼节”。可见，原始的礼仪是在人们的食物丰富之后，再从人们的饮食习惯开始的。

“民以食为天”几乎是人人皆知的道理，因为人类出于维持基本生命的需求，饮食是人们每天都离不开的行为。但当原始人类在初步摆脱了野蛮时期的生活状态之后，为了使某个范围内的人群能够生存，无论食物多寡，就有了分配意识，并因此诞生了许多规矩，由此也就有了最初的种种的饮食礼仪规范。

随着生产力水平的日益提高，物质文明的结果必然带来精神文明的进步与发达，于是以饮食行为为中心形成了一套完整的礼仪规范。一般来说，饮食礼仪中的“礼”是指在人们的饮食活动中人与人之间逐渐积累起来的礼节礼貌内涵，属于内在的部分；而“仪”则是侧重于饮食行为中的各种仪式议程规则，是一种表现形式，属于外在的部分。内容与形式的完美结合，就形成了中国饮食的礼仪文明。

中国悠久的文明发展史中，饮食礼仪在不同的时期，由于政治、经济、文化程度等的不同，在内容与形式上也有差异性，而且带有明显的时代特征。因此，中国饮食礼仪是研究某个历史时期的社会政治、法律、经济、文化、民俗等具体状况的重要方面，是中国民俗学的主要研究对象之一。

二、中国古代饮食礼仪

在我国古代社会中，礼仪风尚始终是贯穿人们生活的主要内容，从皇室、贵族、达官阶层，到平民百姓，无不遵守有加，从而形成了良好的社会秩序，建立了和谐的人文环境。而在饮食生活中的礼仪规范，同样发挥着应有的社会功能。

1. 三代时期为我国“食礼”奠定了基础

在我国古代的夏、商、周三代时期，饮食礼仪从初创到逐步完善，奠定了我国饮食礼仪的发展基础。夏代由于文字史料的短缺，只能从后世零散的记录中可窥一斑。到了商周时期，就不同了，上至朝廷的军国大政，下至民间的日常饮食，都有了礼仪的要求与规范，特别是在我国的周代，包括饮食礼仪在内的行为规范形成了一套完整而烦琐的体系，并形成了儒家经典《礼记》《仪礼》这些礼仪，被完好无损地记录其中，成为规范上自天子、下至庶民的礼仪制度。其中饮食活动的礼仪文明内容占有重要的地位，甚至饮食礼仪文明极有可能是其他一切礼仪文明的发轫点。《礼记·礼运》说：“夫礼之初，始诸饮食。其燔黍捭豚，污尊而抔饮，蒉桴而土鼓，犹若可以致其敬于鬼神。”这就是说，礼，最初产生于人们通过饮食内容对鬼神的祭祀活动，并逐渐在人们的日常生活中普及开来。可见，原始礼仪是在人们的食物丰富之后，再从人们的饮食习惯开始的。

在我国的商周时期，人们在进食时实行的是分食制。在原始社会里，人们遵循的是对财物共同占有平均分配的原则。氏族内食物是公有的，食物煮熟和烤熟以后，按人数平均分配，一个氏族部落的人们按照尊长、齿序围在火塘旁进餐。这不仅与原始社会平均分食的饮食传统有关，而且与合食所需用具与餐具、肴馔品种的发展等因素有关。

早先，人们的进餐完全是席地而坐，席地而食，并形成了习惯，后来有了进步，用石板铺垫并后来发展到有专用俎案而食。这与当时无桌椅餐具以及大多数房屋较为低矮窄小有关。席地而食有一定的礼节，如座席要讲席次，主人或贵宾坐首席，称“席尊”“席首”，余者按身份、等级依次而坐。座席要有坐姿，要求双膝着地，臀部压在足后跟上。如是两腿分开平伸向前，上身与腿成直角，形如簸箕，则是一种不拘礼节，很不礼貌的坐姿。这一时期，人们的进食方式可以说是手抓与用筷子、匙叉进食并存。

趣味链接

殷纣王使用象牙箸

《韩非子·喻老》：“昔者纣为象箸而箕子怖。”殷纣王制作了一双象牙箸，忠臣箕子看到后很惊惧，他认为殷纣王有了象牙箸就会思谋犀玉杯，有了象牙箸和犀玉杯后当然就不可能用这两样珍贵的食具吃普通饭菜了，必然追求牦牛、象和豹胎等美味；能够吃到这些美味，当然也就不可能节衣缩食，住在茅屋里；那么紧接着就会追求锦衣高台，必然要搜刮民脂民膏，为祸百姓。“故箕子见象箸以知天下之祸”，最终不幸被他言中。

在三代时期，统治阶级为了维护自己的利益，对各阶层的饮食就有明显的等级差别规定，周代时，“鼎”是代表人们身份之物，西周时，天子用九鼎，鼎实为牛、羊、猪、鱼、腊、肠胃、肤、鲜鱼、鲜腊，称太牢。诸侯用七鼎，鼎实为牛、羊、猪、鱼、腊、肠胃、肤，称大牢。大夫用五鼎，鼎实为羊、猪、鱼、腊、肠胃，称少牢。士用三鼎，鼎实为猪、鱼、腊。

按照周礼，当时各等级的官员在饮食上是有着严格的礼仪规定的，任何人不许僭越。《周礼》记载周天子举行宴会时：“凡王之馈、食用六谷，膳用六牲，饮用六清，羞用百有二十品，珍用八物，酱用百有二十瓮。”通过食品菜肴的数量和档次来显示天子至高无上的地位。天子以及达官贵族其饮食生活是如此的奢侈，而平民庶人则被称为“蔬食者”，只能食“犬彘之食”，黎民百姓是几乎与肉无缘的，可见饮食生活水平之低下。

在我国的商周时期，筵宴非常发达，筵席礼仪也非常完整。《仪礼》和《礼记》中所记述的“乡饮酒礼”主要发生在西周乡民之间，王府贵族的筵宴则有“燕礼”和“公食大夫礼”。“燕”通“宴”，因此“燕礼”即“宴礼”。“燕礼”就是国君宴请群臣之礼。燕礼中使用的餐具饮器、菜肴点心、饮料果品之类，均因地位的不同而有差别。“燕礼”往往与“射礼”联合举行，先行“燕礼”，而后行“射礼”。西周初年以武立国，十分注重射礼。据《礼记·射义》载有：“古者诸侯之射也，必先行燕礼。”射礼就是在宴饮后进行比赛射箭，“燕射礼”反映了西周王室宴会礼仪的基本情况。

即便是民间举行的“乡饮酒礼”，宴饮不仅有规格，而且有许多礼数，不是随便乱来的。《礼记·王制》记载说：“凡养老，有虞氏以燕礼。燕者，肴蒸于俎，行一献之礼，坐而饮酒，以至于醉。夏后氏以飨礼，飨则体荐而不食，爵盈而不饮。殷人以食礼，食礼者，有饭有肴，虽设酒而不饮，其礼以食为主，故曰食。周人修而兼用之。”

商周饮食礼俗中还有的一个重要内容，就是在进餐之前要进行祭祀仪式，就是餐前祭礼。在当时一般有点地位的家庭大抵如此，人们在进餐前，都要用食物来荐祭祖先和神祇。这在西周时已成为一种饮食制度。《周礼·天官冢宰·膳夫》云：“膳夫授祭品。”郑玄在注《礼记·曲礼上》也说：“祭先也，君子有事不忘本也。”孔子也主张餐前祭祀先人。商周时进餐之前礼祭祖先和神祇的礼俗，对后世产生过较大的影响，并一直在古代中国传承着，至今每年农历三十晚上，广大农家一如古代餐前祭礼那样，在供桌上摆满了各色各样的美味食物，虔诚地向自己的先祖和各方神灵进行祭祀。

2．我国古代的筵宴形式与食礼

我国先民自原始社会起，无论是众人围塘火而坐，还是商周时期的各种筵宴活动，都是把食物分给每个人，人手一份，分而食之。直至汉唐时候甚至有了几案，也是每人一几或一案，几案上摆满了美馔佳肴，筵宴活动一直盛行的是分餐制。据研究成果表明，我国筵宴由分餐形式向合餐形式的转变大约始于唐代后期，经过了一段时间的演变和改进，直至宋代才逐渐普及开来，并延续至今。

从目前所发掘出的汉墓壁画、画像石和画像砖上，可以看到汉代时候的人们聚餐是席地而坐、一人一案或一几的宴饮场面。尤其是在《史记·项羽本纪》中所载的“鸿门宴”，几乎是人人知道的，书中记录的也实行的是分餐制。在宴会上有项王、项伯、范增、刘邦、张良等一人一案，每案上的食物菜肴几乎相同，分别摆放在各自的面前取食，是一种典型的分餐而食的形式。

魏晋南北朝以后，随着我国北方少数民族进入中原地区，当时由于受到“胡人”生活习惯的影响，引起了饮食生活方面的一些新变化。床榻、胡床、椅子、凳子等坐具相继问世，逐渐取代了铺在地上的席子。到了隋唐时，各种各样的桌、案、椅、凳等家具新变化与普遍性的流行使用，达到了高潮。现在，我们可以从传世的宋代人所画的《韩熙载夜宴图》中，了解到当时人们宴饮的情形。人们把各种桌、椅、屏风和大床等陈设在室内，聚餐人完全摆脱了席地而食的老习俗。由于使用座椅举宴或进餐身体非常舒服，于是使用桌椅的聚餐活动大为流行，并且形成了新的宴饮习惯，人们围坐一桌进餐也就顺理成章了，直至宋末明初“八仙桌”的出现，大大促进了由分餐制逐渐向合餐制的转变。但至少在两宋时期，筵席的分餐形式仍然与合餐制同时存在。在宋代，社会经济的发展，饮食市场的繁荣，名菜佳肴的层出不穷，围桌合食不可阻挡，合餐制逐渐普及。

无论分餐还是合餐，筵席的礼仪规矩是不可缺少的，要求是表现在筵席的座次方面。在筵席座次的安排上，我国向来有以东为尊的传统。此礼俗在先秦时已经形成，在《仪礼·少牢馈食礼》和《仪礼·特牲馈食礼》中可以看到这样一种现象。在《史记·项羽本纪》中记载：“项王、项伯东向坐，亚父南向坐。亚父者，范增也。沛公北向坐，张良西向侍。”也反映的是以东方位为尊的礼仪习俗。不可一世的项王，当仁不让坐在上位，项伯是他的叔父，不能低于他，与他并排东向坐。范增是项羽的重臣，又称其为亚父，自然在刘邦之上。而此时由于刘邦的军事实力尚不足以与项羽抗衡，所以只有屈居下位，而刘邦的谋臣张良“西向侍”，是一个陪席末位的位子。

在我国古代的建筑格局中，无论是官衙府邸，还是一般平民家庭居室，都要有一个居于家中间位置的厅堂或是正屋。一般民间住室的正屋，也称“堂屋”。堂是古代宫室或民居的主要组成部分，它位于主要建筑物的前部中央位置，坐北朝南。堂用于举行典礼、接见宾客和饮食宴会等，古人在堂上举行宴饮活动时，大多以面南为尊。如《仪礼·乡饮酒礼》中，堂上席位的次序是：主宾席在门窗之间，南向而坐；主人在东序前，西向而坐；介（陪客）则在西序前，东向而坐。清人凌廷堪《礼经释例》中说：“室中以东向为尊，堂上以南为尊。”这是就一般情况而言的。其实，在我国不同的时期、不同的地区筵宴中的宾客之位（尊位），也是不尽相同的。古人以堂为中心的两侧居室叫室，而室有东室、西室之别，筵宴在不同的室举办，客人的尊位也是不一样的。

在我国的明代以前，一桌筵席的人数没有一定的规定或限制，自明代流行八仙桌以后，一席人数一般为8位。但不论人数多少，均按尊卑顺序设席位，席上最重要的是首席，待首席者入席后，其余的人方可入席落座。中国筵席按入席身份排座次的礼俗影响深远，至今沿袭不改，民间婚嫁喜庆筵席尤其如此。

除了座位，筵宴中的各项礼仪还有许多，如菜肴的摆放与顺序、进食的先后顺序等无不规定有加。如《礼记》中对进食礼仪就有着详细的记载。《礼记》是儒家经典，相传为西汉戴圣所编，书中所记录的饮食行为规范带有一定的汉代色彩，为后世所遵循，并成为一种礼俗。例如上菜时，《礼记·少仪》中说："羞濡鱼者进尾，冬右腴，夏右鳍，祭膴。"大意是如果鱼是烧制的，以鱼尾向着宾客；但冬天时鱼肚要朝向着宾客右方，夏天则鱼脊朝向着宾客右方。此习俗在民间沿袭至今，所以民俗有"鱼不献脊""文腹武背"的习俗。

中国古代的饮食礼仪、宴饮习俗对后世产生过很大的影响，在中国古代不同阶层的饮食活动中，普遍遵循着礼的规范，体现着尊卑等级的差别，对人们懂礼貌、讲礼节、谦恭、尊敬长辈风气的形成是有显著作用的。其中有些食礼，一脉相承沿袭至今，如吃饭时长者优先，重视待客之道，讲究吃相等皆成为中华民族的优良传统。

趣味链接

中国筵席的起源

商代以后，人们学会了用蒲草之类编制席子，居家都铺席。西周礼制规定，天子用席五重，诸侯三重，大夫两重。稍讲究一点的，再在席上铺一重，谓之"重席"，下面的一块尺寸较大，编制较粗糙，称为"筵"，上面的一块略小，编制得也精致，称为"席"，合称为"筵席"。筵席本是人们早期用于饮食进餐、居家活动、朋友聚会时的坐具，后来由于人们经常在其上面进行饮食活动，逐渐演变成为酒席的代名词。

三、现代筵宴礼仪

在现代国际国内社会的交往活动中，举办各种筵席、宴会是较常见的饮食活动，也是体现中华民族待客之道的传统美德。而随着中国对外改革开放和经济的繁荣昌盛，各种交往中的宴会、筵席活动日益频繁，其中宴饮的饮食礼仪也越来越完善，并与世界其他许多宴饮礼仪相借鉴，产生了新的一些饮食礼仪内容。

中国的筵宴种类很多，名称不一。人们通常习惯把由政府机关、社会团体举办的，具有一定目的和比较讲究礼仪的酒宴，称为宴会；而把私人举办的，规模较小的酒宴称为筵席，宴会和筵席都是请人聚餐，但宴会比筵席更讲究饮食上的礼节礼貌与举宴时的各种仪式。

1．宴会的类型

宴会种类复杂，名目繁多。从规格上分，有国宴、正式宴会、便宴、家宴；从餐别上分，有中餐宴会、西餐宴会、中西合餐宴；按时间分，有早宴、午宴和晚宴；按礼仪分，有欢迎宴会、答谢宴会；按性质分，有鸡尾酒会、冷餐酒会、茶会、招待会等。

（1）中式宴会　中式宴会是中国传统的具有浓厚的民族色彩的宴饮聚会。它要遵循我国民族传统的饮食习惯与习俗，饮用中国酒品，献食中国菜肴，使用中国餐具，奉行中国式的传统礼节。常见的如国宴、正式宴会、便宴、家宴、晚宴、招待会、茶会等。

①国宴：国宴是国家元首或政府首脑为欢迎外国元首、政府首脑来访或庆祝重要节日而举办的宴会，宴会厅内悬挂国旗，奏国歌等。国宴是规格最高的宴会，盛大隆重，礼仪严格。

②正式宴会：正式宴会通常是政府和人民团体有关部门，为欢迎应邀来访的宾客，或来访宾客为答谢主人而举行的宴会。规格和标准都稍低于国宴。

③便宴：便宴即便餐宴会，一般规模较小，菜式有多有少，质量可高可低，随便、亲切，多用于招待熟悉的宾朋好友。

④家宴：家宴是在家中以私人名义举行的宴请形式。一般人数较少，不讲严格的礼仪，菜单多少不限，宾主席间随意交谈，轻松、活泼、自由。

⑤晚宴：晚宴是国宴的另一种表现形式，时间在晚上举行，其规格和标准与国宴相同，隆重、热烈。普通的外交往来，也在晚上举行宴请活动，人们习惯上也称之为晚宴。

⑥招待会：招待会是一种规模可大可小、经济实惠的宴请形式。如国庆招待会、单位举办的招待会等。

⑦茶会：茶会又称为茶话会，是一种比较简单的招待方式。席间一般只摆放茶点、水果和一些风味小吃。宾主共聚一堂，饮茶尝点，漫话细叙，形式比较随便自由。有时席间还安排一些短小的文艺节目助兴，使气氛更加喜庆、热烈。

（2）西式宴会　西式宴会是采用西方国家举行宴会的布置形式、用餐方式、风味菜点而举办的宴请活动。其主要特点是要摆设西餐台面，进食西式菜点，饮用西方酒饮，多用刀、叉、匙进食，采用分食制，常在席间播放具有西方文化特色的音乐。如现在流行的鸡尾酒会和冷餐酒会。

①鸡尾酒会：鸡尾酒会是西方传统的集会交往的一种宴会形式。它盛行于欧美等国家和地区。鸡尾酒会规模不限，灵活、轻松、自由，站着进食。鸡尾酒会有时与舞会同时举行。

②冷餐酒会：冷餐酒会是西方国家较为流行的一种宴会形式。其特点是用凉菜、酒水、点心、水果来招待客人。菜点和餐具分别摆在菜台上，由宾客随意取用，酒会进行中，宾主均可自由走动、敬酒、交谈。

2. 宴会饮食礼仪

大凡举行宴会，除借助饮食过程的交流以增进感情外，还常常伴有其他特殊的目的。所以宴饮活动是一种具有规格意义的和一定目的性的事情，举办宴会要根据其特别的目的，以确定主客人员，然后再根据主客之间的社会背景、生活习惯、饮食嗜好、周边环境等，考虑举办宴会的时间、地点、陪客人员、菜肴规格、宴会风格及用烟用酒等各项。

（1）举办宴会方礼仪　一般来说，举办宴会的主人方首先应与主客洽商选定宴会的时间，作陪的客人不宜有高于主客地位者。宴请外宾时，可请比外宾地位较高之本国人士，但也不能够过高。主客应安排于最高席位就座。如果主客带有夫人及女儿等，主人还要考虑邀请多少女宾，应安排适当人员作陪。举行宴会的时间一旦确定，应尽早通知各位客人，特别是主要陪同人员。重要宴会，通常在宴会举行前两星期通知客人。宴请外宾时，宴会日期最好不要订于周末或假日。举办宴会的主人与主客商定宴会时间后，便可以选择地点，也可以征求主客的意见，一般宴会地点离市区不宜太远，宜选择方便主客与其他客人的来去，同时注意宾客中是否有人需要准备车辆接送等事项。

筵席或宴会中的菜肴、面点等食品的准备，一要根据宴会的规格设计菜式，二要了解清楚主客所喜欢的饮食口味与嗜好。同时决定准备些什么菜肴，也要考虑其他客人的需求。宴请外宾时，除特殊情形外，应以选用中式菜肴为宜，但要避免使用动物的脑、脊髓、猪内脏等外宾不习惯吃的食品，以及受保护的珍稀动物及其制品。较正式的宴会最好能准备有印好的菜单。如果宴会有外宾参加，并应在菜单添加外文。注意宴请外宾的宴会菜单一定要制作精美，具有一定的艺术审美价值，因为许多外宾有喜欢在菜单上请同席各位签名以留作纪念的习惯。

宴会中的饮酒也有一定的讲究。如果主人得知宾客喜欢某种酒者，应多备此种酒。西式餐会用酒分餐前、进餐及餐后三大类。餐前酒又称为开胃酒，常用鸡尾酒、威士忌、马丁尼及啤酒等，同时另备有各种新鲜果汁及可乐等无酒精饮料，以备不善饮酒者饮用。餐中酒常用雪利酒、白酒、红酒、香槟及我国的黄酒等，具体要根据客人的喜好与菜肴的种类而定。餐后酒或称助消化酒，常用白兰地、薄荷酒等。

较为正式的宴请，举办方要向客人发送请柬。请柬以印刷品为好，样式要设计得大方典雅，富有与举办的宴会氛围相吻合的格调。请外宾的小型宴会请柬，可用电脑打字或手写。请柬中应说明举办宴会的时间、地点、宴会性质、宴会主人姓名、宴中节目等。请柬宜于举行宴会前两星期发出。隆重宴会的主要客人，更应早发请柬，主人并要亲自把请柬送到客人手中，以示尊敬。

（2）客人赴宴礼仪　客人，特别是主要客人接到宴会邀请，是否决定出席宴会要及早答复对方，以便举办宴会主人做出合理的安排。一旦决定接受邀请并出席宴会就不要随意改动，万一遇到不得已的特殊情况不能出席时，则要尽早向主人解释、道歉，主要客人甚至应亲自登门表示歉意。应邀出席某个宴会活动之前，一定要核实宴请的主人，活动举办的时间、地点，是否邀请配偶以及主人对服装的要求等。

出席宴会当天，一般客人应该早些到达，最好是正点或提前几分钟到达。身份高或地位高者可略晚些到达，但不能够比预定的开宴时间晚。没有特殊情况不要迟到，迟到是对主人的不尊重。客人到达宴请地点后，请先到衣帽间脱下大衣和帽子，然后前往主人迎宾处主动向主人问好。如果是庆祝活动，应该向主人表示祝贺。参加庆祝活动时，可以按当地习惯以及两国或两个单位的关系，赠送花束或花篮。参加家庭宴会，可酌情给女主人赠送少量鲜花。

任何客人应邀出席宴请活动，都要认真听从主人安排。如果是宴会，不可随意乱坐，有席位卡的对号入座。如果邻座是年长者或是妇女，则应主动协助他们先坐下。入座后坐姿要端正，不可用手托腮或将双臂肘放在桌上。脚不可随意伸出，以免影响别人，不可玩弄桌上酒杯、盘、碗、刀、叉、筷子等餐具，不要用餐巾擦餐具，以免使人认为餐具不洁。

入座后，用餐前应先将餐巾打开铺在膝上，餐后叠好放在盘子右边，不可放在椅子上。餐巾可擦嘴不可擦汗。服务员上菜或主人夹菜时，不要打手势，不要拒绝，可取少量放在盘内，并表示："谢谢，够了。"吃东西要文雅，闭着嘴嚼，不要发出声音。嘴内的鱼刺、骨头不要直接外吐，用餐巾掩嘴取出后，放在骨盘内。嘴内有食物切勿说话。剔牙时，用手或餐巾遮口，不要边走边剔牙。吃剩的菜，用过的餐具、牙签，都应放在骨盘内，勿置在桌上。宴会进行中，不要一个人默不作声，只顾饮食，主人、陪客或宾客，都应主动与同桌的人交谈，特别是左右邻座。但交谈时要掌握好时机，讲话内容要看交谈的对象，不要只顾一个人夸夸其谈，或谈些荒诞离奇的事而引人不悦。

宴会结束，主宾退席后，其他人方可陆续告辞。

3．宴会饮酒礼仪

俗话说"无酒不成席"，几乎古今中外概不例外。饮酒是各种宴会中不可缺少的一个重要内容和项目，虽然不同的场合下人们饮用酒的品种有所不同，但是对宴会中饮酒的礼节还是应该共同遵守的。

宴会中虽然说酒是不可缺少的，但有的客人在宴会上不会喝酒或出于各种原因不打算喝酒的，可以有礼貌地谢绝他人的敬酒，但不要一概拒绝，可适当在征得同桌客人同意的情况下喝上一点汽水、果汁或其他不含酒精的饮料，使举座尽欢。作为举办宴会的主人，要首先为客人斟酒。斟酒的一般顺序是：先主宾，随后才是其他客人。斟酒时，酒杯应放在餐桌上，酒瓶不要碰到杯口。斟酒时中餐以满杯为敬酒，西餐则不同。斟白酒最好不超过酒杯的3/4，红酒为2/3为宜，啤酒盛1/2杯即可。斟香槟酒分两次，第一次斟1/4杯，待泡沫息下来后再斟2/3杯或3/4杯。

在宴会上喝酒的人饮酒前，应有礼貌地品一下酒，可先欣赏一下酒的色彩，闻一闻酒香，再轻喝一小口，慢慢品味，不要一饮而尽。同时注意不要一边饮酒，一边吸烟。不要让他人听到自己喝酒的吞咽之声。

正式宴会中主人皆有敬酒之举。敬酒时，上身挺直，以双手举起酒杯，待对方饮酒时，再跟着饮，敬酒的态度要热情而大方。敬酒要适可而止，会饮酒的人应当回敬一杯。在国外正式的宴会上，通常应由男主人首先举杯，并请客人们共同举杯。同外宾干杯时，应按礼宾顺序由主人与主宾首先干杯。与人敬酒或干杯时，应起立举杯，并目视对方。在干杯时，可说一两句简短友好的祝酒词，干杯要避免与其他人交叉碰杯，此乃大忌。女士接受他人祝酒时，不一定要举起自己的酒杯，以微笑表示感谢即可，自然是稍微喝上一点更好。当为尊贵人物的健康而干杯时，酒杯中的酒最好一饮而尽。若酒量不行的话，事先应只斟少许酒即可。

参加外方宴请，应事先了解对方饮酒习俗和祝酒的讲究。在宾主双方致辞祝酒时，应停止饮酒和交谈。奏国歌时更不能饮酒。有的国家讲究拿酒杯应以整个手掌握住，如系高脚杯，则应以手指捏住杯脚。喝啤酒不要碰杯，但可以互祝健康。

作为主宾参加外国举行的宴请，应了解对方祝酒习惯，碰杯时主人和主宾先碰，人多可同时举杯示意，不一定碰杯。祝酒时不要交叉碰杯，碰杯时要目视对方致意。奏国歌时应肃立。宴会上相互敬酒，表示友好，但切忌喝酒过量。不能喝酒时可以声明，但不要把酒杯倒置，应轻轻按着杯缘。正式敬酒是在上香槟酒时，这时即使不会喝也要多少饮一点表示敬意，不想再喝时可轻轻与对方碰一下杯缘，即表示已经够了。一般倒入杯中的酒要喝完，不然就失礼了。

宴会饮酒可作为联络感情、增进友谊、活跃气氛、增加话题的媒介。但喝酒时应遵循一般性的饮酒礼仪和规范。例如：碰到需要举杯的场合，切忌贪杯，头脑要清醒，不可见酒而忘乎所以，贪杯好酒是失礼的行为；工作前不得喝酒，以免与人谈话时酒气熏人，特别是旅游接待人员若醉意犹存地去上班，会严重影响服务质量；参加交际酒会不要竞相赌酒、抢酒；忌在宴会桌上猜拳行令，吵闹喧嚣和粗野放肆；最忌酒后言语、行为失控，那是缺少修养与无德的表现。

4．饮茶礼仪

在世界范围内的三大饮品中，茶的饮用历史是极其久远的。茶是中国人最喜爱的饮料，甚至也为许多外国人所乐于接受。饮茶在我国，不仅是一种生活习惯，也是一种源远流长的文化传统，是中国饮食文化重要的组成部分。中国人习惯以茶待客，唐代颜真卿有“泛花邀坐客，代饮引情言”的啜茶联句，杜耒《寒夜》诗云：“寒夜客来茶当酒，竹炉汤沸火初红”。所描述的都是古人以茶待客的习俗。后人并且在“以茶待客”的习俗中逐渐积累形成了相应的饮茶礼仪。

客来献茶，几乎是每一个普通的中国家庭所共有的待客之道。但这当中也有一定的礼仪规矩。为客人沏茶、献茶之前，一定要首先洗手，并涤净茶杯等一切茶具。茶具以陶瓷制品为佳。给客人泡茶时注意，不能用陈茶或泡剩的茶待客，必须沏新茶。至于客人喜欢绿茶、红茶，还是花茶需要事先征求意见。如果是接待外国宾客，一般来说美国人爱喝袋泡茶，欧洲人爱喝红茶，日本人则爱喝乌龙茶。

沏泡不同的茶，各有一定的要求，应按照当地的习惯进行。给客人上茶时，在家庭可由主人向客人献茶，在宾馆则一般由服务员给客人上茶。主人给客人献茶时，应起立，说一声“请”。客人也应起立，以双手接过茶杯，道一声“谢谢”。不要坐着不动，任主人为自己张罗。主人给客人续茶添水时，也应表示感谢。

如果是在宾馆、酒店，服务员上茶时，若客人较多，应先给主宾上茶，然后根据上下位次一一上茶。上茶的具体步骤是：先把茶盘放在茶几上，从客人右侧递过茶杯，右手拿着茶托，左手附在茶托旁边。要是茶盘无处可放，应以左手拿着茶盘，用右手递茶。注意不要把手指搭在茶杯边上，也不要让茶杯撞在客人手上。若妨碍了客人的交谈，要说一声“对不起”，客人应表示感谢。

接待讲究的客人，有时上茶之外，还要敬献茶点。如果是用茶水和点心一同招待客人，应先上点心。茶点应给每人一小盘，或几个人上一大盘。点心盘应用右手从客人的右侧送上。待其用毕，即可从右侧撤下。

在比较讲究的聚会或与朋友喝茶时，不论是主人还是客人，都不应大口吞咽茶水，应当慢慢地小口地仔细品尝。遇到浮在水面上的茶叶，可用茶杯盖拂去，或轻轻吹开，切不可用手从杯里捞出来扔在地上，也不要把茶叶咽下去。

另外，在一些有着饮茶传统的地区民间和少数民族地区，以茶待客还有一些地方民俗意义上的特别习俗，如果是在这些地方喝茶，则要遵循地方民间的饮茶习俗。

5．饮用咖啡礼仪

咖啡，作为世界影响最大的饮品之一，越来越受到我国广大消费者的青睐，尤其是在年轻人群体中，喜欢喝咖啡的人日渐增多。饮用咖啡与饮茶一样，也有一些礼仪规范与饮用习俗，因此，了解学习一些饮用咖啡的礼仪要求，是必要的。

如果是在餐后饮用咖啡，一般是用袖珍型的杯碟盛出。它们应当放在饮用者的正面或者右侧，杯耳应指向右方。端杯时，可以用右手拿着咖啡杯的杯耳，左手轻轻托着咖啡碟。有时可用杯饮用。饮毕，应立即将咖啡杯置于咖啡碟中，不要让二者分家。添加咖啡时，不要把咖啡杯从咖啡碟中拿起来。

许多人在饮用咖啡时喜欢加入牛奶和糖，即为牛奶咖啡。不加牛奶和糖，称为清咖啡。也有人喜欢兑入啤酒或葡萄酒后饮用。给咖啡加糖时，若是砂糖，可用汤匙舀取，直接加入杯内；若是方糖，应先用糖夹子把方糖夹入咖啡碟的近身一侧，再用汤匙把方糖加在杯子里，然后用汤匙轻轻搅拌。对于刚煮好的热咖啡，可以用咖啡匙在咖啡杯中轻轻搅拌，或等待其自然冷却，然后再饮用。咖啡搅匀以后，应把咖啡匙放在碟子外边或左边，不能让咖啡匙留在杯子里，就端起杯子来喝，这样不仅不雅观，而且易使咖啡杯泼翻。饮用咖啡时，切不可使用咖啡匙来舀喝咖啡。饮用咖啡时，应慢慢地将咖啡杯移向嘴边轻呷。不宜满把握杯，大口吞咽，也不宜俯首去就咖啡杯。喝咖啡时切记不要发出声响来。喝咖啡时应当放下点心，吃点心时则应放下咖啡杯。

在西方国家的一些外交场合，常常为女宾举办咖啡宴，作为夫人们彼此结识的一种有效的非正式方式。若咖啡宴于上午11时举行，则客人们应于12时之后离开。在咖啡屋中，举止要文明，不要盯视他人。交谈的声音越轻越好，千万不要不顾场合而高谈阔论不已。同样，在家中请人来喝咖啡，通常应安排在下午4时以前，一般不用速溶咖啡，届时应准备一些点心。女主人负责给客人们倒咖啡，但坐着倒就可以了。

趣味链接

咖啡的发现与流传

有关咖啡起源的传说各式各样，不过大多因为其荒诞离奇而被人们淡忘了。但是，人们不会忘记，非洲是咖啡的故乡。咖啡树很可能就是在埃塞俄比亚的卡发省被发现的。后来，一批批的奴隶从非洲被贩卖到也门和阿拉伯半岛，咖啡也就被带到了沿途的各地。可以肯定，也门在15世纪或是更早即已开始种植咖啡了。阿拉伯虽然有着当时世界上最繁华的港口城市摩卡，但却禁止任何种子出口！这道障碍最终被荷兰人突破了，1616年，他们终于将成活的咖啡树和种子偷运到了荷兰，开始在温室中培植。阿拉伯人虽然禁止咖啡种子的出口，但对内是十分开放的。首批被人们称作“卡文卡恩”的咖啡屋在麦加开张，人类历史上第一次有了这样一个场所，无论什么人，只要花上一杯咖啡的钱，就可以进去，坐在舒适的环境中谈生意、约会。

第二节　人生仪礼食俗

中国传统文化中的礼仪规范，无不与人们的日常生活密切结合、息息相关，其中人生礼仪就是极其重要的部分，它几乎与每个中国的一生都有着不可分割的情缘。所谓人生礼仪，是指人的一生中，在不同的生活背景中和不同的年龄阶段所举的各种不同的仪式和礼节。在古代中国，传统的人生礼仪包括生、冠、婚、葬四大阶段所举行的礼节与仪式。而且，在这些人生礼仪中，从来都与饮食习俗有着紧密的联系，甚至可以说，在所有的人生礼仪中如果离开了饮食礼俗内容，那几乎是无法进行的。另外，男子冠礼和少女笄礼，就是现在人们称谓的成人礼，已经不大为世人所重视，其礼仪内容也几乎消失殆尽。

一、诞生礼仪食俗

诞生礼仪是人生的开端之礼，而在我国传统的认识中，家庭每每“增人添丁”那是展现家族人丁兴旺的大事，所以非常被看好。我国的家庭结构是以血缘关系为纽带组成的，婴儿的降生预示着血缘有所继承，无不拍手称贺，因此父母及整个家族都十分重视，并由此形成了有关婴儿诞生的一些饮食习俗。

孕妇分娩之后，随着一个婴儿的呱呱坠地，一系列的诞生礼仪便正式开始了。民间流行的生育礼仪最常见的有“报喜”“三朝”“满月”和“抓周”等。产妇又要静养休息一个月，俗称“坐月子”，其间的饮食也有许多讲究。

1．报喜

首先，孩子出生后，女婿要到岳父母家“报喜”。因地域不同，具体做法稍异。浙江地区报喜时，生男孩另用红纸包毛笔一支，女孩则另加手帕一条。也有分别送公鸡或母鸡的，送公鸡代表男孩，如果送母鸡就是女孩。有的地方则带伞去岳父家，伞置中堂桌上为生男，拴红绸则为生女。中原广大地区女婿去岳父母家时，要带煮熟的红鸡蛋，生了男孩所带的鸡蛋为单数；如果是女孩，鸡蛋为双数。

2．三朝

男方家报喜之后，产妇的娘家则要送红鸡蛋、十全果、粥米等。送粥米也称送祝米、送汤米。有的还要送红糖、母鸡、挂面、婴儿衣被等。婴儿出生三天，要给孩子洗“三朝”。洗三朝也称三朝、洗三。在山东民间，产儿家要煮大碗的面条分送邻里亲友，一来答谢，二为同喜。也有在小孩出生的第十二天进行答谢礼的。在安徽江淮地区，则要向邻里分送红鸡蛋。在湖南蓝山，要用糯糟或油茶招待家人。

3．满月

婴儿降生一个月称为“满月”。一般要“做满月”，或置办“满月酒”，也称“弥月酒”。主家请宾客，亲友们要送贺礼，并给婴儿理发，俗称“剃头”。

在许多地方民间，给小孩做满月所请的酒，也叫吃满月蛋，属民间喜庆筵席之一。这种喜酒与其他筵席不同的是，凡坐席吃酒的宾客，东家都发四个煮熟染色的红鸡蛋，人们带回去做礼品。后来，也有的人家做满月将鸡蛋不煮熟，只将生鸡蛋染上红色就行了。

小孩做了满月，孩子的母亲要抱着孩子到娘家过门，外孙出生后第一次随母亲到外婆家过门俗语叫“出窝”。娘家要派专人来接母女回家，俗称“搬月”。山东胶东民间，在孩子回姥姥家时，还要蒸制一种特别的面食品“粑粑”，寓快快成长成为大人之意。外婆还要给外孙肩上搭花线，颈上挂银坠，以示祝愿外孙长命富贵。

4．抓周

婴儿出生后长满一年，俗称周岁，大部分民间都要举行“抓周”的仪式。“抓周”或称“试晬”“周晬”，民间借以预测周岁幼儿的性情、志趣或未来前途。一般在桌子上放些纸、笔、书、算盘、食物、钗环和纸做的生产工具等，任其抓取以占卜未来。或以盘盒盛抓周物品，其盘则谓“晬盘”。抓周时亲朋要带贺礼前往观看、祝福，主人家必备酒馔招待。“抓周”习俗由来已久，北齐时期颜之推《颜氏家训·风操》记云：“江南风俗，儿生一期，为制新衣，盥浴装饰，男则用弓矢纸笔，女则刀尺针缕，并加饮食之物及珍宝服玩，置之儿前，观其发意所取，以验贪廉愚智，名之为试儿。”宋朝孟元老《东京梦华录·育子》称此为“小儿之盛礼”。《红楼梦》第二回有描绘贾宝玉抓周的情节。因为贾宝玉抓了些脂粉和钗环，贾政骂其将来必为酒色之徒。此习俗中带有一些迷信色彩，现今已经不多见。

二、婚嫁礼仪食俗

我国民间俗语有“男大当婚，女大当嫁”，说的就是人生中最大的一个礼仪事项——婚礼。婚礼是人生礼仪中极其重要的一大礼仪活动，自古以来都受到个人、家庭和社会的高度重视。《礼记·婚义》中讲，婚礼有纳彩、问名、纳吉、纳征、请期、亲迎六种礼节。近代以来，比较传统的婚礼一般是从下聘礼开始，到新娘三天回门结束。而在整个的婚礼过程中，饮食的内容不仅不可缺少，而且有的环节还会起到决定性的作用。

1．聘礼食俗

婚礼中男方向女方下聘礼的种类，自古以来不胜枚举。但聘礼所选各物均有其义，有的取其吉祥，以寓祝颂之意，如羊、禄得、香草、鹿等；有的取物象征夫妇好合，如胶、漆、合欢玲、鸳鸯、鸡等；有的取各物的优点、美德以资勉励，如蒲、苇、卷柏、舍利兽、受福兽、鱼、雁、九子归等。唐代段成式著《酉阳杂俎》记录当时纳彩礼物说：“有合欢、嘉禾、阿胶、九子蒲、朱苇、双石、绵絮、长命缕、干漆。九事皆有词，胶漆取其固，绵絮取其调柔，蒲苇为心可屈可伸也，嘉禾分福也，双石义在两固也。”后来，茶也列为重要礼物之一。用茶作聘礼的原因，宋人解释为：“种茶树下必生子，若移植则不复生子，故俗聘妇，必以茶为礼，义固可取。”由此看来，行聘用茶，而是暗寓婚约一经缔结，便坚定不移，绝无反悔，这是男家对女家的希望，也是女家应尽的义务。聘礼中，一般还有鸡、鱼、肉、酒、鹅、羊、衣帛首饰、酒钱等。女家受礼后则要设筵款待客人。

无论古代，还是现今，聘礼中各种寓意吉祥的食物是不可少的，而且每一种食物都有一定的讲究，或寓意美好，或讨个口彩。

2．婚事三日食俗

我国传统民间婚庆活动，重点在结婚三日内，即结婚当天、第二天和第三天，这几天有婚事的家庭酒筵活动频繁。与饮食有关的活动主要有：女家的“送”筵席，男家的婚筵、交杯酒、闹房、撒帐、吃长寿面、拜水茶、新妇下厨房、回门等。

虽然各地风俗不同，但婚庆礼仪习俗的意义是相同的。结婚当天上午，新郎在亲友的陪同下到新娘家“娶亲”。女家设筵席款待女婿、媒人及来宾，女家亲友及邻里也参加筵宴。然后择时“发亲”。到男家后，新娘与新郎并立，合拜天地、父母，夫妻互拜，然后入房合卺，喝“交杯酒”。交杯酒，又称“合卺”，是最重要的结婚仪礼，大约始于周代。合卺，即以一匏瓜剖成两瓢，新婚夫妇各执一，喝酒漱口。后世因之称男女成婚为合卺。宋朝孟元老《东京梦华录·娶妇》：“用两盏以彩结连之，互饮一盏，谓之交杯酒。”并将杯掷地，验其俯仰，以卜和谐与否等。近代婚礼中的交杯酒，已脱去原来意义，仅表示新婚夫妇相亲相爱，白头偕老。

婚事当晚闹洞房，又称“逗媳妇”“吵房”，是流行于各地民间的婚庆习俗之一，是对新郎新娘新婚的祝贺，多流行于汉族地区，始于六朝，通常在婚礼后的晚上进行。闹洞房乃花烛之喜。至时，无论长辈、平辈、小辈，聚于新房中祝贺新人或嬉闹，皆无禁忌，有“三日无大小”“闹喜事喜，越闹越喜”之说。在闹洞房的环节中，喜家都有糖果、干果等招待闹房亲朋好友，以供吵闹之需。

各地民间新娘入洞房后有“撒帐”习俗。旧时多流行于汉族某些地区。其做法因时因地而异，目的也不尽相同。《戊辰杂抄》载：“撒帐始于汉武帝。李夫人初至，帝迎入帐中共坐，饮合卺酒，预诫宫人，遥撒五色同心花果，帝与夫人以衣裙盛之，云得果多，得子多也。”又据宋朝孟元老《东京梦华录·娶妇》载：“男女各争先后对拜毕，就床，女向左，男向右坐。妇女以金钱彩果散掷，谓之撒帐。”这一做法，目的是以求富贵吉祥。后来，民间把枣子、栗子、桃子、李子、橘子等与孩子、儿子、孙子的“子”联系起来，于是产生了以枣栗“撒帐”祝早生贵子的习俗。北方民间，在新婚夫妇入洞房前，多是选一“吉祥人”，手执盛有枣栗等物的托盘，唱《撒帐歌》撒帐。此习俗在我国农村传承至今，而在城镇的婚庆中，现在多以五色彩纸抛撒，也即是撒帐习俗的变异。

在我国的南方地区，新婚第二天，新娘拜谒舅姑（即公婆）及男族尊长，并敬献女工巧作之物，舅姑及各尊长也向新娘回赠礼物。一些地区还特为新娘设宴，称“陪新姑娘”，来宾、尊长参加筵席。清道光年间湖南《永州府志》载：这一天要招待客人饮茶食果，谓之“拜水茶”。当地风俗茶食，宴会时，酒茶未上，先设茶食。婚礼所用茶食，由女家制办，送至男家，多者可在十数担。妇女终年辛勤劳作，有的需要准备数年才能满足嫁女之需。

旧俗新婚的第三天，新娘要“下厨房”一试手艺。三朝下厨的习俗由来已久，唐代诗人王建有诗云：“三日入厨下，洗手作羹汤。未谙姑食性，先遣小姑尝。”现在已经不行此礼仪了。新婚的第三天是新娘子回门的日子。回门也称“双回门”“归宁”，古称“拜门”。新婚夫妇一起回门，取成双成对吉祥意。这是婚事的最后一项仪式，含有女儿成家后不忘父母养育之恩，女婿感谢岳父岳母恩德及女婿女儿婚后很恩爱等意义。新郎至岳家，依次拜岳父母及女族各尊长。岳家设筵，新郎入席居上座，由女族尊长陪饮。午饭后，新婚夫妇即可返回，也有新娘留住娘家几天的。新娘返夫家时，往往要带一些食品回去。

三、寿诞礼仪食俗

中国自古以来就有孝亲养老的传统美德，并且表现在日常生活的方方面面。古代的“乡饮酒礼”是社会层面的养老礼仪。而在家庭中，除日常孝敬祖父辈、父辈之外，那就是通过给老人“做寿”表达晚辈的孝亲养老之情。做寿，也称“祝寿”，是指为自己家庭中的老年人举办的生日庆祝活动。我国民间传统意义上的“祝寿”一般从50岁开始，也有从60岁开始的，50岁以下的诞生日叫作“过生日”。给老人做寿，各地也有不同的习俗，一般50岁以后每年在家庭内部举行一次，每10年做一次大范围的祝寿活动。80岁及其以上长辈举行的诞生日庆贺礼仪称为“做大寿”。举凡大范围的做寿活动，一般人家均邀亲友来庆贺，自己的晚辈与亲友要给老人赠送寿仪，礼品有寿桃、寿联、寿幛、寿面等，并要大办筵席庆贺，亲朋好友共饮寿酒，尽欢而散。

做寿一般逢十，但也有逢九、逢一的。如江浙一些地区，凡老人生日逢九的那年，都提前做寿。九为阳数，届时寿翁接小辈叩拜。中午吃寿面，晚上亲友聚宴。席散后，主人向亲友赠寿桃，并加赠饭碗一对，名为“寿碗”，俗谓受赠者可沾老寿星之福，有延年添寿之兆。湖南嘉禾县女婿为岳父母做寿称“做一”，即岳父母年届61岁、71岁、81岁时，女婿为之做寿。

做寿要用寿面、寿桃、寿糕、寿酒。面条绵长，寿日吃面条，表示延年益寿。寿面一般长1米，每束须百根以上，盘成塔形，罩以红绿镂纸拉花，作为寿礼敬献寿星，必备双份。祝寿时置于寿案之上。寿宴中，必以寿面为主。寿桃一般用米面粉制成，也有的用鲜桃，由家人置备或亲友馈赠。庆寿时，陈于寿案上，9桃相叠为一盘，3盘并列。神话传说，西王母做寿，在瑶池设蟠桃会招待群仙，因而后世祝寿均用桃。“酒”与“久”谐音，故祝寿必用酒。酒的品种因地而异，常为桂花酒、竹叶青、人参酒等。

为老人祝寿举办的寿宴也有讲究，菜品多扣“九”“八”，筵席名如“九九寿席”“八仙席”等。除各种祝寿专用面点外，还有白果、松子、红枣汤等。菜名多寓意美好、吉祥、长寿，如“八仙过海”“三星聚会”“福如东海”“白云青松”等。

四、丧葬礼仪食俗

如果从人生礼仪的时序上看，丧葬礼仪是人生最后一项“仪礼”活动，是人生过程中的一项“脱离仪式”。丧礼，民间俗称“送终”“办丧事”等，古代视其为“凶礼”之一。对于享受天年、寿终正寝的人去世，民间称“喜丧”“白喜事”。在丧葬礼仪中，饮食内容同样重要，同样不可缺少。

一般来说，居丧之家，家人的饮食多有一些礼制加以约束，还有一些斋戒要求。民间遇丧后要讣告亲友，而亲友则须携香楮、联幛、酒肉前往丧家进行“吊丧”仪式。丧家均要设筵席招待客人。各地丧席有一定的差异。如扬州丧席通常都是：红烧肉、红烧鸡块、红烧鱼、炒豌豆苗、炒大粉、炒鸡蛋，称为“六大碗”。其中肉、鸡、鱼代表猪头三牲，表示对死者的孝敬；豌豆苗、大粉、鸡蛋是希望大家安安稳稳。四川一带的“开丧席”，多用巴蜀田席“九大碗”，即干盘菜、凉菜、炒菜、镶碗、墩子、蹄髈、烧白、鸡或鱼、汤菜等。湖北仙桃的“八肉八鱼席”，即办“白喜事”每席用八斤肉、八斤鱼等用作菜肴的原料。关于居丧期间丧家的饮食，不同时期不同地区也有所差异。

现在在城镇举行的丧葬礼仪，一般没有传统民间的复杂。亲朋好友大多以送钱币和花圈作为对丧家的慰问，在火葬场的专用场所为死者召开追悼会和送别仪式。丧家则在酒店举办宴会招待亲朋好友。

第三节　中华民族食俗与宗教食俗

一、民族食俗

我国是一个多民族的国家，汉族之外，还有55个少数民族。由于我国少数民族众多，各民族、各地区都有自己特有的饮食文化和民族食俗，他们的饮食生活有许多特殊风尚，唐宋时的史籍多有记载，明清以来，各民族人民的饮食生活得到了新的发展，饮食风俗也基本形成并产生一定的影响。

1．满族饮食风俗

满族是我国北方具有历史影响力的少数民族之一，他们的祖先长期生活在我国东北地区的白山黑水之间。

满族很久以来就形成了以定居耕作为主，狩猎为副业的生产方式，其饮食较为丰富。主食有高粱、糜子、小米、玉米、麦粉、粳米和大豆等，这种饮食习惯一直保持至今。但满族人有狩猎和采集的传统习惯，狩猎得来的野兽类、飞禽也是他们日常饮食的重要组成部分。满族还有养蜂采蜜的传统，故喜食蜜制食品，如“蜜果子”“蜜饯果脯”“萨其马”“蜂糕”等都是满族的传统食品。

与汉族相同的是，满族的年节时令饮食也是多种多样。除夕夜，幼辈必给年长者辞岁叩首和吃饺子，大年初一也要吃饺子。满族过年要吃“年饽饽”，即满族人把用面粉做成的馒头、包子、饺子等面食的统称。年前先将饽饽做好，放在户外冷冻起来，故称“冻饽饽”，过年时随热随吃。

满族春日有野游耍青的习俗。四五月开春，东北各地青草初生，人们载酒牵羊，饮宴于江边林下，号曰“耍春”。春日多上山或到田间采集野蔬；夏日采摘野果和野蘑菇。十月，人们大都外出捕捉禽兽，不论平原山谷，围点一处，称“围场”。所得食品，必饷亲友。端午节、中秋节和春节杀猪，吃白肉血肠。白肉肥而不腻，血肠色美味香，深受满族人们喜爱。清代姚元之在《竹叶亭杂记》中载有：“主家仆片肉于锡盘飨客，亦设白酒。是日则谓吃肉，吃片肉也。次日则谓吃小肉饭，肉丝冒以汤也。”吴振臣在《宁古塔纪略》中也说：“大肠以血灌满，一锅煮熟。”如今，东北的城乡各地普设白肉血肠馆，以沈阳西华门的“那家馆”最负盛名。北京“砂锅居”的餐馆，还把这种白肉作为北京名食加以经营，颇有风味。冬季生活宽裕的人家，常吃酸菜白肉火锅，味香可口。

2．蒙古族饮食习俗

传统的蒙古族人是以畜牧业为主，现在有些地区的蒙古族形成了半农业半牧业的生产形式。

蒙古族按自己的嗜好，以蒙古沙漠和草原地区的特产为原料，烹制食品。他们主要的食物是羊肉，主要的饮料是马乳，据厉鹗《辽史拾遗》和赵珙《蒙鞑备录》中说，蒙古族人多以狩猎为生，“其为生涯，止是饮马乳以塞饥渴。”若出征也是一定要携带粮食的。后来，由于掠夺中原人为奴婢，学会了面食类食物的制作，于是以米麦而后饱，又掠米麦煮粥而食。在忽思慧《饮膳正要》中记载的菜肴和面类食品，70%以上是以羊肉或羊内脏作为主料的。除羊肉外，蒙古族嗜食马、牛、驼及禽肉，特别是天鹅。

蒙古族聚合饮宴，有许多特殊风俗。据《蒙鞑备录》说：鞑人饮宴，主人执盘盏劝客时，客人若饮少留涓滴，主人就不接盏，见客人饮尽才高兴。每饮酒，其邻座要相互换酒杯。若别人与自己换杯，自己必当尽饮其酒，并酌给对方。凡见来宾醉中喧叫失礼，或吐或卧，则特别高兴，以示客人醉，则与我一心无异之意。

蒙古族人建立元代后，族统治者承袭了宋、金两朝的封建统治遗制，饮食生活日益奢侈，除一日正餐外，饭前饭后有点心，陶宗仪《辍耕录》中就有“今以早饭前及饭后，午前午后，晡前小食为点心”的记载。他们又特别崇奉佛道，每年花巨资在宫中作佛事。各汗每年6月3日在上都举行“诈马宴（音译蒙语）”，也是“万羊脔炙万瓮浓”。明清以来，蒙古族虽有可耕之地，仍以游牧为生。那时蒙古族无货币流通，人们用砖茶进行物物交换。他们视砖茶如命，极贫之家，也不可一日无茶。同时，族民好饮高粱酒，男女老幼皆以醉歌为乐。春夏多食酥酪，秋冬多食羊肉。饮料有奶茶、奶酒、酸奶子等。时至今日，牧民仍以牛羊肉和奶酪品为主食，城乡居民以米面为主食。面食喜欢做成包子、饺子、蒙古面饼等。一般每日三餐，早餐为奶茶、馍馍和酥酒，午餐和晚餐一般多吃肉。蒙古族人喜欢饮用砖茶沏泡的浓茶，也喜欢喝烈性酒。招待贵宾客人喜庆时要摆全羊席，有烤、煮全羊两种。

3．回族饮食习俗

回族是我国主要少数民族之一。回族饮食生活的记载，最早见于元代的《饮膳正要》。回族在饮食方面禁忌甚多。

我国回族分布甚广，多与汉族杂居，西北各省比较集中。回族饮食相对具有一定的独立性，而由于与汉族烹饪文化相互交流，回族人根据本民族的饮食习俗和宗教特点，形成了具有民族特色的清真菜点和各类糕点。北京东来顺的“涮羊肉”，烤肉宛的“烤牛肉、羊肉”，西安的“羊肉泡馍”“腊牛、羊肉”等，已成为闻名全国的名特食品。

4．藏族的饮食习俗

居住在青藏高原及四川西部的藏族，唐时称吐蕃，他们主要从事畜牧业和农业。藏族的日常食物主要是糌粑、牛、羊肉和奶子。糌粑是把青稞炒熟磨成面，用酥油茶和青稞酒拌和后，手捏小团而食。吃时，不用筷子，用手在米碗中边捏边食。食毕，净碗，藏于怀中。食牛、羊肉，常将大块肉煮、烤熟，用刀割食。藏族群众普遍嗜茶，不分尊卑贵贱。煮茶的方法独特，先将茶叶放入水中烧沸，变成红色，再投入黄油及盐，搅匀即可。藏族群众喜欢酒，擅长用青稞酿酒，味淡而微酸，名曰“呛”，男女老少都颇有酒量。藏族群众好客，宴客比较频繁，据《西藏宴客仪态》称，富贵者每月二三次，贫者也须有一次。宴客时，男女相对而坐，唱歌酬达。

藏族独具特色的民族节日甚多。藏历新年是藏族一年中最盛大的节日，藏历正月一日开始，三至五日不等。节日前藏历十二月初，人们开始准备年货。十二月中旬家家户户用酥酒捏制羊头，还要准备一个彩色的长方形的五谷斗，装满酥油糌粑、炒麦粒等食品，祈祝风调雨顺，牛羊满圈，五谷丰登。腊月二十九日晚家家吃“土粑”。新年一大早，妇女们从河边背回“吉祥水”。进餐时，长辈拿出酥油、糌粑和炸果子赏赐给自己的儿孙，全家共饮青稞酒，共祝新年吉祥如意。除此之外，望果节、赛马会、逛林卡等也是藏族重要的传统节日，在这些节日里，族民以淳朴的食物款待客人，桌子上一般都摆着“堆”。“堆”是用奶粒、酥油、糌粑和糖调和加工成方砖形，用酥油标成吉祥如意图案的食品。“堆”被视为藏族美食之冠，堆的四周还摆有酥油菜、青稞酒、人参果、肉食奶制品等食物。宴会开始，主人一边唱歌，一边给客人敬酒，客人一连三口干完为止，然后主人把各种美食敬给客人品尝。当地居民盛行一种用发酵面和牛奶、胡麻油、盐等烤制而成的“卡纸”。这种饼较大，最重百余斤，易保藏，成为当地藏族饮食一绝。藏族利用高原特产的冬虫夏草、人参果和蘑菇等创制的“虫草炖雪鸡”“人参果拌酥油”“蘑菇炖羊肉”等传统佳肴，被誉为“藏北之珍”。

5. 维吾尔族饮食习俗

我国新疆天山以南塔里木盆地和天山以北准噶尔盆地的肥田沃野，是维吾尔族聚集生活的主要地区。历史悠久的维吾尔族有着丰富多彩独具习俗和特色美食，风靡全国的烤羊肉串，被誉为十全大补饭的“抓饭”，色、香、味俱佳的烤全羊以及葡萄和其他瓜果，就如一幅千姿百态的民食风俗画卷展示在人们眼前。

维吾尔族日常饮食主要为牛乳、羊肉、馕、奶皮、酥油、水果、红茶等，蔬菜较少。面粉、玉米和大米现已成为维吾尔族人民的日常主食。族民喜欢喝奶茶、吃馕、拉面和包子。维吾尔族人待客时，较贵宾者，要宰羊，白煮后，大盘奉上，刀割而食，主要割羊尾肥脂，用手塞进客人口中，虽块大，客人也需张口来接，不得用手接取慢咽，更不得拒而不受，这是主人的敬宾之礼，客人吃后，依例回敬主人。最具此民族风味的食品是烤羊肉串和“抓饭”，“抓饭”以羊肉、羊油、胡萝卜、葡萄干、洋葱和大米焖制而成，风味独特，是节日和待客不可缺少的食品。吃抓饭时既不用筷子也不用勺，而是将手洗净后，伸出五个手指把饭撮掇起来送到嘴里。民间有这样的俗语：“不用手抓抓饭不香，不抓吃不出抓饭好味道。”

6. 朝鲜族饮食习俗

朝鲜族地区是我国北方著名的水稻之乡，食物种类繁多，式样也丰富多彩。既有居家的日常饮食，又有举行各种传统礼俗活动、接待客人的节日饮食。朝鲜族能歌善舞，有尊老爱幼、礼貌待人的传统美德。饮食礼仪是朝鲜族饮食风情的重要组成部分，贯穿于饮食活动的全过程，如饮食的制作，摆饭桌、用餐、做客、待客、饮酒等，都有一定的传统规矩和风俗习惯。其中，最基本的内容是尊重长辈，礼貌待客，保持饮食卫生等。米饭是朝鲜族的主食，并伴有各种各样的米面糕饼。族民喜欢吃酱汤和生拌、凉拌的菜肴，其中以生拌活鱼、生拌牛肉、生拌鱿鱼和各种风味的山地野植物野菜最具特色，滋补参汤营养丰富。厨房饮食多用铜质器具，用餐习惯于分食。朝鲜族是热情好客、好喝酒的民族。酒，是他们饮食生活中不可缺少的饮品。据史料记载，早在四五世纪时就已酿造了高度酒。朝鲜族有“主酒客饭”的说法，就是在招待客人时，主人对客人进行敬酒、劝酒。在长期的饮食生活实践中，该民族形成了独特的食俗食风。

7．哈萨克族饮食习俗

哈萨克族居民的生活习俗与维吾尔族有相似之处，他们的节日除过古尔邦节和肉孜节之外，每年夏天牧民还举办“阿肯弹唱会”及每年辞旧迎新的那吾鲁孜节。哈萨克族是一个性情直爽、热情好客的民族，招待贵客的最高礼遇是宰一只黄头白身的大活羊。吃东西之前，族人会提一种叫“阿不都壶”的长颈铜壶请客人洗手三次。拿着吃的东西，不能用鼻子去闻，吃烤馕时要掰成小块吃。吃过的东西或放在碗里的食物不要再给别人。饭后如果餐具不收走，不必急于离开，更不能跨过或踩踏餐布。

8．苗族饮食习俗

在我国南方的少数民族中，苗族分布最为广泛，几乎遍布半个中国。以贵州最多。有贵州是苗族的大本营之说。苗族饮食有两大特点：酸食与肉粥。《峒溪纤志》说，苗族以“以十月朔为大节，岁首祭盘瓠，揉鱼肉于木槽，扣槽群号以为礼。”意思是说在每年十月进行的祭祀活动中，人们把鱼肉放进大木槽中，众人围着木槽拍打并高声唱歌以为礼节。《滇行记程》记载，苗族多以草为灰，妇女以筒布为裙，以荷叶饭，涧水浇而食之，以芦管渍酒饮之，谓之“竿酒”。苗族食性喜酸，苗民酸食是从早期无盐的困境中寻找到一条“以酸代盐”的生路，故有“苗家不吃酸，走路打偏偏”的俗话。现在吃盐当然不成问题了，而盐制作酸食则是锦上添花了。湘西一带苗族村寨里，家家户户备有酸萝卜坛子，餐上总有开味酸菜。酸鱼也是苗族传统食品，它是将鲜鱼入坛，经二至三周后发酵变酸，食时用菜籽油或猪油煎炒后，别有风味。在广西北部苗族寨里，待客时讲究食用一种腌蚯蚓，这种当地生长的蚯蚓，长尺余，粗如拇指，入坛腌制后蒸熟热食，味道鲜美，营养丰富，是当地苗族款待高贵客人的佳品。苗族自古以来，凡肉食皆用白水煮，并放一把米。这样的肉格外好吃，汤也格外好喝，形成了传统的饮食习惯。湖南城步苗族自治县长安营乡盛产“长安虫茶”。据清光绪年间编修的《城步乡土志・卷五》记载：“茶有八峒茶……茶虽粗恶，置之旧笼一二年或数年，茶悉化为虫，余名曰‘虫茶’。茶收贮经久，大多能消痰顺气。”此茶冲泡呈古铅色茶汁，喝之香气扑鼻、止渴生津，神奇无比。

9．壮族饮食习俗

生活在我国南方的壮族，历史悠久，文化灿烂。壮族具有典型的南方稻作文化代表性的岭南民族饮食文化特色，在古籍史料多有记录。《岭南杂记》中记载壮族先民“喜食虫，如蚯蚓、蜈蚣、蚂蚁、蝴蝶之类，见即啖之。”原始饮食古风遗俗显而易见。明代邝露《赤雅》有“性极耐饥，啖盐数颗，则凡草木皆可啖食。”《徐霞客游记·粤西游日记三》云：“渔得数头……乃取巨鱼细切为脍，置大碗中，以葱姜丝与盐、醋拌而食之，以为至味。”这些古代饮食习俗，有的至今仍在壮族民间传承。

壮族全年月月有节，最隆重的节日是春节，日期同于汉族，但有其民族色彩浓郁的民族事象。春节食品最为重要的年猪、鸡和大年粽。杀猪必须“灌猪肠”，用猪血、猪大肠、糯米香料加工煮制而成。它是壮家喜爱的节日佳肴，大年粽以糯米、绿豆、猪肉及香肠作馅，用专门种植的粽叶包裹而成。春节祭祖灵时，大年粽放在供桌中央，四周簇拥着小粽，象征家族团结致富奔小康。农历三月三是壮族的传统民族歌节，又叫歌圩，“圩”意为集市，它的地位仅次于春节，具有丰富的内涵。这天家家蒸五色糯米饭、煮五色蛋、杀鸡。男女青年盛装打扮赶歌圩，将糯米饭装进精巧的小布袋里，把蛋装进玲珑的网袋里，男女尽情对歌，相互钟情，同吃五色糯米饭、五色蛋。五色饭是用天然植物色素染糯米蒸制而成，三月三、清明、四月八等节日祭祀五色糯米饭不可缺少，也可作待客、馈赠亲友的佳品，有的地方食五色糯米饭时，还配蒸腊肉、扣肉、粉蒸肉。

壮族是一个好客的民族，客人来到热情款待，以酒敬客，喜欢特制的糯米甜酒、南瓜甜酒。有些地区妇女有嚼槟榔的习俗。

10．傣族饮食习俗

我国西南边陲的西双版纳，风光旖旎，景色宜人，人们热情好客，能歌善舞，具有独特的傣族饮食风情。傣族饮食以烧烤为主，以酸辣为特征，日常饮食多是白紫糯米饭、带酸味的竹笋、白菜、萝卜等。族民热情待客，饮食较丰富，客人一进门先敬上槟榔。席上有丰盛的猪肉、鸡肉、鱼肉、牛肉和酸菜，烹调方法采用烤蒸、凉拌等风味不一，各具特色。肉类菜肴的制作一般用清水煮烂加入盐味，只放辣椒、香草，别有风味。有时还有“蚂蚁蛋”“炸昆虫”“竹蛆”“棕色蛆”等上等佳肴，鲜香酥脆，非贵客不能奉献。“南崩”（即泡皮）也是傣族传统食品，用新鲜牛肉加工晒干而成的原料，先烧后炸而成，傣语熟语说：“油炸牛皮越泡越白，吃起来越脆越香。”现傣族曼景兰村寨有“傣味风味一条街”。全国各地也有傣族民族歌舞餐厅、酒楼，游客一边欣赏民族歌舞，一边品尝傣族饮食，会感受到中华民族饮食文化的丰富多彩。

11．瑶族饮食习俗

瑶族生活在我国南方，陆游《老学庵笔记》说，瑶族居山而耕，所种收获甚微，食品不足则猎野兽，甚至烧龟蛇而代食。瑶族人烹制食物，多截大竹作铛鼎，食物已熟而竹筒不燃，食之带鲜竹的清香，沁人心脾。瑶族多以米杂草子酿酒，用藤吸饮，故叫“藤酒”。也有以鼻子吸饮的，一饮至数升。瑶族人喜用蚁卵作酱，非常珍贵，所熬之粥，有放鱼肉，并以放有特殊蛆虫食物为珍美上品的习俗。

12．侗族饮食习俗

我国的侗族，主要聚居在云南、贵州、湖南三省交界处，盛产大米，尤其以生产糯米见长。每当侗族欢度富有特色的“坡节”时，侗族姑娘必备糯米饭和腌鱼馈赠情郎。糯米饭捏成团，被视为爱情的象征。“咸水糍粑”“侗果”“米花”“狗狼棒”等是侗族节日美食和待客珍品。“侗不离酸”，他们腌制发酵致酸的食品易于贮存，滋味更香醇。

我国还有众多的少数民族，各民族在饮食风俗习惯等地方均有所不同。不过，地域越是相近的少数民族，其饮食习俗就越是接近。

二、宗教食俗

随着全球经济一体化的发展，文化的交流也日益繁荣，包括各种宗教文化已经全世界各地广泛传播。在有些国际航班的航空食品中已拥有印度教的严格素食、伊斯兰教的清真食品等。由此可见，在当今全球化经济发展的进程中，饮食文化方面的交流、相互渗透越来越体现出了它的重要性。为了避免冲突，当代人必须懂得各种宗教信仰的饮食民俗，从而使人与人之间和谐共处、相互理解、彼此尊重。

1．佛教饮食习俗

佛教起源于公元前6—5世纪的古印度，它作为一种宗教的哲学体系，对人的食欲以及饮食与修行、传教的关系有着许多独到的研究和规定。

在我国的历史上，南朝时期梁的开国皇帝梁武帝萧衍，在位48年间一心向佛，到了老年决定舍弃皇位，曾多次舍身出家到同泰寺。他笃信佛教，大修庙宇，崇奉佛教，并以帝王之尊，素食终身，成为促进中国佛教信徒素食的关键推手。随着佛教的传播，佛家寺院菜流芳千古，遍布三山五岳，使佛教饮食带上宗教的色彩。久而久之吃斋念佛、佛食兴素，成为饮食思想的定势，便成了中国佛教信徒不成文的清规戒律。

以我国汉族为主的佛教对饮食有着许多规定，出家人饮食方面的禁忌也很多，其中素食是最基本、最重要的要求。素食的概念包括不吃“荤”和“腥”。“荤”，是指有恶臭和异味的蔬菜，如大蒜、大葱、韭菜等。所谓“腥”，是指肉食，即各种动物的肉，甚至蛋类，对此类食物，出家人不能吃。不过素食的范围也比较广，例如，辣椒、生姜、胡椒、五香、八角、香椿、茴香、桂皮、芜菁、芹菜、香菇类等都可食用。豆制品、牛奶和乳制品，如奶酪、生酥、醍醐等也都不在禁止之列。此外，佛教还要求僧人不饮酒、不吸烟。

佛教饮食制度讲究过午不食、分餐而食与进餐礼仪。过午不食，就是中午是僧侣吃饭之时，过了中午就不能进食了，不过这种饮食制度，在中国很难实行，特别是对于参加劳动的僧人。于是有了通融之法，如晚餐大多食粥，俗称“药食”等。佛寺僧侣的饮食实行的是分餐制，吃同样的饭菜，每人一份，只有病号或特殊者可以另开小灶。食用前先要按规定念供，以所食供养诸佛菩萨，为施主回报，为众生发愿，然后方可进食。佛教弟子进餐时要遵循许多规定：“不得将口就食，不得将食就口。取钵放钵，并匙箸不得有声。不得咳嗽，不得搐鼻喷嚏：若自喷嚏，当以衣袖掩鼻。不得抓头，恐风屑落邻人钵中。不得以手剔牙，不得嚼饭啜羹作声，不得钵中央挑饭，不得大抟食，不得张口待食，不得遗落饮食，不得手把散饭，安钵后屏处。不得将头钵盛湿食，不得将羹汁放头钵内淘饭吃，不得挑菜于头钵内和饭吃。食时须看上下肓，不得太缓”。这些规定是为了进食清洁卫生、吃相文明雅观，同时体现尊重他人、保障安全健康等理性因素。

2．道教饮食习俗

道教是中国本土的宗教，富有浓厚的中华民族特色，在发展中由于受到“食医同源”的影响，获得了食养与食治的实践与认识。因此形成了道教重养生、追长寿的饮食观念。而这一观念已经深深渗透到中国许多普通人的饮食观念之中。

中国道教饮食文化的内容非常丰富，在经过对前人饮食经验与理论研究的基础上，形成了重视食物烹调和节制饮食的思想，如“谨和五味”“饮食有节”等，并且指出过分追求美味佳肴和过度饮食都会招致疾病，如“膏粱之变”“饱食”“大饮”等，认为只要认真地注意饮食规律与实践，便可以享其天年，活过百岁，说“谨道如法，长有天命”“而尽终其天年，度百岁乃去”。这些都是中国道教信徒所尊奉的饮食养生之道。

对生命的尊重是道教思想的根本，由此渐渐形成饮食观念、信仰和习惯。主要饮食习俗包括：首先是“五谷为养”的观念，这也是今天中国居民营养膳食指南遵循的指导思想。以粮食作为养生的主体基础，五谷是生命的根基，以肉食、果品、蔬菜来改善、增益、补充、调节。将粮食作为主食，其余的肉食、果品、蔬菜统称为副食。主副食比例适当。膳食的酸碱平衡、主食和副食的平衡是十分重要的。其次提倡少食“辟谷”。谷在这里是谷物蔬菜类食物的简称，辟谷，即不进食物。辟谷又称却谷、断谷、绝谷、休粮、绝粒等，即在修行过程中相对不食或节制五谷杂粮的饮食。辟谷的饮食行为，从现代营养科学的角度看是不能提倡的，长期辟谷会导致人体营养不均衡，影响身体健康。最后是拒食荤腥。“荤”的本义指的就是不良的气味，如臭味、怪味、刺激气味等，主要指含有刺激性气味的蔬菜，如葱、姜、蒜、辣椒、韭菜、芥末等食物，而“腥”原本是指带有血腥气味的动物肉食。

3．伊斯兰教饮食习俗

伊斯兰教是7世纪初兴起于阿拉伯半岛，由麦加人穆罕默德所创传。公元7世纪中叶，伊斯兰教传入中国，信奉伊斯兰教的有回族、维吾尔族、东乡族、柯尔克孜族、撒拉族、塔吉克族、乌孜别克族、保安族等少数民族。穆斯林的饮食有诸多禁忌，不善不洁者不可食。

伊斯兰教对食物的选择，大致遵循美与丑、善与恶、洁与污的取舍标准。

在伊斯兰教尊奉的三大民族节日里，饮食习俗体现得最为明显。一是“斋月”，是在伊斯兰教历第九个月，穆斯林每天从黎明到日落禁止饮食，日落后至黎明前进食。午夜一餐，最为丰盛。直到十月一日才开斋过节，开斋这天是“开斋节”，又名“肉孜节”，人们宰牛羊，制作油香、馓子、奶茶等食物，沐浴盛装，举行会礼，群聚饮宴，相互祝贺。二是“古尔邦节”，又名“宰牲节”。在伊斯兰教历十二月十日，人们要把家中扫除干净，沐浴馨香，要赶在太阳升起前去清真寺听阿訇念《古兰经》，举行会礼，观看宰牲仪式，并互相拜节，宰羊煮肉，做抓饭、油香，举行各种娱乐活动。三是“圣纪节”，在伊斯兰教历三月十二日，穆斯林于清真寺举行诵经，赞圣和讲述穆罕默德的生平轶事，人们宰牛宰羊，炸油香、馓子招待客人，亲友拜节祝贺。

我国穆斯林分布很广，饮食上也形成了南北差异。北方清真饮食源于陆上丝绸之路的开辟，受游牧民族影响大，以羊肉、奶酪、面食为主体；南方清真饮食源于海上香料之路，受农耕民族影响大，以牛肉、家禽、稻米为主，水产菜肴也有出现。由于清真饮食的诞生与发展，在我国形成了富有特色的“清真菜”。清真菜既有浓郁的伊斯兰宗教习俗，又有中国地方饮食文化风格。在中国信仰伊斯兰教的民族虽然有着共同的饮食习俗和饮食禁忌，但在饮食风味上则存在着一定的差别，因而人们常习惯把主要居住在新疆的少数民族的风味菜肴划分出来，称为新疆菜，把回族菜肴称为清真菜。

第四节　传统节日食俗

我国的传统节日是在数千年的民族历史发展中逐渐形成并完善起来的，不仅历史悠久、内涵丰富，而且数目众多，每个月都有一个重要节日或几个辅助性的节日。民族传统节日中的重要内容之一就是饮食活动，在这些节日饮食活动中反映出了我们民族的传统习惯、饮食风尚、礼仪内容及道德与宗教观念。节日的饮食习俗虽然是一种约定俗成的节日活动，但却具有非常强的传承性与延展性，因此具有旺盛的生命力。

所谓节日饮食风俗，就是有关在民族传统节日中形成的饮食行为和习惯，一般是指在历代积累与传承的，并在每年固定的节日时间内，在一定的环境和条件下经常反复出现的，群体性的饮食行为方式和习惯。在传统的农耕社会生活中，节日习俗的形成具有特别的意义，它凝聚着民族生活特有的情感与寄托，蕴含着一种强大的精神与情感的力量。而其中的饮食习俗尤其与传统伦理社会生活有着密切的联系。因此，节日饮食风俗是考察某一地区或民族的社会历史背景、经济生活、心理素质和文化发展的重要方面。

中国的重要节日中，都离不开逢年过节必备的特殊食品，几乎所有的传统节日都有一种或几种标志性的特色食品，如饺子、年糕、春饼、元宵、麻花、馓子、粽子、月饼、重阳糕、腊八粥等。

一、春季节日食俗

1. 春节

春节俗称“过年”，也叫过春节，是汉族的传统节日。据说五帝之一的颛顼以农历正月为元，初一为旦，后历代岁首日期不尽一致。辛亥革命后，农历正月初一改称春节，阳历（公历）1月1日为新年。民间过年有守岁、吃年饭、拜年、送对子、贴年画、放鞭炮、走亲探友、耍社火等习俗。古人过年，在饮食方面要大大改善，年节的食品多寓意吉祥。因地区和时代不同，过年具体的饮食习俗、食品种类和寓意各有不同的特色。

从魏晋南北朝至宋代，长江流域每逢年节，除夕就有饮屠苏酒的习俗，南宋陆游的"半盏屠苏犹未举，灯前小草写桃符"之诗句，南朝梁庾肩吾有"聊开柏叶酒，试奠五辛盘"的名句。宋朝王安石《元日》一诗云："爆竹声中一岁除，春风送暖入屠苏。千门万户曈曈日，总把新桃换旧符。"唐时洛阳人家元旦烹制鸡丝、粉荔枝等食品，全家围在一起进餐。

明清以来，除夕和元旦的食俗，南北差异明显。北方过年一定要吃饺子，取更岁交子之意。包饺子讲究皮薄、馅足，捏紧，忌讳"烂"和"破"字。如万一不慎捏烂、煮破，也只能说"挣"了。为讨吉利，有的在饺子中放些糖，寓意生活甜美；有的放些花生仁（别名长生果），意味健康长寿；有的在个别饺子里包上几枚硬币，谁吃出来谁就财运亨通。饺子形态各异，形似元宝，象征"招财进宝"等。还有如山东地区吃素馅饺子，泰安一带吃黄面窝窝，河南地区饺子煮面条，当时名曰"银线吊葫芦"或"金丝穿元宝"。在南方，除夕和元旦多吃元宵和年糕。清代《天津志略》称：元旦食黍糕，曰"年年糕"。道光年间《安陆县志・风俗》也讲：村中人必致糕相饷，名曰"年糕"。年糕多由糯米或黏小米制成，取黏（年）高（糕）谐音，寓意"年年升高"，象征一年更比一年好。江南地区过年大多吃元宵，元宵也叫"团子""圆子"，取"全家团圆"之意。如无锡一带各家早上吃炸元宵，苏州地区沏茶时，在茶壶中放两枚橄榄叫"橄榄茶"，清代苏州诗人袁景澜在《年节酒词》中就有"入座先陈饷客茶，饤拌果饵枣攒花"的诗句。浙江宁波早上喝豆粥；湘南长沙早上吃辣味鱼肉；清代汉口喝"元宝茶""饮元宝杯酒"，以取吉祥发财之意。福建漳州早上喜吃生蒜、香肠和皮蛋；广东海丰一带吃素食；潮州一带吃特有的"腐圆"，即用大米粉和萝卜细末加盐用花生油炸制而成的小吃；贵州赤水家家户户要吃糯米粑等。正月初一拂晓，新年活动进入高潮。春节也是一部分少数民族的民间节日，他们各以特有的方式，按照自己的习俗，举行各种各样的庆祝活动。

进入新时代以来，随着广大人民饮食水平的提高和改善，各种节日美食几乎天天可以吃到。所以现今过年，农村还保留着旧时的饮食风俗，食品种类更加丰富多彩。在城镇中，过年大多到酒店大摆筵席，吃年夜饭，酒店业供应多种年节吉祥食品。

2．元宵节

元宵节又称"上元节""元夕节""灯节"，为汉族传统节日之一，南北方都过此节。农历正月十五叫"上元"，上元之夜叫"元夜"或"元宵"。元宵节吃元宵，历史悠久，迄今亦然。元宵节人们的食品，历代不完全一样。《荆楚岁时记》有"正月十五日作豆糜，加油膏其上，以祠门户。""正月半宜作白粥泛膏。"《清异录》记述，唐和五代上元节吃"油画明珠”。元宵作为食品名称，始于宋代，今南北各地广为流行，盖取意“团团圆圆”的吉祥之意。宋人《岁时杂记》有“煮糯为丸，糖为臛，谓之圆子盐豉。”元宵的品种繁多，吃法不尽一致。北宋以前在开水锅里放入糯米粉、白糖，配以蜜枣、桂花、桂圆等制成各式甜味圆子羹，实际上是一种无馅圆子。到了南宋，才包入糖馅曰“乳糖元子”。《明宫史·饮食好尚》中记载：“其制法用糯米细面，内用核桃仁、白糖、玫瑰为馅，洒水滚成。如核桃大，即江南所称汤圆也。”有馅元宵分为甜味和咸味两种。甜味以白糖、核桃、桂花、芝麻、山楂、豆沙、枣泥、冰糖等制馅。咸味的可荤可素，或将肉剁成蓉，或配以素菜，也可将蔬菜烫熟剁成细末，拌和调味料作馅，风味有异，各具特色。元宵节除吃元宵外，各地还有许多不同的饮食习惯。如陕西人是吃“元宵茶”，即在面汤里放进各种蔬菜和水果做成；河南洛阳、灵宝一带吃枣糕；云南昆明人多吃豆面团等。元宵节的主要活动，一为张灯结彩；二为吃元宵。

3．清明节

清明节，又名鬼节、冥节、死人节、聪明节、踏青节，时间在农历三月间。清明本为二十四节气之一，但是，由于它在一年季节变化中占有特殊地位，加上寒食节的并入，成为一个重要的节日。

现在的清明节是古代的清明节与寒食节的合二为一。寒食节又称冷节、禁烟节，时间一般在清明前的一至两天。古代寒食节有禁用烟火，人们只食先期做好的熟食，因为吃的时候已经放置凉了，故谓冷食之俗。此俗来源有二说：一说为纪念介子推，春秋时晋文公重耳下令在介子推死亡日禁火寒食，以寄哀思。一说源于周代禁火旧制，《周礼·秋官司寇》有：“中春以木铎修火禁于国中”的记载，当时有逢季改火之习，告诫人们禁止生火，要吃冷食。

大约到了唐代，寒食节与清明节合而为一，节日里有扫墓祭祖、插柳、植树、荡秋千等活动，祭祖扫墓之俗始于唐代。杜牧《清明》一诗云：“清明时节雨纷纷，路上行人欲断魂。借问酒家何处有，牧童遥指杏花村。”清明正值暮春三月，人们把扫墓和郊游结合起来，到野外作春日之游，然后围坐饮宴，形成了遍及全国南北的踏青之俗。

清明节的饮食活动，各地方志多有记述。清同治年间湖北《竹溪县志》云：“清明日，男妇皆祭坟，设肴馔、酒醴。祭毕，即茔前席地食饮……”民国时北京《顺义县志》云：“清明节，妇女簪柳于头，以秋千为戏。陈蔬馔，祭祖先，各拜扫坟，添土标钱。”民国时河北《高阳县志》载，清明为“祭祀节”，各家上坟祭祖。有族会者，杀猪宰羊会食一日，俗谓之“吃会”。江南一些地区，民间以为清明生子最佳，谓“聪明儿”，并有抱婴儿向邻里乞讨清明粿的习俗，俗称“讨清明”。“清明”谐音“聪明”，谓孩子容易抚养，健康聪明。浙江一些地区的孩童妇女会在这一天纷纷采集野荠、青蓬等，回家浸泡在水中，再捞起挤去其汁，然后切碎和入粉中，揉成面团，以作饯粿，故称清明粿。

二、夏季节日食俗

1. 端午节

端午节又称端阳节、重午节。我国把农历五月初五称为“端午节”，端是开端的意思，古代称初一为“端一”、初二为“端二”，“午”和“五”古代通用，故称“端午”。据传说端午节本是龙的节日，起源于古代的水乡部落，人们为抵御蛇虫疾病的侵害和水患的威胁，每年端午前后举行龙舟竞渡，并向江河投米等活动，以祭祀想象中的神祇，禳祸祈福，这是最早的端午节活动。

端午食粽子，是中华民族一个颇有特色的食俗。此食俗有许多不同的传说，最普遍的说法是为了祭奠屈原。史料中关于粽子的记载，始于东汉，当时的粽子包成牛角状，称为“角黍”。如晋周处《风土记》中说：“古人以菰叶裹黍米煮成，尖角，为棕榈叶心之形。”《风土记》注释里又说，当时民俗每年夏至和端午这两个节日，人们都用菰叶裹上黍米，用淳浓汁煮得烂熟，作为节日食品称为“粽”或“角黍”。食粽的风俗不限于端午，夏至这一天也有此俗，现今国内某些地区在春节也有食粽的习俗。另据古籍记载，夏至用黍和鸡祭祀祖先，早在殷周时代就有了，晋代人夏至以“角黍”祭祖的活动，只不过是殷周“夏至”尝黍和祭祖活动的演变。这样说来，端午节食粽子的风俗，并不是因纪念屈原而生的。但人们把端午食粽子作为纪念屈原的一种活动，使这一食俗别有意义。清代富察敦崇《燕京岁时记》记载了当时京都“每年端阳以前，府第朱门皆以粽子相馈贻。”可见端午食粽的风俗，在明清时的北京也很盛行。粽子在不同的地方，分别以菰叶、芦叶、竹叶包裹，煮熟后，米中吸收了菰叶或芦叶的清香，便于携带，别具一格，深受人们喜爱。我国有的地方春节期间要食粽子，有的地方元宵节和农历七夕必食粽子。大致自唐以来，饮食市肆间常年有粽子供应。据《酉阳杂俎》记载，唐代长安的“庾家粽子”以“白莹如玉”而著称，生意十分兴隆。现今，广东粽子、嘉兴粽子、台湾粽子出类拔萃，闻名遐迩，是粽子族中的佼佼者。

趣味链接

屈原与端午吃粽子

据南朝吴均《续齐谐记》记载：屈原由于非常爱自己生活的楚国，不忍心看着楚国被秦国攻破，而自己又无用武之地，在极端的痛苦与失望中，于农历五月五日抱石投身汨罗江悲愤而死。楚国民众为了纪念他，并设法不让江里的鱼把屈原的尸首吃掉，每到端午节，就用竹筒贮米做成筒粽，投入江中以祭屈原。后人相沿成习。

2. 六月六

“六月六”，也称“洗晒节”，是汉族和一些少数民族人民的传统佳节，由于居住地区不同，过节的日期也不统一，汉族和一些布依族地区六月初六过节，称为六月六；而有些布依族地区六月十六日或农历六月二十六日过节，称为六月街或六月桥。

在旧时的汉族官府和民间都对“六月六”非常重视。每当六月六，如果恰逢晴天，皇宫内的全部銮驾都要陈列出来暴晒，皇史宬、宫内的档案、实录、御制文集等，也要摆在庭院中通风晾晒。各地的大大小小的寺庙道观要在这一天举行“晾经会”，把所存的经书统统摆出来晾晒，以防经书潮湿、虫蛀鼠咬。民谚有云：“六月六，人晒衣裳龙晒袍”“六月六，家家晒红绿”，“红绿”就是指五颜六色的各样衣服。清代的北京居民，都在六月初六那天翻箱倒柜，拿出衣物、鞋帽、被褥晾晒。因此，有的地叫“晒衣节”或“晒伏”。

六月六这天还有许多专门的食俗。从六月初六起，街市上的中药铺和一些寺庙开始施舍冰水、绿豆汤和用中药制作成的暑汤。主妇们也在这一天开始自制大酱。每到六月六，当天的饭食要吃素食，如炒韭菜、煎茄子和烙煎饼等。吃素食之俗除有清淡之意，是否还有深意，现在不得而知。“六月六，看谷秀”。农历六月已异常炎热，庄稼长势正旺，已是吐须秀麦穗之时，农家要观察长势，以卜丰歉。六月六农民还称为“虫王节”，要在农田、庭院里焚香祭祀，祈求上天保护，五谷丰登。旧时的北京还有郊游和赏荷的民俗。为了防热消暑，文人墨客常到有庙宇有树荫之名胜地及长河、御河两岸、东便门外二闸等地野游。旧时的二闸是通惠河上第二道闸所在地，是春夏之时百姓观景旅游的胜地。当时通惠河两侧垂柳成行、水波荡漾，运粮船和各种游船穿梭往来。在二闸的闸口处，还有一个飞溅的瀑布，岸边还有楼台亭阁、私人花园和一些茶棚酒肆，恰似江南美景。清代《北京竹枝词》这样描绘：“乘舟二闸欲幽探，食小鱼汤味亦甘，最是往东楼上好，桅樯烟雨似江南。”六月正值荷花盛开，人们也常到什刹海边尝莲品藕。两岸柳垂成荫，水中荷花争艳，在此乘凉消闲吃冰食，别有韵味。

在我国的晋南地区，六月六还称为“回娘家节”，一些地方出嫁的姑娘要在这一天回娘家歇夏。民间有“六月六，请姑姑”，人称“姑姑节”。六月六还被称作“天贶节”，据说起源于宋真宗赵恒。某年的六月初六，他声称上天赐给他天书，遂定是日为天贶节，还在泰山脚下的岱庙建造一座宏大的天贶殿。天贶节的民俗活动，虽然已渐渐被人们遗忘，但有些地方还有余留。江苏的不少地方，在这一天早晨全家老少都要互道恭喜，并吃一种用面粉掺和糖油制成的炒面，有“六月六，吃了糕屑长了肉”的说法。看来，这炒面与这“糕屑”应该是一个意思。

趣味链接

“回娘家节”的传说

传说春秋战国时，晋卿狐偃骄傲自大，气死亲家赵衰。一年晋国遭灾，狐偃外出放粮，说好六月初六回家过寿。女婿决定乘狐偃祝寿之机，刺杀丈人，以报父仇。女儿探知此事，赶回娘家报了信。狐偃放粮归来，看到了民间疾苦，后悔未听亲家忠告，痛恨自己做错事情。不但不怪罪女婿，还当众承认了自己以前的错误。后每于六月初六，狐偃必将女儿、女婿接回家中团聚。传到民间百姓效仿、相沿成俗。

三、秋季节日食俗

1．七夕

七夕节，又名七夕、少女节、女儿节、双七节、香桥会、巧节会等。民间相传农历七月初七夜牛郎织女在天河相会，民间有妇女乞求智巧之事，故名。

牛郎织女传说，本源于神话故事。早在先秦时，已有了牛郎织女诸星的记录。南朝《述异记》中已出现比较完整的牛郎织女故事：织女为天帝孙女，心灵手巧，能织造雾绡缣之衣，天帝怜其独处，嫁与河西牵牛之夫婿，但织女婚后，竟废织纤。天帝发怒，责令她与牛郎分离，仍归河东，只准每年七夕相会一次。朴实农民牛郎，在金牛星的帮助下，和天上织女七夕相会。

七夕节的主要饮食活动是在农历七月初七晚，家家陈瓜果食品，焚香于庭，以祭祀牵牛、织女二星乞巧。清代，在北方地区，七夕节时，民间有设果酒、豆芽，具果鸡、蒸食相馈，街市卖巧果，家人设宴欢聚等节日饮食文化活动。南方的巧果颇有特色，《清嘉录·巧果》记载苏州民间，每年七夕前，“市上已卖巧果，有以白面和糖，绾作苧结之形，油氽令脆者，俗呼为苧结。”江浙一带，有的用糯米加糖，油炸成各种小花果子，认为是甜蜜幸福的象征。七夕节的常见食品还有菱角、瓜子、花生、米粉煎油饽等。

2．中秋节

中秋节又称“仲秋节”“团圆节”。每年农历八月十五为“中秋节”。月到中秋分外明，银河微隐，桂香袭人，皎月当空，合家欢聚，共同赏月并品尝月饼，这是我国民间南北皆同的传统风俗。

中秋赏月的历史可追溯至唐代。《开天传信记》里说，自从传说唐玄宗梦游月宫，得到“霓裳羽衣曲”以来，中秋赏月的风俗才盛行起来。段成式的《酉阳杂俎》记述了月宫中吴刚伐桂的故事后，民间又有了祭月光菩萨的风俗。唐诗人白居易的“月宫幸有闲田地，何不中央种两株”，韦庄的“八月中秋月正圆，送君吟上木兰船”等诗句，都是为中秋赏月而发。

唐和五代时赏月食品只有“玩月羹”等。中秋吃月饼，最早见于苏东坡的“小饼如嚼月，中有酥与饴”之句。月饼正式作为一种食品名称并同中秋赏月联系在一起，始见于南宋《武林旧事》一书。至明代《宛署杂记》里说：每到中秋，百姓们都制作面饼互赠，大小不等，称为“月饼”。市场店铺也有含果仁馅料的月饼出售，价值数百钱。《熙朝乐事》里也说：“八月十五为中秋，民间以月饼作礼品相赠送，取团圆之意”。在杭州西湖苏堤上，人们成群结队载歌载舞，带上月饼和酒壶通宵游赏，同白天一样。从这些记载中，可见当时杭州中秋赏月的盛况。

我国人民长期以来，对月饼制作积累了丰富的经验。种类繁多，工艺讲究，咸、甜、荤、素，各具风味。明末彭蕴章在《幽州土风俗》中描写月宫饼“制就银蟾紫府影，一双蟾兔满人间。悔煞嫦娥窃药年，奔入广寒归不得，空劳至杵驻丹颜。”这说明心灵手巧的厨师，已把嫦娥奔月的优美传说作为食品艺术图案形象再现于月饼上。清代富察敦崇《燕京岁时记》也有“至供月月饼，到处皆有。大者尺余，上绘月宫蟾兔之形”的记述。足见古代月饼已如百花齐放，美不胜收。现今月饼，品种成百上千,五花八门，不一而足。但广东月饼、苏州月饼、云南月饼各具特色，深受人们欢迎。

中秋节与元宵节、端午节并称中华民族的三大传统佳节。各地节日有许多特殊的饮食习俗，如江西婺源地区必食塘鱼；江苏武进早上吃糖芋头；山东泰安一带吃小包子；云南昆明每户必做“合家大月饼”，然后一人一块食之。中秋节在傣族、苗族、白族、哈尼族、纳西族、蒙古族、瑶族、布依族等少数民族中也甚流行。

3．重阳节

农历九月初九，是民间的重阳节，古人以九为阳数，月、日都逢九，叫“重阳”，俗称“重九”。故又称“重九节”，汉族传统节日。重阳前后，气温骤降，是立秋后第一个寒讯，所以又称“重阳信”。

在我国民间各地，重阳节有出游登高、赏菊、插茱萸、放风筝、饮菊花酒、吃重阳糕等习俗，相传始于汉代。据《续齐谐记》载，东汉年间，汝南恒景随费长房游学，费对恒景说：九月九日汝南将有大灾难，连命阖家缝囊盛茱萸系臂上，登高饮菊花酒，可免此难。从此，每逢重阳，登高饮酒和插茱萸便沿袭成俗，代代流传。到唐宋时，人们把茱萸泡在酒里或直接插在头上，登高畅游，盛极一时。唐代诗人王维在《九月九日忆山东兄弟》中写道：“独在异乡为异客，每逢佳节倍思亲。遥知兄弟登高处，遍插茱萸少一人。”至于重九吃糕，含有“百事皆高”之意。而有的地区在这一天吃“粉糕”。《燕京岁时记》里说：“民间九月九日，以粉面蒸糕，上置用面做的小鹿数枚，号食鹿糕。”《唐六典・膳部》“九日麻葛糕”指的就是“重阳糕”。唐时重九食糕风俗普遍。

随着时代的进步和生产力的发展，重阳糕也日新月异，推陈出新。古时最讲究用糯米或黍米做重阳糕。唐代出现了动物形象的花糕；到了宋代，汴梁的糕面上有用粉做成狮子蛮王状，上面插上绿色小旗点缀，称“狮蛮糕”；南宋临安又发展为“取糖肉秫面杂糅为之，上缕肉丝鸡饼，缀以榴颗，标以彩旗。”少则两层，多则九层，并雕饰两只小羊，寓意“重阳”。清代诗人杨静亭诗有：“中秋才过又重阳，又见花糕各处忙。面夹双层多枣栗，当筵题句傲刘郎。”描绘的就是这种花糕。明清以来，重阳糕花色品种更多，有油糖果炉余的，也有发面垒果蒸的，还有用糯米、黄米蒸熟后捣成的。据《清嘉录》记载：“美人食米粉五色糕，名重阳糕，自是以后，百工人入夜操作，谓之夜忙。”有诗云：“蒸出枣糕满店香，依然风雨古重阳，织工一饮登高酒，篝火鸣机夜作忙。”另据清潘荣陛《帝京岁时纪胜》载，是日京师花糕极胜，市人争买，供家堂，馈亲友，有女儿之家，成年儿女送以酒礼，归宁父母，由此可见重九吃糕是全社会的风尚。现在的重阳节已成为敬老尊老的一个重要节日，因此又称为“敬老节”或“老年节”。

四、冬季节日食俗

1. 冬至

冬至是我国二十四节气之一，俗称“冬节”“长至节”“亚岁”等。冬至预示着一年一度的冬令进补到了冲刺阶段。现代医学认为，冬令进补能提高人体的免疫功能，调节体内的物质代谢，使营养物质贮存于体内，帮助体内阳气生发，为来年的身体健康打好基础，俗话说“三九补一冬，来年无病痛”，就是这个道理。

冬至习俗源于汉代，盛于唐宋，相沿至今。《清嘉录》甚至有“冬至大如年”之说。这表明古人对冬至十分重视。正因如此，使冬至食文化丰富多彩，诸如馄饨、饺子、汤圆、年糕等随着农业文明向现代工业文明的转变，冬至的节日重要性虽然有所降低，但丰富的节日内涵依然世代传承，我国一些地方仍然把冬至作为一个节日来过。

广东潮汕地区和海南的民间，冬至至今有祭祖先、吃甜丸、上坟扫墓等习俗。吃甜丸的习俗几乎普及整个潮汕地区，但这个习俗还包含着一个有趣的内容：人们在这一天把甜丸祭拜祖先之后，拿出一些贴在自家的门顶、屋梁、米缸等处。为什么要这样做呢？相传因为甜丸既甜又圆，是表示好意义，它预示明年又获丰收，家人又能团聚。厦门人对鸭可以说是情有独钟，一年四季都在吃鸭，盐鸭、酱鸭、烤鸭、四物炖鸭，而冬至吃姜母鸭却是不改的习俗。因此，冬至一到，就有很多人开始排队买姜母鸭。过去北京有“冬至馄饨夏至面”的说法。相传汉朝时，北方匈奴经常骚扰边疆，百姓不得安宁。当时匈奴部落中有浑氏和屯氏两个首领，十分凶残。百姓对其恨之入骨，于是用肉馅包成角儿，取“浑”与“屯”之音，呼作“馄饨”，恨以食之，并求平息战乱，能过上太平日子。因最初制成馄饨是在冬至这一天，在冬至这天家家户户吃馄饨。河南人冬至吃饺子，俗称吃“捏冻耳朵”。

趣味链接

吃“捏冻耳朵”的民间传说

相传南阳医圣张仲景曾在长沙为官，他告老还乡正是大雪纷飞的冬天，寒风刺骨。他看见南阳白河两岸的乡亲衣不遮体，有不少人的耳朵被冻烂了，心里非常难过，就叫其弟子在南阳关东搭起医棚，用羊肉、辣椒和一些驱寒药材放置锅里煮熟，捞出来剁碎，用面皮包成像耳朵的样子，再放下锅里煮熟，做成一种叫“驱寒娇耳汤”的药物施舍给百姓吃。服食后，乡亲们的耳朵都治好了。后来，每逢冬至人们便模仿做着吃，是故形成“捏冻耳朵”此种习俗。

冬至吃汤圆，在江南尤为盛行。民间有“吃了汤圆大一岁”之说。汤圆也称汤团，冬至吃汤团又叫“冬至团”，是用糯米粉做成面团，里面包上精肉、苹果、豆沙、萝卜丝等制作而成。冬至团可以用来祭祖，也可用于互赠亲朋。旧时上海人最讲究吃汤团，他们在家宴上尝新酿的甜白酒、花糕和糯米粉圆，然后用肉块垒于盘中祭祖。有诗云：“家家捣米做汤圆，知是明朝冬至天。”杭州人冬至喜吃年糕，每逢冬至三餐做不同风味的年糕，早上吃的是芝麻粉拌白糖的年糕，中午是油墩儿菜、冬笋、肉丝炒年糕，晚餐是雪里蕻、肉丝、笋丝汤年糕。冬至吃年糕，年年长高，图个吉利。台湾地区还保存着冬至用九层糕祭祖的传统，用糯米粉捏成鸡、鸭、龟、猪、牛、羊等象征吉祥如意福禄寿的动物，然后用蒸笼分层蒸成，用以祭祖，以示不忘老祖宗。同姓同宗者于冬至或前后约定之早日，集到祖祠中照长幼之序，一一祭拜祖先，俗称“祭祖”。祭典之后，还会大摆筵席，招待前来祭祖的宗亲们。大家开怀畅饮，相互联络久别生疏的感情，称之为“食祖”。

2．腊八节

腊八节，时间为农历十二月初八。中国远古时期，“腊”本是一种祭礼，人们常在冬月将尽时，用猎获的禽兽举行祭祀活动。“猎”字与“腊”字相通，“腊祭”即“猎祭”，故将每年的十二月称作“腊月”。《清嘉录》卷十二记有：“八日为腊八，居民以菜果入米煮粥，谓之腊八粥。或有馈自僧尼者，名曰佛粥。”在民间也有人家作腊八粥，阖家聚食，祀先供佛，或分赠亲友。腊八粥一般用各种米、豆、果品等一起熬制而成。

腊八粥不仅是礼佛食品、民间小吃食品，也是腊八节的重要礼品。清光绪年间《顺天府志》云：“腊八粥，一名八宝粥，每岁腊月八日，雍和宫熬粥，定制，派大臣监视，盖供膳上焉。其粥用糯米杂果品和糖而熬，民间每家煮之或相馈遗。”一些地方“腊八”要大开筵宴，如湖南澧州，于腊八日，“乡村筹钱，具醪酒、羊豕、雉兔，鸣腊鼓，祭报谷之神，乃燕耆老于上，群聚饮于下。”还有些地区有在腊八日制作“腊肉”的习俗。北京民间此日始泡“腊八蒜”。

▷ 本章小结

本章简单介绍了传统食礼的发展过程与饮食习俗的意义。在现代礼仪中，重点介绍了宴会的类型，主人和客人的礼仪及宴会座次和餐桌安排。饮茶和饮咖啡也有一定的礼仪要求。在饮食风俗中，年节食俗、人生礼仪食俗各有其特征；宗教信仰食俗和少数民族食俗又有它的特殊性，不同时间、不同地方和区域饮食风俗就有差异。正是“十里不同风，百里不同俗。”通过探讨食礼和食俗，使我们得到启发，能更好地了解中国的饮食文化。

讨论与训练

1. 冷餐酒会的特点是什么？
2. 茶道的操作程序有哪些？
3. 维吾尔族饮食习俗特点有哪些？
4. 招待会吃中餐时，使用筷子有何礼仪规范，饮酒有哪些礼仪和规范？

分析与应用

1. 了解并叙述自己当地的饮食风俗。
2. 简单总结我国佛教、道教的食俗特点。
3. 简述自己在过年时到亲朋好友家中做客时，要注意的民间传承的礼仪与习俗事项。
4. 你认为，在新时期传承传统优秀文化，倡导现代餐桌礼仪文明，应该从哪些方面做起？

第7章 中国饮食养生文化

▷ 本章内容

1. 中国传统饮食养生概述。
2. 中国传统饮食养生理论在菜肴中的应用。
3. 中国现代饮食养生理论与应用。

▷ 学习目标

1. 了解中国饮食养生的起源与发展，掌握中国饮食养生的特点。
2. 认识中国饮食养生文化的内容及其在中国传统文化中的地位和意义，熟悉饮食平衡、五味调和、四季养生等观念与运用。
3. 学习当代中国饮食养生的发展趋势与现代营养学的内容与应用，掌握饮食卫生的基本知识。

第一节　中国传统饮食养生概述

中国饮食文化的一个重要思想，就是饮食不仅是为了维持生命，更重要的在于养护生命，这就是中国人自古以来的饮食养生之道。古人说："民以食为天"，这说明饮食是保证生存不可缺少的条件。每个人只要活着就要吃，但是，人为什么要吃、应该怎样吃？这却不是每个人都知道的。明代大医药学家李时珍曾说过："饮食者，人之命脉也"，这是千真万确的。因此我国古人认为养生，必须首先从饮食做起，真正懂得吃的科学和方法吃是生命活动的表现，是健康长寿的保证，"安谷则昌，绝谷则危"。只有足食，才能乐业，"安民之本，必资于食"。因此，饮食不仅维系着个体的生命，而且关系到种族的延续，国家的昌盛、社会的繁荣、人类的文明。

一、中国饮食养生的起源与发展

原始人类在与自然界斗争的过程中，逐渐发现了有些动植物既可充饥又可保健疗疾，积累了很多宝贵的经验。随着社会的进步，人们认识并开始利用火。我国古籍中记载说："燧人氏钻木取火，炮生为熟，令人无腹疾，有异于禽兽。"可见火的发现是人类饮食营养、养生保健的里程碑式进步，具有深远的意义。

随着陶器的出现和使用，食物的加工不仅限于"火上燔肉"和"石上燔谷"，烹调方法日益多样化，食物的味道也更加可口。此时期还出现了酒，在《吕氏春秋》中就已有"仪狄作酒"的记载，但最初只限于粮食作物和果实自然发酵而成的酒，此后又出现了复合成分的食用酒和药用酒。商代的大臣伊尹改革了烹饪器具，并发明了羹和汤液等食品，开创了煮食和去渣喝汤的饮食方法。公元前5世纪的周代，出现了专门掌管饮食营养保健的"食医"。此后，醋、酱、糖、豆腐等调料及食品也相继出现，为中国饮食养生观的形成奠定了物质基础。

《黄帝内经》是我国第一部医学理论专著，其中说："大毒治病，十去其六；常毒治病，十去其七；小毒治病，十去其八；无毒治病，十去其九。谷肉果菜，食养尽之，无使过之，伤其正也。"这可以说是我国饮食养生理论对人们长期饮食实践结果的高度总结。"食养"，亦即饮食养生，书中高度评价了饮食养生的作用。合理的饮食可以养生命之正，可以无毒治病，这是中国饮食养生理论的重大进步。饮食养生，也就是食疗养生，东汉名医张仲景治疗外感病时服桂枝汤后要配合饮食，有"啜热稀粥一升，余以助药力"，在服药期间还应禁忌生冷、黏腻、辛辣等食物，可见其对饮食养生及其辅助治疗作用的重视。

隋唐时期有很多食疗食养专著问世，如孙思邈的《备急千金要方》卷二十六专论食治，他主张"夫为医者，当须先洞晓病源，知其所犯，以食治之，食疗不愈，然后命药"。因为时人认为"是药三分毒"，药物或多或少都会对人体有害，而饮食治疗的副作用则大大降低，对于生命的养护具有重要意义，体现了“药治不如食治”的原则，也体现了中华民族对于饮食与生命之关系的科学认识。此后的《食疗本草》《食性本草》等专著都系统记载了一些食疗及药膳方。宋代的《圣济总录》中专设食治一门，介绍各种疾病的食疗方法。宋代陈直著有《养老奉亲书》，专门论述老年人的卫生保健问题，重点谈论了饮食养生与人体健康的重要作用。元代饮膳太医忽思慧编撰的《饮膳正要》一书，继承食养、食医、食治结合的传统，对健康人的饮食做了很多的论述，堪称我国第一部饮食养生学专著。明代李时珍的《本草纲目》收载了谷物、蔬菜、水果类药物300余种，动物类药物400余种，皆可供食疗养生使用。此外，卢和的《食物本草》、王士雄的《随息居饮食谱》及费伯雄的《费氏食养三种》等著作的出现，使饮食养生理论得到了全面的发展，并在中医学理论体系中形成了独具特色的饮食养生理论。

知识延伸

《随息居饮食谱》简介

《随息居饮食谱》为清代王士雄撰，成书于清咸丰十一年（1861年），是一部著名的营养学专著。全书共一卷，列食物331种，分水饮、谷食、调和、蔬食、果食、毛羽、鳞介等七类，每类食物多先释名，后阐述其性味、功效、宜忌、单方效方甚或详列制法，比较产地优劣等。论述清晰，重点突出，语言通俗易懂，是研究中医食疗法、养生保健、祛病延年的一本必备参考书。

而今，随着社会经济的发展和人民物质生活水平的提高，人们越发重视饮食的科学性与合理性，意识到健康的饮食结构不仅能维持正常的生理功能，而且合理使用更能起到祛病强身、延年益寿的作用，从而提高了生命质量。通过现代营养学研究表明，中国传统饮食与人体所需的营养结构有很多不谋而合之处，进一步证实了中医饮食养生理论的科学性。

二、中国饮食养生的原则与特点

1. 中国饮食养生四大特点

俗话说：“民以食为天”，自神农氏尝百草的滋味、水泉的甘苦，开拓了我国远古人找寻和认识药物与食物长期实践光辉的食养一页。儒家自我国商代伊尹、西周食医和孔孟倡导“食性”以来，历代儒医对饮食养生多有所继承和发展。在社会历史变革的长河中，虽难免不受佛教、道教等宗教文化的某些影响，但也逐渐形成了儒家饮食养生的若干风格和原则，其特点大致可概括为四点。

（1）饮食养生宜早不宜迟　祖国医学一直认为，脾胃是人体的后天之本，故倡导养生特别是饮食养生至迟也须从青、中年开始，经过饮食调理以保养脾胃实为养生延年之大法。如味甘淡薄也足以滋养五脏，故劝人尽量少吃生冷、燥热、重滑、厚腻饮食，才不致损伤脾胃。如能长期做到顾护脾胃，从而起到保护脾胃的作用而恰当地进行饮食养生，则多可祛病长寿。

（2）饮食养生关键在于饮食有节　节制饮食的要点关键在于“简、少、俭、谨、忌”五字。饮食品种宜恰当合理，进食量不宜过饱，每餐所进肉食不宜品类繁多，要十分注意良好的饮食习惯和讲究卫生，宜做到先饥而食，食不过饱，未饱先止；先渴而饮，饮不过多，并尽量避免夜饮夜食等。此外，过多偏食、杂食也不相宜。

（3）病患宜先食疗后药治　食疗在却病治疾方面有利于长期使用，尤其对于老年人来说特别重要。因为老年人多有五脏衰弱，气血耗损，加之脾胃运化功能减退，故先以饮食调治更易取得用药物所难获及的功效。另一个方面，大多数老年人患有程度不一的慢性病或身体虚弱，一则难坚持长期服药；二则有的不太习惯；三则易发生不良反应，所以先通过食疗进行调理，如果效果不明显必要时再用药物进行治疗较为妥当。

（4）讲究饮食适宜与卫生　饮食过程要细嚼慢咽，最忌虎咽狼吞，这是人人皆知的道理。饮食养生的一个重要方面是善于学会选择健康的食物与节制饮食，对腐败、油腻、荤腥、黏硬难消化、干燥炙炒、浓醇厚味饮食要注意适当食用或不食用。清淡饮食对人的健康有益，所以选择口味清淡、易于消化的食物为好。另外饮食宜暖，但暖亦不可烫口，以热不灼唇，冷不冰齿为宜，坚硬或筋韧、半熟之肉品多难消化，食物要熟透细软，对于老人来说尤其重要。

2．中国饮食养生的原则

（1）合理调配　人吃单一食物是不能维持身体健康的，因为有些必需的营养素，如一些必需脂肪酸、氨基酸和某些维生素等，不能由其他物质在体内合成，只能直接从食物中取得。而自然界中，没有任何一种食物，含有人体所需的全部营养素。因此，为了维持人体的健康，就必须把不同的食物搭配起来食用。

我国人民早就认识到了这一点。如《黄帝内经》中说：“五谷为养，五果为助，五畜为益，五菜为充，气味合而服之，以补精益气。”“谷肉果菜，食养尽之。”这就全面概述了粮谷、肉类、蔬菜、果品等几个方面，是饮食的主要内容，并且指出了它们在体内起补益精气的主要作用，人们必须根据需要，兼而取之。同样，根据中药学的理论，还应注意食物的配伍问题。食物的配伍分宜与忌两方面。在宜方面又分相须、相使，在忌方面分为相反、相杀、相畏和相恶。这些知识对于我们调配饮食也是很重要的。

所谓相须，是指同类食物相互配伍使用，可起到相互加强的功效，如百合炖秋梨，共奏清肺热、养肺阴之功效。所谓相使，是指以一类食物为主，另一类食物为辅，使主要食物功效得以加强，如姜糖饮，温中和胃的红糖，增强了生姜温中散寒的功效。所谓相反，是指两种食物合用，可能产生不良作用。所谓相杀，是说一种食物能减轻另一种食物的不良作用。所谓相恶，是指一种食物能减弱另一种食物的功效。所谓相畏，是指一种食物的不良作用能被另一种食物减轻。

（2）五味调和　所谓五味，是指酸、苦、甘、辛、咸。这五种类型的食物，不仅是人类饮食的重要调味品，可以促进食欲，帮助消化，也是人体不可缺少的营养物质。中医认为，味道不同，作用不同。如酸味有敛汗、止汗、止泻、涩精、收缩小便等作用，如乌梅、山楂、山萸肉、石榴等；苦味有清热、泻火、燥湿、降气、解毒等作用，如橘皮、苦杏仁、苦瓜、百合等；甘味即甜味，有补益、和缓、解痉挛等作用，如红糖、桂圆肉、蜂蜜、米面食品等；咸味有泻下、软坚、散结和补益阴血等作用，如盐、海带、紫菜、海蜇等；辛味有发散、行气、活血等作用，如姜、葱、蒜、辣椒、胡椒等。因此，在选择食物时，必须五味调和，这样才有利于健康、若五味过偏，会引起疾病的发生。《黄帝内经》就已明确指出："谨和五味，骨正筋柔，气血以流，腠理以密，如是，则骨气以精，谨道如法，长有天命。"说明五味调和得当是身体健康、延年益寿的重要条件。

要做到五味调和，一要浓淡适宜；二要注意各种味道的搭配。酸、苦、甘、辛、咸的辅佐，配伍得宜，则饮食具有各种不同特色；三是在进食时，味不可偏亢，偏亢太过，容易伤及五脏，于健康不利。对于最后一点，《黄帝内经》中指出："多食咸，则脉凝泣而变色；多食苦，则皮槁而毛拔；多食辛，则筋急而爪枯；多食酸，则肉胝䐢而唇揭；多食甘，则骨痛而发落，此五味之所伤也。"即咸味的东西吃多了，会使流行在血脉中的血瘀滞，甚至改变颜色；苦味的东西吃多了，可使皮肤枯槁、毛发脱落；辣味的食品吃多了，会引起筋脉拘挛、爪甲干枯不荣；酸的东西吃多了，会使肌肉失去光泽、变粗变硬，甚至口唇翻起；多吃甜味食品，能使骨骼疼痛、头发脱落。以上都是因五味失和而影响机体健康的情况，从反面强调了五味调和的重要性。

（3）饮食要卫生　我国传统饮食历来有注意食品卫生的习惯，大教育家孔子很早就提出了一些食物不宜吃："食饐而竭，鱼馁而肉败，不食；色恶，不食；臭恶，不食；失饪，不食；割不正，不食……"里面最重要的一条是不吃腐败变质的食物。所谓"食饐而竭"，就是说饮食经久而腐臭；"鱼馁"，是指鱼腐烂，"肉败"是说肉腐败，这样的食品不能吃。怎样判断食品是否变质呢？孔子的办法是观察食品的颜色和气味。"色恶"，是说颜色难看，"臭恶"，是指气味难闻，凡这样的食品都不应该吃，吃了会引起食物中毒。

（4）饮食有节　《黄帝内经》中说："食饮有节……故能形与神俱，而尽终其天年，度百岁乃去。"《管子》中说："饮食节……则身利而寿命益；饮食不节……则形体累而寿命损。"《备急千金要方》说："饮食过多则聚积，渴饮过多则成痰。"这些都说明了节制饮食对人体的重要意义。相反，若不重视饮食有节，想怎么吃就怎么吃，想什么时候喝，就什么时候喝，就会对健康带来极大危害。

所谓饮食有节，是指饮食要有节制，不能随心所欲，要讲究吃的科学和方法。具体地说，是要注意饮食的量和进食时间。

一是饮食要适量。这是说人们吃东西不要太多，也不要太少，要恰到好处，饥饱适中。人体对饮食的消化、吸收、输布、贮存，主要靠脾胃来完成，若饮食过度，超过了脾胃的正常运化食物量，就会产生许多疾病。南北朝时道家著名人物、医药学家陶陶居曾写过这样一首诗："何必餐霞服大药，妄意延年等龟鹤。但于饮食嗜欲中，去其甚者将安乐。""餐霞""服大药"，是当时追求长生不老常用的两种方法，陶陶居这首诗歌劝告世人：何必去追求什么长生不老药，还想靠那些东西益寿延年，寿比龟鹤。只要在饮食嗜好中，改掉那些最突出的毛病，就会给你带来安乐。那么，哪些是饮食嗜欲中的"甚者"呢？饮食过饱就是一甚。饮食过量，在短时间内突然进食大量食物，势必加重胃肠负担，使食物滞留于肠胃，不能及时消化，从而影响营养的吸收和输布，脾胃功能也因承受过重而受到损伤。其实，对于这一点，古人早有认识。如《黄帝内经》中说："饮食自倍，肠胃乃伤"。其他中医典籍也更明确指出饮食过量对人的具体危害："多食之人有五患，一者大便数，二者小便数，三者扰睡眠，四者身重不堪修养，五者多患食不消化。"过饱不利于健康，但食之太少也有损于健康。有些人片面认为吃得越少越好，结果强迫自己挨饿，由于身体得不到足够的营养，反而虚弱不堪。正确的方法是"量腹节所受"，即根据自己平时的饭量来决定每餐该吃多少。"凡食之道，无饥无饱，是之谓五脏之葆"。这无饥无饱，就是进食适量的原则。只有这样，才不致因饥饱而伤及五脏。

二是饮食应定时。"不时，不食"，这是孔子的饮食习惯，即不到该吃饭的时候，就不吃东西，这是正确的。一日三餐，食之有时，脾胃适应了这种进食规律，到时候便会作好消化食物的准备。好吃零食的人，到了该吃饭的时候，常会没有饥饿感，勉强塞进些食品，也不觉有何滋味，而且难以消化。我国中医学认为，一日之中，机体阴阳有盛衰之变，白天阳旺，活动量大，故食量可稍多；而夜暮阳衰阴盛，即待寝息，以少食为宜。因此古人有"早餐好，午餐饱，晚餐少"的名训。清代马齐《陆地仙经》中提到："早饭淡而早，午饭厚而饱，晚饭须要少，若能常如此，无病直到老"。

（5）烹调有方　这是因为合理的烹调可以使食品色、香、味俱全，不仅增加食欲，而且有益健康。传统饮食养生学主张在食物的制作过程中，应注意调和阴阳、寒热，对老人饮食还提倡温热、熟软，反对黏硬、生冷。

所谓制作中的调和阴阳，是指在助阳食物中，需加入青菜、青笋、白菜根、嫩芦根、鲜果汁以及各种瓜类甘润之品，这样能中和或柔缓温阳食物辛燥太过之偏；而在养阴食物中加入花椒、胡椒、茴香、干姜、肉桂等辛燥的调味品，则可调和或克制养阴品滋腻太过之偏。

所谓制作中的调和寒热，是指体质偏寒的人，烹调时，宜多加姜、椒、葱、蒜等调味；体质偏热的人，则应少用辛燥物品调味，并需注意制作清淡、寒凉的食品，如蔬菜、水果、瓜类等。

老年人因脾胃虚弱，烹调时应多加注意。《寿亲养老新书》中说："老人之食，大抵宜温热、熟软，忌黏硬生冷"，黏硬之食难以消化，筋韧不熟之肉更易伤胃，胃弱年高之人，每因此而患病。故煮饭烹食，以及制作鱼，肉、瓜、菜之类，均须熟烂方食。

（6）四时宜忌　《饮膳正要》中说："春气温，宜食麦以凉之……夏气热，宜食菽以寒之……秋气燥，宜食麻以润其燥……冬气寒，宜食黍以热性治其寒。"这段话说明了，由于四时气候的变化对人体的生理、病理有很大影响，故人们在不同的季节，应选择不同的饮食。古人云："春发散宜食酸以收敛，夏解缓宜食苦以坚硬，秋收敛吃辛以发散，冬坚实吃咸以和软。"这种因时择味的主张至今仍为群众所喜用。

春天，万物复苏，阳气升发，人体之阳气也随之升发，此时应养阳，在饮食上要选择一些能助阳的食品，如葱、荽、豉等，使聚集一冬的内热散发出来。在饮食品种上，也应由冬季的膏粱厚味转变为清温平淡。冬季一般蔬菜品种较少，人体摄取的维生素往往不足，因此，在春季膳食调配上，应多采用一些时鲜蔬菜，如冬种绿色蔬菜春笋、菠菜、芹菜、太古菜等；在动物性食品中，应少吃肥肉等高脂肪食物。中医还主张："当春之时，食味宜减酸益甘，以养脾气，饮酒不可过多，米面团饼不可多食，致伤脾胃，难以消化。"这些都是值得我们注意的。

夏天，酷热多雨，暑湿之气易乘虚而入，人们往往会食欲降低，消化力也减弱，大多数人厌食肥肉和油腻等食物。因此，在膳食调配上，要注意食物的色、香、味，尽力引起食欲，使身体能够得到全面足够的营养。中医认为，夏季阳气盛而阴气弱，故宜少食辛甘燥烈食品，以免过分伤阴，宜多食甘酸清润之品，如绿豆、西瓜、乌梅等。《颐身集》指出："夏季心旺肾衰，虽大热不宜吃冷淘冰雪、蜜冰、凉粉、冷粥"，否则饮冷无度会使腹中受寒，导致腹痛、呕吐、下利等胃肠疾患，这点对年老体弱的人尤其重要。此外，夏季食物极易腐烂变质，因此，夏季一定要注意饮食卫生，不喝生水，生吃瓜果蔬菜一定要洗净。

秋天，气温凉爽、干燥，随着暑气消退，人们从暑热的困乏中解脱出来，食欲逐渐提高，再加上各种瓜果大量上市，应特别注意"秋瓜坏肚"。立秋之后，不论是西瓜还是香瓜、菜瓜，都不能恣意多吃了，否则会损伤脾胃的阳气。因气候干燥，在饮食的调理上，要注意少用辛燥的食品，如辣椒、生葱等皆要注意，宜食用芝麻、糯米、粳米、蜂蜜、枇杷、甘蔗、菠萝、乳品等柔润食物。明代李挺认为："盖晨起食粥，推陈致新，利膈养胃，生津液，令人一日清爽，所补不小"，此是主张秋季早晨要多喝点粥。

冬天，气候寒冷，虽宜热食，但燥热之物不可过食，以免使内伏的阳气郁而化热。饭菜口味可适当浓重一些，有一定脂类。因绿叶蔬菜较少，故应注意摄取一定量的黄绿色蔬菜，如胡萝卜、油菜、菠菜及绿豆芽等，避免发生维生素A、维生素B_2、维生素C缺乏症。为了防御风寒，在调味品上可以多用些辛辣食物，如辣椒、胡椒、葱、姜、蒜等。此外，炖肉、熬鱼、火锅也可多食一点。冬季切忌黏硬、生冷食物，此类属阴，易伤脾胃之阳。对于体虚、年老之人，冬季是饮食进补的最好时机。

（7）因人制宜　此指因人们的年龄、体质、职业不同，饮食应有差异。

不同年龄的饮食要求是不同的，这一点对于现代人来说饮食尽人皆知的。对于不同体质的饮食要求，在传统饮食养生学中是最为重要的特征。传统中医理论认为，人的体质有阴阳、冷热、虚实、燥湿等之分别，因此饮食不能够完全相同，必须因人而异。

不同专业的人群饮食也有差异。比如体力劳动者，首先要保证足够热量的供给，因为热量是体力劳动者能进行正常工作的保证。为此，必须注意膳食的合理烹调和搭配，增加饭菜花样，提高食欲，增加饭量，以满足工人们对热量及各种营养素的需求。此外，还要多吃一些营养丰富的副食以及蔬菜和水果。而脑力劳动者，脑消耗的能量占全身总消耗量的20%，因此，脑需要大量的营养。经研究证实，核桃、芝麻、金针菜、蜂蜜、花生、豆制品、松子、栗子等均有良好的健脑补脑功效，适宜食之。

第二节　中国传统饮食养生理论在菜肴中的应用

中华民族是一个非常注重养护、养育生命的民族，即平常所说的“养生之道”，这是“中华民族繁荣昌盛”的根本保证。而“养生之道”的基础又在于饮食养生，古人提倡“食饮有节”、杜绝“病从口入”等都是饮食养生的理论实践。

中华民族的饮食养生观，自古以来就建立在“人与自然和谐相处”前提下的，这样的饮食思想是最符合人类生命养育之道的。中国一个“和”字就体现了这样的饮食养生观。“和”不仅有平和、和谐、中和等含义，其中还包含着“人类以摄取植物性食物为主的饮食行为，是最有益于生命的滋养，且能够与大自然和谐相处”的观念。早在2000多年以前，人们就在和谐养生的基础上总结出了“五谷为养，五畜为益，五菜为充，五果为助”的饮食实践经验，奠定了中华民族饮食养生的理论基础。

中国菜肴烹饪体系的发展与形成，就是以中华民族的饮食养生观为理论基础的最好实践产物。中国菜的菜肴制作、用料搭配、筵宴组合，乃至一日三餐的食馔制作，都很好地运用了中华民族传统的饮食养生理论，并在经过了长期的菜肴烹饪与饮食实践活动中，不断丰富积累逐渐形成了较为完备的菜肴体系。因此，中国菜的养生之道成为中国菜形成与发展的灵魂所在。

一、孔子饮食养生观在中国菜中的运用

中国菜，根植于儒家文化、黄河文化、中原文化的深厚土壤，以其丰厚的历史积淀与悠久的历史传承，成为世界饮食文化发展史上影响力最大、覆盖范围最广的菜肴体系，是

中国历史文化遗产的重要组成部分。中国菜的养生之道受到儒家饮食养生观念的影响也是最大的。

在儒家经典著作《论语・乡党》中，记录了孔子一段关于菜肴、食馔饮食养生的论述，系统地阐述和表达了孔子的饮食养生观。他说："食不厌精，脍不厌细。食饐而餲，鱼馁而肉败，不食。色恶，不食。臭恶，不食。失饪，不食。不时，不食。割不正，不食。不得其酱，不食。肉虽多，不使胜食气。唯酒无量，不及乱。沽酒市脯，不食。不撤姜食，不多食。祭于公，不宿肉。祭肉不出三日，出三日不食之矣。食不语，寝不言。"

知识延伸

孔子简介

孔子，本名孔丘，字仲尼，生于公元前551年，卒于公元前479年，春秋时期鲁国人。孔子是我国古代伟大的思想家和教育家，儒家学派创始人，世界最著名的文化名人之一，编撰了我国第一部编年体史书《春秋》等其他历史经典著作。据有关记载，孔子出生于鲁国陬邑昌平乡（今山东省曲阜市东南的南辛镇鲁源村）；孔子逝世时，享年73岁，葬于曲阜城北泗水之上，即今日孔林所在地。孔子的言行思想主要载于语录体散文集《论语》及先秦和秦汉保存下的《史记・孔子世家》。

孔子关于饮食养生的论述对于后世人们所食用的中国菜产生了极其重要的影响。其中对于中国菜养生的影响，主要包括如下几个方面。

1．对于中国菜菜肴加工的影响

孔子有著名的"食不厌精，脍不厌细"之语。这一饮食之论，被许多后人认为是孔子倡导人们片面地追求精美考究的饮食生活方式。其实这是一种错误的理解。事实上，他完全是基于当时平民阶层粗粝劣食的现状而提出来的，告诉人们在食料充足的情况下，尽可能提高菜肴、饭食的加工水平和烹饪技术水平，使入口的菜肴、饭食精细些。长期食用加工粗糙的菜肴和制作粗劣的饭食对人体的健康是不利的，不符合起码的养生之道。在菜肴、饭食加热烹饪方面，孔子提出了"失饪，不食"的科学养生观点。清人刘宝楠在《论语正义》中云："失饪，有过熟，有不熟。不熟者尤害人也。"显然，孔子倡导人们不要去吃加工不熟或过熟的食物，这就需要改进和提高菜肴的烹调技术。对于菜肴加工，孔子提出了"割不正，不食"之论。"割不正，不食"表面上看是对刀工的要求。其实，刀工的好坏又直接影响到菜肴烹饪的效果。如果一锅菜肴，食物原料切割的块大小不均匀，必然受热不匀，就会发生生熟不一致的现象，人们吃了这样的菜肴，就会影响消化吸收，甚至导致疾病的发生。所以，孔子一贯提倡的菜肴加工要精细、火候掌握要恰当、原料切割要均匀等要求，都是出于对菜肴烹饪与饮食养生的需要。

2．对于菜肴调味的影响

菜肴的调味也要讲究合理，否则不仅味道不美好，而且于人体有害，不符合饮食养生的原则。孔子的“不得其酱，不食”“不撤姜食，不多食”的论点，对中国菜调味实践的指导意义极其重要，而且传承至今。据明人李时珍《本草纲目》研究成果表明，酱有“杀百药及热汤火毒，杀一切鱼、肉、菜蔬、蕈毒。”的功能，而且姜更是“久服去臭气，通神明。归五脏，除风邪寒热。……益脾胃，散风寒……熟用和中”的良药。山东人“大葱蘸面酱”的菜食组合是典型的代表，而在中国菜中，举凡有生食的菜肴部分，如烤鸭、烤乳猪、生食蔬菜等，都必须蘸酱而食用的，其中饮食养生的道理不言而喻。姜的运用，在中国菜菜肴的制作中更是充当重要的角色，通过对中国菜常见的菜肴进行统计，大多数海产原料、水产原料及一些食物属性属于凉性的菜肴制作，无不需要添加姜来调味。姜的温热功能，可以平衡寒性的食物，使其成为性味平和的菜肴，以利于菜肴的养生效果。所以，煮海蟹、拌海蜇之类的菜肴必佐以姜汁，就是中国菜菜肴养生的实践运用。

3．对于菜肴用料配合的影响

孔子提出“肉虽多，不使胜食气。”原意是说餐桌上的饭食再好再丰盛，也不能因贪口欲之享而不吃主食，只吃肉类菜肴。因为动物肉等辅食吃多了，是不易消化的。中国传统养生理论认为：“人以水谷为本”，其他只能作为辅助养益食料。所以，《黄帝内经·素问》中有“五谷为养，五果为助，五畜为益，五菜为充”的菜肴、饮食组合理论，这与孔子的饮食观点是不谋而合的。而且这一观点已被现代科学证明是合理的饮食结构类型。如果人们每天不吃谷物，而大量地享用山珍海味、大鱼大肉，不仅会导致营养失衡，还会影响消化系统的健康。因此，只有主辅相配得宜，饮食有节制，才合乎科学的原则，于人体健康才会有利。表现在中国菜养生的实践中，则形成了中国菜讲究原料配伍的技术特点。资料表明，中国菜中有60%以上的菜肴是荤素原料搭配而成的，即使一种主料的菜肴，也必定有多种小料与之配合。中国菜传统筵宴中除了丰盛的肉类菜肴，更重视筵宴点心、主食的配合，为了有利于配合主食，筵宴中还设计了一定数量的饭菜，这些都是出于饮食养生的需要。但今天的筵宴主食已经变成被大家所忽略的部分，这就违背了中国饮食养生的基本原则。

二、“五味调和”是中国菜养生之道的基础

儒家文化思想的核心内容是“中庸之道”，体现一个“和”字。中国菜的烹调技术与原料的配伍，乃至筵宴菜肴的组合无不体现这一理念，并由此成为中国养生之道的理论基础。

中国菜的调味历来讲究“五味调和百味香”，而“五味调和”是其根本所在，这是中国菜养生理念的精华之处。中医理论认为：“五味入胃，各归所喜，故酸先入肝，苦先入心，

甘先入脾……”也就是说，任何一种味道过于偏重，都会造成对身体的伤害，所以菜肴、饭食做到味“和”最为重要。

知识延伸

阴阳五行学说与五味

中国传统文化中的阴阳五行学说是饮食文化中“五味”产生的理论根据。人体以生理结构为基础，“依合阴阳，调节饮食”，李时珍有“肝欲酸、心欲苦、脾欲甘、肺欲辛、肾欲咸”五味合五脏原则，详细地阐明了阴阳五行饮食对人体的影响。五味的调和是饮食烹饪的最高标准，是哲学与美学的结合。中国饮食文化中的调和，使食馔不仅供人充饥，美味佳肴也是人类的美的享受，从而造就了中国饮食“甘而不浓、酸而不酷、咸而不减、辛而不烈、淡而不薄、肥而不腻”，五味调成百味鲜的特色。中国饮食崇尚朴素自然，讲究原物、原味、原形、原质、原汤，以自然食品为主，以素食为主。

菜肴之中，五味调和之首，在于“汤”的应用，而对于熟谙中国菜真谛的世人来说，都知道中国菜烹调的精华在于“汤”的运用。没有“汤”，菜肴就失去了灵魂之所在。中国菜“汤”的制作历史悠久，早在魏晋南北朝时期就已经成熟，《齐民要术》一书中有详细记载。

菜肴中“汤”的运用之妙，完美体现在一个“和”字上。首先，无论清汤、奶汤的本身就是众多美味成分与营养成分的融合。汤内含有各种呈鲜味的氨基酸及少量的芳香物质，含有多种矿物质尤其含有丰富的钙，含有多种脂溶性维生素等，但这么多的营养素与美味成分融为一体而各不显现，达到的味“和”的境界。其次，汤是融合各种调味原料的最佳载体，无论调味料的种类、数量、使用方法如何变化，一旦添加到汤中后，便再无个性表现，而成为融合一体的复合美味，达到了“五味调和百味香”的菜肴制作妙境。

菜肴中的调味之“和”，还体现在虽然众味杂陈、百味千料，但绝对不使菜肴的口味有所偏颇，要达到“水火相济”，又不偏不倚的效果。《春秋左传》记载了这样的一段话：“公曰：‘和与同异乎？’（晏子）对曰：‘异！和如羹焉，水、火、醯、醢、盐、梅，以烹鱼肉，燀之以薪，宰夫和之，齐之以味，济其不及，以泄其过。君子食之，以平其心。’……”晏子是齐国时期著名的贤相，他的这段话虽然是在论述君臣之间的关系，但却是借用了中国菜烹调养生之道进行阐述的，这就从一个侧面揭示了中国烹饪调味的“和”。而这种表现在烹调技术上的“味之和”又恰恰与儒家文化的“中和”思想相吻合。其实，这种“和”的理念在菜肴的烹饪中除调味以外，还表现在很多方面，比如配菜要讲究原料的质地、色形的“和谐”，用火要讲究轻重缓急与所烹制的原料相适“和”，筵宴中则要讲究菜肴与菜肴之间的搭配之“和”等。

菜肴讲究烹调之“和”，可以说这是中国菜文化的最高水准。而“和”又是中国儒家文化的最高精神境界。正是因为菜肴的调“和”之美，使中国菜具有了“平和适中，受众广泛”的菜系属性与特质。可以毫不夸张地讲，中国菜无论在世界上的任何地区，没有人会拒绝接受，也没有人会不适应中国菜的饮食口味。近年来中国菜肴在世界饮食市场上的大行其道就证明了这一点。因为，它是“中和”的，不偏激、不猎奇、不走偏锋，不含混不清。而这与中华民族传统的养生思想是完全一致的。所以说，中国菜的灵魂是中国的饮食养生之道，如果从这样的层面上看，中国菜将会在长远的历史发展中服务世界上所有人的胃口，也未可知的。我们相信，儒家文化孕育的中国饮食文化或许能够在21世纪的今天造福于“地球村”的全体人类。中国菜当为世人惠，这既是中国菜发展的必然结果，也是中国菜应当发挥出来的历史作用。因为，中国菜“五味调和”的养生观念与当代人健康养生的生活追求是完全相吻合的。

三、“大味必淡”是中国菜肴的一贯主张

我国古人有“大味必淡，大音必希”之语。古人把“大味必淡”解释为“美味必淡而无味”，由此，“大味必淡”的表面意义显而易见。

“大味必淡”的观念虽然是一种哲学层面的说教，但中国菜在菜肴烹调的实践中却是一贯遵循的主张。当然，这里的“大味必淡”不是指菜肴烹调的没有味道，而是恰当的调味，才符合养生之道。《管子》说：“淡也者，五味之中也。”因为水味极淡，才能融合众味，从而起到调和得宜的效果，所以淡味是大味，是至味。而厚味、浓味本身已经没有办法融合其他的味，因而老子有“五味令人口爽，”之语，所谓“口爽”就是导致口腔味觉失真，引申为疾病的意思。《吕氏春秋》也说：“凡食，无强厚味，无以烈味重酒，是以谓之疾首。”我国古代的养生家都强调饮食“厚不如薄，多不如少。”“茹淡者安，茹厚者危。”“若人之所为者，皆烹饪偏厚之味，有致疾伤命之虞。”讲的都是清淡饮食养生的道理。

调味艺术是中国菜肴烹饪技艺的精华所在，但使用大量的调味品，使菜肴口味浓重，不仅不能够达到品味艺术的境界，也不符合菜肴饮食养生的原则。现代营养学证明清淡的菜肴、饭食有益于人体的健康。比如烹调用油的过量使用，菜肴味道虽然浓香馥郁，但却容易因为脂肪的过量摄取导致心血管疾病的发生；而过量钠盐的食用，会增加高血压发病的机会等。中国传统中医养生学在实践中已经认识到了这一点，主张粗茶淡饭、淡薄滋味的养生观念。2000多年前的《黄帝内经》就有“味厚者为阴，薄为阴之阳”“味厚则泄，薄则通”的理论。清人在《老老恒言》一书中更是清楚地说：“血与咸相得则凝，凝则血燥。”因此说，

菜肴、饭食口味过咸、过香、过甜、过辣、过酸等，都是不符合饮食养生原则的。而在众多的菜肴体系中，能够遵循“大味必淡”这一养生原则进行菜肴烹调的，中国菜表现得最为突出。

首先，中国菜好吃是因为能够品出美好的味道，而过于浓重的、强刺激性菜肴是达不到品味艺术境界的，也就没有美味可言。在从事中国菜制作的厨师传承中，历来就有“咸了出味淡了鲜”的说法，中国菜的制作对此是遵守不悖的。下饭的菜肴，味道要浓重一点，因为一般的饭是无味的，所以配合浓重口味的饭菜进食，可以起到平衡的效果，而实际上口味仍然处于较清淡的水平上。筵宴用来下酒的菜肴，则要求以鲜味为主，所以在菜肴烹调中使用少量的盐起到提鲜效果即可。这在汤煲类菜肴、广东的海鲜菜肴、江浙菜肴的制作中表现得尤其突出，充分体现了中国菜这一养生原则。

其次，保持菜肴味道的纯正，也是“大味必淡”这一养生原则的具体表现。众所周知，中国菜向来以“口味纯正”的特点见长，菜肴调味讲究章法，讲究艺术效果，一方面重视菜肴原料的本味，另一方面重视突出菜肴的主味。因此，中国菜中，杂乱无章、莫名其妙、含糊不清类型的口味是很少有的。一道菜肴，甜就是甜，鲜就是鲜，咸就是咸，体现的是菜肴口味的纯正。即使有的菜肴也运用复合味进行调味，但仍然遵循口味纯正的调味原则，如甜酸、酸辣、咸鲜等，也是一品便知，传给味蕾的信息是清晰可感的，这也是符合饮食养生的原理。中国菜除少量口味浓重、具有强刺激味型的菜肴外，大部分都是以口味纯正为主。我国古人也早就认识到了这一点。《管子・揆度》曰：“其在味者，酸、辛、咸、苦、甘也。……味者，所以守民口也。”纯正味道的菜肴、饭食可以使人保持清醒的品味状态，而过于偏嗜、过于刺激、过于混杂的味道可能使人失去对美味的控制能力。而食用口味纯正、清淡菜肴的人们就能够辨别五味，其目的就是让人们自觉地控制食欲。因为，不能够控制对美味的适度享受，就会导致饮食失控，于健康、养生是不利的。所以，《管子・内业》说：“凡食之道：大充，伤而形不藏；大摄，骨枯而血冱。充摄之间，此谓和成”意思是说，饮食的规律在于适度，过于饱食，会使人体受损而没有好处，过于饥饿，会使骨骼萎缩而血气不和。所以，《管子・禁藏》提醒人们：“食饮足以和血气，衣服足以适寒温。”也就是说，生活的享受要有所节制，饮食只要能保证营养健康的需要就行。

四、“四季养生”在中国菜肴中的实践运用

中国传统的饮食养生之道，讲求的是从阴阳、应四时、致中和。所以，《黄帝内经》说：“故阴阳四时者，万物之终始也，死生之本也。逆之则灾害生，从之则苛疾不起，是谓得道。”这就是中华民族“四季养生”的理论根据，菜肴饮食也是如此。

先哲孔子有“不时，不食”的言论，其主要的意思就是不到成熟季节的食物不能食用。许多植物的果实不完全成熟时，含有许多对人体有害的成分，对人体的健康不利，不符合饮

食养生之道。所以《吕氏春秋》有“食能以时，身必无灾”的论断，这可以说是对“不时，不食”的最好诠释。

中国菜的菜肴配伍，最重视应时应节，什么样的时节使用什么样的原料，食用什么样的菜肴，皆以顺应四季为原则。齐鲁大地，四季分明，食物出产也应时应节，如春季菜肴配料多用韭菜、香菜、香椿、荠菜、春笋之类，而筵宴菜肴也多以平和润滑、清爽菜肴见长。夏天则以清淡的汤菜、凉菜、蔬菜类菜肴为主，但在烹调肉类、海鲜类菜肴时一定要用姜、大蒜等调味，生姜温暖脾胃，大蒜的消毒杀菌功效尽人皆知。而冬季菜肴则以口味厚实，热量丰富之品居多，羊肉等动物肉类、火锅类菜肴成为冬季筵宴上的主打品种，目的就是适应季节性的变化，以起到菜肴饮食养生的效果。

即便是一种菜肴，有时也要根据不同的季节采用不同的烹调方法，以适应季节性的变化。如鲁菜有一道著名的大菜“红烧肘子”。其实“红烧肘子”是一种笼统的称呼，真正在筵宴中运用起来，是根据不同季节有所变通的。一般说来，“红烧肘子”适合冬季筵宴之用，味美肥厚，热量丰富。而夏天如果吃肘子则以“水晶肘子”见长，由于加工方法不同“水晶肘子”中的脂肪含量大大降低，菜肴凉爽可口，清淡不腻，且有利水解热之效果。春季则以“清炖肘子”为佳，而秋天需要滋阴润燥的菜肴食品，“白扒肘子”则是最佳选择。再如淮扬菜中的“狮子头”一道菜肴也是如此讲究，春天要吃“春笋狮子头”，夏天要吃“清炖狮子头”，秋天宜吃“蟹粉狮子头”，冬季则吃“红烧狮子头”。粤菜中汤煲类菜肴的应用，更是讲究四季的配合，什么季节适合进食哪一种汤煲，是有一定养生功能与意义的，所有这些的目的只有一个，就是菜肴搭配要符合饮食养生的原理。

《周礼·天官冢宰·食医》说：“凡食齐视春时，羹齐视夏时，酱齐视秋时，饮齐视冬时。”意思是说，食用饭菜要像春天一样温，食用汤羹要像夏天一样热，酱食要像秋天一样凉，饮料要像冬天一样寒。这是中国菜一贯遵循的养生之道。饭菜、汤羹、粥品要热食，益于养护脾胃，且味道美好，所以菜肴中有“一热胜三鲜”的说法。为此，冬季菜肴为了保温在有条件的情况下使用保温餐具，如孔府就有一套水暖的银制餐具，即使在没有取暖设施的年代也可以使菜肴得到良好的保温效果。传统的中国筵宴中，不仅热菜酒肴要热，冬季饮用白酒都要温热，也是为了养生之需。

总之，在中国菜的菜肴制作中，在中国筵宴的运用中，甚至在人们的一日三餐中，无不以中华民族传统的饮食养生的原理作为指导，并在长期的烹调实践中去运用。由此形成了中国菜以养生为目的的饮食体系。

第三节 中国现代饮食养生理论与应用

一、现代营养学的运用

1. 平衡膳食的内容

平衡膳食，也可以简单理解为膳食营养供给与人体的生理需要之间的平衡。因此，平衡膳食需要同时在四个方面建立起膳食营养供给与机体生理需要之间的平衡：能量供应平衡，氨基酸平衡，各种营养素摄入量之间的平衡及食物的酸碱平衡等。否则，就会影响身体健康，甚而导致某些疾病发生。

（1）能量供应平衡　现代营养学证明，食物中的碳水化合物、脂肪、蛋白质均能为机体提供能量，称为产能营养素。当产能营养素提供的总能量与机体消耗的能量平衡时，三者比例为：碳水化合物占50%～65%、脂肪占20%～30%、蛋白质占10%～15%时，各自的特殊作用发挥并互相起到促进和保护作用，这种总能量平衡，热量比例也平衡的情况称为产能营养素构成平衡。当碳水化合物、脂肪供给过多时，可能引起肥胖、高脂血和心脏病；过少时，则造成营养不良，有可能诱发多种疾病，如贫血、结核、抵抗力降低等。三种产能营养素是相互影响的，总能量平衡时，比例不平衡，也会影响健康。如蛋白质提供过少时，则影响蛋白质正常功能发挥，将造成蛋白质消耗，影响体内平衡。当碳水化合物和脂肪供给不足时，就会削弱对蛋白质的保护作用。

（2）氨基酸平衡　食物中蛋白质的营养价值，基本上取决于食物中所含有的必需氨基酸的数量和比例。只有食物中所提供的必需氨基酸的比例，与人体所需要的比例接近时才能有效地合成人体的组织蛋白。比例越接近，生理价值越高，生理价值接近100时，即100%被吸收，称为氨基酸平衡食品。多数天然食物都是氨基酸不平衡食品。所以，要提倡食物的合理搭配，利用蛋白质的互补作用，来纠正氨基酸构成比例的不平衡，提高蛋白质的利用率和营养价值。

（3）各种营养素摄入量之间的平衡　不同的生理需要、不同的活动、营养素的需要量不同，加之各种营养素之间存在着错综复杂的关系，造成各种营养素摄入量间的平衡难于把握。中国营养学会制定了各种营养素的每日供给量。只要各种营养素在一定的周期内，保持在标准供给量误差不超过10%，营养素摄入量间的平衡就算达到了。

（4）食物的酸碱平衡　正常情况下人血液的，pH保持在7.3～7.4。应当食用适量的酸性食品和碱性食品，以维持体液的酸碱平衡，当食品搭配不当时，会引起生理上的酸碱失调。酸性食品摄入过多，血液偏酸、颜色加深、黏度增加，严重时会引起酸中毒，同时增加体内钙、镁、钾等离子的消耗，而引起缺钙，影响身体健康。

2．平衡膳食的原则

（1）能量供应充足，能满足生理与劳动的需要，并保持平衡。

（2）各种营养素品种齐全，数量充足，营养素之间的比例符合人体生理需要，各餐分配合理。

（3）食物数量充足，各餐食物均衡，能满足人体对营养素的需求。

（4）合理烹调，改进食物色、香、味、形，提高食物消化率，减少营养素损失。

3．平衡膳食的措施

平衡膳食就是为人体提供足够的能量和适当比例的各类营养素，以保持人体新陈代谢的供需平衡，并通过合理的膳食制度，合理制定食谱，合理选择原料与调剂配比，合理的烹调制作等具体措施，使膳食更适合人体的生理和心理需求。

（1）合理的膳食制度　合理的膳食制度，即合理地安排一天的餐饮，两餐之间的间隔和每餐的数量与质量，使进餐与日常生活制度和生理状况相适应，还要与消化过程相协调。膳食制度如果安排适当，可以协助提高劳动、工作和学习效率。膳食制度主要包括每日餐次、用餐时间和食物分配等内容。每日餐次按我国人民的生活习惯，一般成人每日三餐；在正常情况下，这种三餐制是比较合理的，两餐之间的间隔，一般以4～6小时较为合适。每日用餐时间应与一日的活动内容和休息时间相适应，一般早餐7时、午餐12时、晚餐18时，三餐定时，形成了条件反射，有利于产生旺盛的食欲并利于消化吸收。各餐的数量分配应根据劳动需要和生理状况安排，比较合理的能量分配，应该是午餐量稍多，早餐和晚餐量较少，一般早餐占全天总能量的30%，午餐占40%，晚餐占30%，总之应根据劳动状况和生活习惯来安排。

（2）合理制定食谱　食谱的基本内容包括每天食物的种类与数量和菜肴的名称，制定食谱的目的是使人体有计划得到所需要的能量和营养素。食谱一般有一日食谱或每周食谱等，可根据不同需要来定。

（3）科学合理加工食物　包括合理选料与切配食物原料、科学的烹调制作食物等。合理地选择利用与调剂原料配料同样是具体实施平衡膳食的重要环节。它除对菜肴的质与量、感官性状、食品成本等有重要影响外，也与菜肴的营养卫生有着密切的关系。在选料和切配时要注意与平衡膳食有关的几点要求：必须高度重视原料的卫生要求和新鲜度；清洗切配过程中要注意减少营养素的损失；要重视合理配菜，使菜肴的营养成分更趋合理。科学烹调就是对食物原料进行科学合理的搭配，选用科学合理的烹调方法，使制成的饮食成品尽可能多地保存原有营养素，合乎卫生要求，具有色、香、味、形、质都良好的感官性状，以维持或提高食物的营养价值，达到刺激食欲，促进消化吸收，使食用者的生理需求和心理需求都得到合理满足的目的。概括地说，就是通过烹调使食物满足卫生、营养、美观等三方面要求。

应用贴士

体质指数与人体健康

体质指数是国际上公认的体格评价指标，是评价营养状况和肥胖等级的重要方法。其计算公式为：体质指数=体重（千克）/身高（米）的平方，正常值在18.5~25之间，超过25则被认为是过重，30以上则属肥胖。这个计算方法虽然很简单，但得出的结果却能反映很多问题。研究人员通过大量数据调查，测定了体质指数与患癌风险之间的联系。男性体质指数每增加5点，患食管癌的风险会增加52%。对女性而言，体质指数每增加5点，患宫颈癌或胆囊癌的风险会增加59%。此外，胰腺癌、直肠癌、肾癌和乳腺癌等与肥胖也有一定的关系。

4. 中国居民膳食指南

我国制定居民膳食指南的目的是向人们建议合理膳食组成，使之符合食物构成“营养、卫生、科学、合理”的原则为基础。1989年制定了中国居民的第一个膳食指南，其间随着社会经济的发展和人们生活食物结构的变化有必要再加以修订。调查统计发现，我国居民因食物单调或不足所引起的营养缺乏病，如儿童发育迟缓、缺铁性贫血、碘缺乏症、佝偻病等虽有所减少，但仍需进一步控制；而与膳食结构不合理有关的慢性退行性疾病，如因摄食脂肪过多所致的心血管与脑血管疾病，因摄食物中致癌物（致癌的前体物及食盐、脂肪过多）所致的肿瘤，因摄食热量过多所致的肥胖等营养过剩病与日俱增；我国居民维生素A、B族维生素和钙摄入量普遍不足；部分居民膳食中的谷类、薯类、蔬菜比例明显下降，而油脂和动物性食物摄入过高；能量过剩，体重超重等问题日益显现；食品卫生问题也有待改善。同时，随着时代的发展和国民经济水平的提高，我国居民膳食消费和营养状况发生了很多变化，为了更加契合我国居民健康需要和生活实际，2014年中国营养学会组织中国居民膳食指南修订专家委员会，依照调查数据、科学分析、健康报告等，对《中国居民膳食指南（2007）》进行修订，并于2016年颁布。以科学证据为基础，从维护健康的角度，为我国居民提供食物营养和身体活动的指导。《中国居民膳食指南（2016）》由一般人群膳食指南、特定人群膳食指南和中国居民平衡膳食实践三部分组成。核心推荐内容包括食物多样，谷类为主；吃动平衡，健康体重；多吃蔬果、奶类、大豆；适量吃鱼、禽、蛋、瘦肉；少盐少油，控糖限酒；杜绝浪费，兴新食尚。

但随着我国社会物质条件的不断丰富，饮食生活也发生了变化。为此在国家卫生健康委员会领导下，中国营养学会成立了《中国居民膳食指南（2022）》修订专家委员会，组织专家研讨论证，广泛征求相关领域专家、政策研究者、管理者的意见。在《中国居民膳食指南（2016）》基础上，根据营养学原理，紧密结合我国居民膳食消费和营养状况的实际情况编制、形成了《中国居民膳食指南（2022）》。

（1）《中国居民膳食指南（2022）》平衡膳食准则

准则一　食物多样，合理搭配

平衡膳食模式是最大程度上保障人类营养需要和健康的基础。食物多样是平衡膳食模式的基本原则。多样的食物应包括谷薯类、蔬菜水果类、畜禽鱼蛋奶类、大豆坚果类等。谷类为主是平衡膳食模式的重要特征。每天的膳食应合理组合和搭配平衡。膳食模式中，碳水化合物供能占膳食总能量的50%～65%，蛋白质占10%～15%，脂肪占20%～30%。

准则二　吃动平衡，健康体重

体重是评价人体营养和健康状况的重要指标，运动和膳食平衡是保持健康体重的关键。各个年龄段人群都应该坚持每天运动，维持能量平衡，保持健康体重。体重过低和过高均易增加疾病的发生风险。注意减少久坐时间，动则有益。

准则三　多吃蔬果、奶类、全谷、大豆

蔬菜、水果、奶类和大豆及其制品是平衡膳食的重要组成部分，坚果是膳食的有益补充。蔬菜和水果是维生素、矿物质、膳食纤维和植物化学物的重要来源。奶类和大豆类富含钙、优质蛋白质和B族维生素，对降低慢性病的发病风险具有重要作用。

准则四　适量吃鱼、禽、蛋、瘦肉

鱼、禽、蛋和瘦肉可提供人体所需要的优质蛋白质、维生素A、B族维生素等，有些也含有较高的脂肪和胆固醇。目前我国畜肉消费量高，过多摄入对健康不利，应当适量食用动物性食物，优选鱼和禽类。鱼和禽类脂肪含量相对较低，鱼类含有较多的不饱和脂肪酸。蛋类各种营养成分齐全，瘦肉脂肪含量较低。过多食用烟熏和腌制肉类可增加部分肿瘤的发生风险，应当少吃。

准则五　少盐、少油、控糖限酒

我国多数居民食盐、烹调油和脂肪摄入过多，是目前肥胖、心脑血管疾病等慢性病发病率居高不下的重要因素。因此，应当培养清淡饮食习惯，避免过多动物性油脂和饱和脂肪酸的摄入。过多摄入添加糖可增加龋齿和超重的发生风险。

准则六　规律进餐，足量饮水

规律进餐是实现合理膳食的前提，应合理安排一日三餐，定时定量、饮食有度，不暴饮暴食。早餐提供的能量应占全天总能量的25%～30%，午餐占30%～40%，晚餐占30%～35%。水是构成人体成分的重要物质并发挥着多种生理作用。水摄入和排出的平衡可以维护机体适宜水合状态和健康。建议低身体活动水平的成年人每天饮7～8杯水，相当于男性每天喝水1700毫升，女性每天喝水1500毫升。每天主动、足量饮水。

准则七　会烹会选，会看标签

食物是人类获取营养、赖以生存和发展的物质基础，在生命的每一个阶段都应该规划好膳食。了解各类食物营养特点，挑选新鲜的、营养素密度高的食物，学会通过食品营养标签的比较，选择购买较健康的包装食品。烹任是合理膳食的重要组成部分，学习烹饪和掌握新工具，传承当地美味佳肴，做好一日三餐，家家实践平衡膳食，享受营养与美味。如在外就餐或选择外卖食品，按需购买，注意适量和荤素搭配，并主动提出健康诉求。

准则八　公筷分餐，杜绝浪费

日常饮食卫生应首先注意选择当地的、新鲜卫生的食物，不食用野生动物。食物制备生熟分开，储存得当。多人同桌，应使用公筷公勺、采用分餐或份餐等卫生措施。勤俭节约是中华民族的文化传统，人人都应尊重和珍惜食物，在家在外按需备餐，不铺张不浪费。从每个家庭做起，传承健康生活方式，树饮食文明新风。社会餐饮应多措并举，倡导文明用餐方式，促进公众健康和食物系统可持续发展。

趣味链接

饮水的学问

水是人类赖以生存的、不可缺少的重要物质，但饮水也要讲科学。不能饮用的水有：老化水俗称“死水”，也就是长时间贮存不动的水；千滚水就是在炉上沸腾了很长时间的水；蒸锅水就是蒸馒头等剩锅水；不开的水；反复煮开的水。科学家推荐的喝水“行程表”：7：00早晨起床后，先喝一杯温开水；8：00早餐必须有液态食物；10：00时必须补充一杯矿泉水或茶水。12：00午饭吃了辛辣的食物一定要喝些汤粥来冲淡对胃肠的刺激。15：00吃点水果可以提精神。19：00晚上回家以后的补水是一天中的重要功课；21：00晚上睡前一小时最好不要喝水。

（2）中国居民平衡膳食宝塔　为了方便记忆和理解，中国营养学会制作了膳食指南的宣传图形，包括中国居民膳食宝塔、中国居民平衡膳食餐盘和中国儿童平衡膳食算盘，以阐释平衡膳食的主旨思想和食物组成结构。图5–1为中国居民平衡膳食宝塔（2022），是根据《中国居民膳食指南（2022）》的准则和核心推荐，把平衡膳食原则转化为各类食物的数量和所占比例的图形化表示。

中国居民平衡膳食宝塔共分五层，包含我们每天应吃的主要食物种类。膳食宝塔各层位置和面积不同，这在一定程度上反映出各类食物在膳食中的地位和应占的比重。中国居民平衡膳食宝塔形象化遵循平衡膳食原则，共分5层，各层面积大小不同，体现了5大类食物和食物量的多少。5大类食物包括谷薯类、蔬果类、畜禽鱼蛋奶类、大豆和坚果类、烹调油盐。宝塔旁文字注释的内容，是1600～2400千卡能量需要水平的成年人在一段时间内各类食物摄入量的建议范围。

第一层是谷薯类食物，谷类200～300克（其中全谷和杂豆50～150克），薯类50～100克。

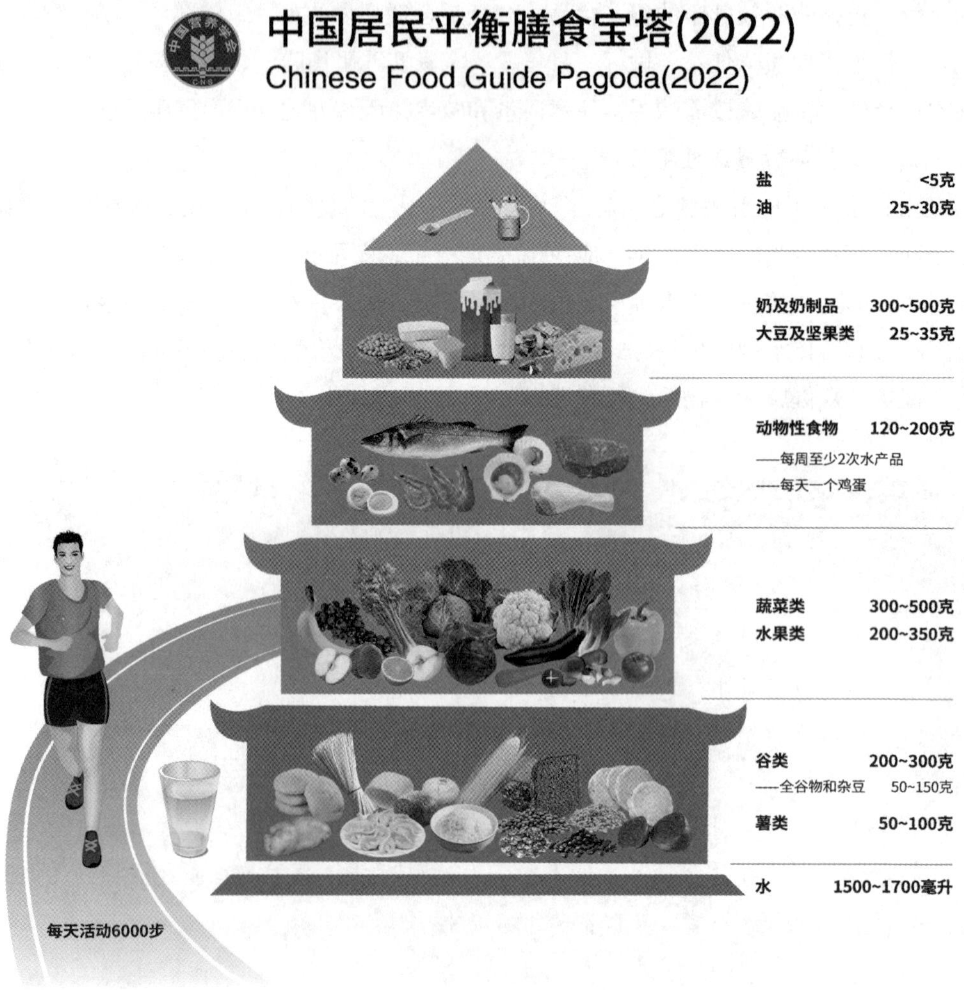

图 5-1　中国居民平衡膳食宝塔（2022）
来源：中国营养学会

第二层是蔬菜和水果，蔬菜300～500克，水果200～350克。

第三层是动物性食物，每天应该摄入120～200克。每周至少2次水产品，每天一个鸡蛋。

第四层是奶类、大豆及坚果。每天应吃相当于鲜奶300～500克的奶及奶制品，摄入25～35克的大豆及坚果。

第五层塔顶是烹调油和食盐，每天烹调油不超过25～30克，食盐不超过5克。

此外，还有身体活动和饮水建议，每日活动6000步，饮水1500～1700毫升。

（3）中国居民平衡膳食宝塔各层食物的说明　膳食宝塔建议的各类食物摄入量都是指食物可食部分的生重。各类食物的重量不是指某一种具体食物的重量，而是一类食物的总量。膳食宝塔中所标示的各类食物的建议量的下限为能量水平1600千卡的建议量，上限为能量水平2400千卡的建议量。

谷类、薯类及杂豆。谷类包括小麦面粉、大米、玉米、高粱等及其制品，如米饭、馒头、烙饼、玉米面饼、面包、饼干、麦片等。薯类包括红薯、马铃薯等，可替代部分粮食。杂豆包括大豆以外的其他干豆类，如红小豆、绿豆、芸豆等。谷类、薯类及杂豆是膳食中碳水化合物的主要来源，也是多种微量营养素和膳食纤维的良好来源。谷类为主是合理膳食的重要特征。建议成年人每人每天摄入谷类200～300克。建议量是以原料的生重计算，如面包、切面、馒头应折合成相当的面粉量来计算，而米饭、大米粥等应折合成相当的大米量来计算。谷类、薯类及杂豆食物的选择应重视多样化，粗细搭配，适量选择一些全谷类制品、杂豆及薯类，每100克玉米糁和全麦粉所含的膳食纤维比精面粉分别多10克和6克，因此建议每日摄入50～150克粗粮或全谷类制品。薯类可代替部分主食，建议每日摄入50～100克。

蔬菜水果。蔬菜包括嫩茎、叶、花菜类、根菜类、鲜豆类、茄果、瓜菜类、葱蒜类及菌藻类。深色蔬菜是指深绿色、深黄色、紫色、红色等颜色深的蔬菜，一般含维生素和植物化学物质比较丰富，因此在每日建议的300～500克新鲜蔬菜中，深色蔬菜最好占一半以上。建议每天吃新鲜水果200～350克。在鲜果供应不足时可选择一些含糖量低的纯果汁或干果制品。蔬菜和水果各有优势，不能完全相互替代。

鱼禽肉蛋等动物性食品。鱼禽肉蛋均属于动物性食品，富含优质蛋白质、脂类、脂溶性维生素、B族维生素和矿物质，但含有较多的饱和脂肪酸和胆固醇，应当适量摄入。畜禽肉类包括猪肉、牛肉、羊肉、禽肉及动物内脏类，建议每天摄入40～75克。目前我国汉族居民的肉类摄入以猪肉为主，但猪肉含脂肪较高，应尽量选择瘦畜肉或禽肉。动物内脏有一定的营养价值，但因胆固醇含量较高，不宜过多食用。水产品包括鱼类、甲壳类和软体类动物性食物，其特点是脂肪含量低，蛋白质丰富且易于消化，是优质蛋白质的良好来源。建议每天摄入量为40～75克，有条件可以优先选择。蛋类包括鸡蛋、鸭蛋、鹅蛋、鹌鹑蛋、鸽蛋及其加工制成的咸蛋、松花蛋等及其制品，蛋类的营养价值较高，建议每日1个鸡蛋（相当于50克左右）。蛋黄含有丰富的胆碱、卵磷脂、胆固醇、维生素A、叶黄素、锌、B族维生素等，吃鸡蛋不弃蛋黄。

奶类、大豆和坚果。奶类、大豆和坚果是蛋白质和钙的良好来源，营养素密度高。奶类有牛奶、羊奶和马奶等，最常见的为牛奶。乳制品包括奶粉、酸奶、奶酪等，不包括奶油、黄油。建议每日应摄入量至少相当于液态奶300克的奶类及奶制品，如纯牛奶300克、酸奶300克、全脂奶粉37.5克。婴幼儿要尽可能选用符合国家标准的配方奶制品。饮奶多者、中老年人、超重者和肥胖者建议选择脱脂或低脂奶。乳糖不耐受的人群可以食用酸奶或低乳糖奶及奶制品。推荐大豆和坚果的每日摄入总量为25～35克。大豆包括黄豆、黑豆、青豆，其常见的制品包括豆腐、豆浆、豆腐干及千张等。以提供蛋白质的量计算，40克干豆相当于80克豆腐干、120克北豆腐、240克南豆腐、650克豆浆。坚果包括花生、瓜子、核桃、杏仁、榛子等，由于坚果的蛋白质与大豆相似，有条件的居民可每天吃10克坚果替代相应量的大豆。

烹调油和盐。烹调油包括各种烹调用的动物油和植物油，植物油包括花生油、豆油、菜籽油、芝麻油、调和油等，动物油包括猪油、牛油、黄油等。每天烹调油的建议摄入量为不超过25～30克，尽量少食用动物油。烹调油也应多样化，应经常更换种类，食用多种植物油，以满足人体对各种脂肪酸的需要。我国居民食盐摄入量普遍偏高，推荐健康成年人一天食盐（包括酱油和其他食物中的食盐）的建议摄入量为不超过5克。一般20毫升酱油中含3克食盐，10克黄酱中含盐1.5克，如果菜肴需要用酱油和酱类，应按比例减少食盐用量。

身体活动和水。养成天天运动的习惯，坚持每天至少相当于快步走6000步以上的身体活动，每周最好有150分钟中等强度的运动，如跑步、骑自行车等。保持能量平衡，关注体重变化，找到自己食物摄入量和运动量之间的平衡点。低身体活动水平的成年人每天至少饮水1500～1700毫升，高温或重体力活动条件下，应适量增加饮水，饮水不足和过多都会对机体带来危害。推荐一天中饮水和膳食汤水（包括食物中含有的水，汤、粥、奶等含有的水）摄入共计2700～3000毫升。

（4）中国居民平衡膳食宝塔的应用原则

膳食宝塔中建议的每人每日各类食物适宜摄入量范围适用于一般健康成人，在实际应用时要根据个人年龄、性别、身高、体重、劳动强度、季节等情况适当调整。年轻人、身体活动强度大的人需要的能量高，应适当多吃些主食；年老、活动少的人需要的能量少，可少吃些主食。能量是决定食物摄入量的首要因素，一般说人们的进食量可自动调节，当一个人的食欲得到满足时，对能量的需要也就会得到满足。但由于人们膳食中脂肪摄入的增加和日常身体活动减少，许多人目前的能量摄入超过了自身的实际需要。对于正常成人，体重是判定能量平衡的最好指标，每个人应根据自身的体重及变化适当调整食物的摄入，主要应调整的是含能量较多的食物。平衡膳食宝塔在具体应用中还要遵循以下原则：

第一，以宝塔为依据，合理安排食物。平衡膳食宝塔建议的各类食物摄入量，是人群的平均值和比值。在每天膳食中应包含宝塔中的各类食物，各类食物的比例也应基本与膳食宝塔所示一致。但在日常的生活中也不要天天都按着宝塔推荐量去吃。要灵活运用，只要能经常遵循宝塔中各层各类食物的大体比例，来合理科学的安排摄食就可以了。

第二，同类互换、口味享受。人们吃多种多样的食物除为获得均衡的营养外，也是为使饮食更加丰富多彩，以满足人们的口味享受。宝塔中每一类食物中都有许多品种，虽然每种食物各有特点，但同一类中的各种食物所含营养素成分往往大体上相近。在膳食中可互相替换。所以在使用宝塔时，既要把营养与美味结合起来，又要同类互换，按照多种多样（品种、形态、颜色、口感）的原则调配一日三餐。

第三，合理分配餐次与食量。我国多数的地区居民习惯是一日三餐。三餐食物量的分配及间隔时间多与作息时间和劳动状况有关，一般早餐占一日总能量25%～30%、晚餐占30%～40%，午餐占30%～35%为宜，零食摄入量不超过全天能量的15%。通常上午的工作学习较紧张，因此早餐除主食外，还应适量安排奶、豆、蛋、肉，并搭配适量蔬菜和水果。

第四，因地制宜充分利用本地资源。各地的饮食习惯及产物不尽相同，只有因地制宜充分利用本地资源，才能有效地应用平衡膳食宝塔。牧民可适当提高奶的摄入量；渔民可提高鱼及水产品摄入量；农村山区可充分利用山羊奶、花生、核桃等资源替代动物蛋白质等。

第五，养成良好饮食习惯。应用平衡膳食宝塔应从小就进行营养教育，自幼养成习惯，并坚持不懈。

第六，勤俭节约、珍惜食物。勤俭节约、珍惜食物是中华民族的传统美德，要继承中华民族优秀传统饮食文化，大力宣传节约光荣、浪费可耻的思想观念。珍惜粮食，反对浪费。

二、饮食安全卫生

1. 传统饮食安全卫生观

在许多人的眼里，中国的饮食卫生观念是比较薄弱的方面，民间有“不干不净，吃了不得病”的俗语，往往给人造成了错误的认识。实际上，中国古代的饮食卫生是非常讲究的，而且体现在从食品加工到饮食过程的各个方面。

远古时期人类熟食的开始，就认识到了饮食卫生的意义，史籍中所谓“燧人氏炮生为熟”“取牺牲以共庖厨，食天下。”的记录，说明熟食不仅已很普遍，而且必须先熟而后食。熟食的出现，一方面结束了茹毛饮血的蒙昧时代，产生原始的烹饪，另一方面，也拉开了饮食卫生的历史序幕。食物经火燔炮炙，在饮食卫生方面的意义在于：首先，熟食可增进食欲，易于消化吸收；其次，食物经高温处理，杀灭了病菌，从而避免了许多自口而入的胃肠道及其他器官和系统的疾病。对此，古代文献已有不少记述。如《韩非子》记载：“上古之世，人民少而禽兽众，……民食果蓏蚌蛤，腥臊恶臭，而伤害腹胃，民多疾病。有圣人作，钻燧取火，以化腥臊，而民悦之。”再如《礼纬含文嘉》记载：“燧人氏始钻木取火，炮生为熟，令人无腹疾，有异于禽兽。”由此可知，原始社会的人们有可能已意识到熟食有益于健康，而生食则相反。同时也表明，此时人们至多认识到生食有害于属消化系统的胃肠道，而不知对整个人体均有危害。

我们的祖先于原始社会在采集自然食物之初，自然会吃到一些不利于人体健康，甚至有毒的植物。后来在生活实践中，渐渐懂得辨别有益与无益于人体的植物。当人们采食某些植物时，出现呕吐、腹痛或腹泻等异常现象，而当采食另外一些植物，则可使某些病痛得以缓解治愈，总结正反两方面的经验，便获得了一些植物药物知识。不仅促进了饮食卫生认识上的进步，也因此开始了植物药物学的进程。《淮南子·修务训》载：“……尝百草之滋味，水泉之甘苦，令民知所避就。当此之时，一日而遇七十毒。”神农为我国传说中的中医药创始人，他历经千辛万苦，冒着生命危险，遍尝百草，开创了中医卫生学。这足以表明：第一，我们的祖先深受病痛及误食有害有毒植物之苦；第二，发现某些植物确有消毒灭菌的卫生学意义与治病之功效。

约在新石器时期的龙山文化早期，我国劳动人民即发明了酒。酒的出现是中国饮食与医药史上的重大发展。酒不仅可调味，而且具有消毒杀灭病菌的功效，又可医病。繁体字的“醫”字从“酉”，即酒，说明酒的饮用与医药有着明显的渊源关系。“醪醴”为我国最早的药用酒类，《黄帝内经·素问·汤液醪醴论》云：“自古圣人之作汤液醪醴者，以为备耳……邪气时至，服之万全。”

饮用水的卫生是我国远古时期饮食卫生的又一重要方面。我国华东地区，自七千年前的河姆渡遗址，至五千年前的崧泽文化和良渚文化的许多遗址，都发现有人工开凿的水井。在水网地区开凿水井，一方面意味着先民已经摆脱了必须依傍河湖水源聚居的局面，开辟了广阔的生存领域，另一方面也表明，我国先民开始懂得了用水卫生。

至少是从周代开始，我国古代人已经知道“病从口入”的道理。《论语·乡党》中，孔子总结了前人饮食实践经验，前文已数次述及。

不仅孔子特别重视饮食卫生，还有很多古人都非常明了饮食卫生的意义。如墨子在饮食卫生方面也有其独到的见解，特别是对营养与保健的关系有精辟的论述。《墨子·辞过》指出：“古之民未知为饮食时，素食（即蔬食）而分处，……其为食也，是以增气、充虚、强体、适腹而已矣。”又在《墨子·节用》中说：“古者圣王制为饮食之法，曰：足以充虚继气，强股肱，耳目聪明则止。”若以现代营养学理论来解释，“增气”就是补充热量，使体力增强，“充虚”就是补充消耗，以确保新陈代谢的需要，强体，就是提供合理的营养物质，以增强体质，“适腹”即满足口腹之需，使神经系统，特别是大脑皮层从合适的口味中得到良性刺激，从而增进食欲，加强消化吸收机能，“强股肱”“耳聪目明”意指经供给营养物质，以保持四肢、五官具有良好的功能。

食品卫生如此，古人对饮用水也有卫生要求，至少从三国时期开始，人们就真正明确地认识到了饮水与健康之间的密切关系。如曹操统兵作战时，就非常重视饮水，甚至为此而发布军令：“凡甚强寒，饮之皆令人痢。”他下令戒饮山水，是为防止饮水中毒而采取的一个措施。可见，其时人们对饮水有了较高较新的认识。晋代葛洪在《抱朴子》中记载了这样一则故事：“南阳郦县山中有甘谷，水所以甘者，谷上左右皆生甘菊，花堕其中，历世弥久，故水味为变。其临此谷中居民，皆不穿井，悉食甘谷水，食者无不老寿。高者百四五十岁，下者不失八九十，无夭年人，得此菊力也。故司空王畅、太尉刘宽、太傅袁隗皆为南阳太守，每到官，常使郦县月送甘谷水四十斛，以为饮食。此诸公多患风痹及眩冒，皆得愈。但不能大得其益，如甘谷上居民，生小便饮此水者耳。”这表明，晋代人们已认识到饮水用优质水既可延年益寿，又可祛病除疾，且懂得保护水质的重要性。现代科学研究表明，水质与人的皮肤健美有着密切关系，有的水长期饮用可使人皮肤细腻，牙齿洁白，而有的水则使人皮肤粗糙，牙齿黑黄，容颜苍老。到了元代，号称“神医”的河北人李杲有一部《食物本草》，对我国各地的饮水情况做了调查，并进行分类，包括天水类16种、地水类37种、名水类37种及毒水类4种。书中列举中国各地名泉计640处。如此精详的考证，反映了人们对饮水问题的高度重视及对水质较深的认识。

趣味链接

因饮水而多美女的故事

唐人刘恂《岭表录异》载有一则动人的故事：晋代白州双角山下，有位姓梁的姑娘，美貌出众。石崇做采访，以真珠三斛买了这位姑娘，因名绿珠。绿珠家乡有口怪井，直至唐代，凡汲饮此井水者，家中诞女大多美丽。后因许多家长畏惧生美女招祸，便用大石头将井填死。这个故事说明，在我国的晋代，人们就已逐渐认识到了饮水与人的媸妍有关。

食品卫生、饮水卫生古人都有要求，同样对于食物的加工业非常讲究卫生，如《礼记·内则》云：“不食雏鳖，狼去肠，狗去肾，狸去正脊，兔去尻，狐去首，豚去脑，鱼去乙，鳖去丑。”这些都是对动物原料加工时的卫生要求。清代美食家袁枚更是注重加工原料时的清洁卫生。他在《随园食单·洗刷须知》总结前人的经验后指出：“洗刷之法，燕窝去毛，海参去泥，鱼翅去沙，鹿筋去臊。肉有筋瓣，剔之则酥。鸭有肾臊，削之则净。鱼胆破，而全盘皆苦。鳗涎存，而满碗多腥。韭删叶而白存；菜弃边而心出。《内则》曰：‘鱼去乙，鳖去丑。’此之谓也。谚云：‘若要鱼好吃，洗得白筋出’，亦此之谓也。”对食物的初步加工过程的卫生提出了具体的要求。除此之外，袁枚对操作器具及整个厨房的清洁卫生也有很高的要求。他在《随园食单·洁净须知》中指出：“切葱之刀，不可以切笋。捣椒之臼，不可以捣粉。闻菜有抹布气者，由其布之不洁也；闻菜有砧板气者，由其板之不净也。工欲善其事，必先利其器。良厨先多磨刀、多换布、多刮板、多洗手，然后治菜。至于口吸之烟灰，头上之汗汁，灶上之蝇蚁，锅上之烟煤，一玷入菜中，虽绝好烹庖。如西子蒙不洁，人皆掩鼻而过之矣。”这些虽然是对专业人员的卫生要求，但却反映出了古人对于食品加工的卫生认识是非常成熟和完整的。

2. 现代饮食卫生与安全

随着科学技术的日益发达和物质生活水平的逐渐提高，人们对饮食卫生与身体健康的关系越来越重视，对食品的卫生要求也越来越严格。目前影响居民饮食卫生主要表现在如下两个方面。

（1）食品污染　所谓食品污染是指危害人体健康的有害物质进入正常食物的过程。污染食品的有害物质，按性质分包括生物性污染、化学性污染、放射性污染三大类。其中生物性污染主要包括微生物污染、寄生虫及虫卵污染、昆虫污染等。而化学性污染则主要包括一些金属、非金属毒物以及其他无机、有机化合物，如汞、有机磷、亚硝胺类等，主要来源于工业废水、废气、废渣的不合理排放；化学农药广泛应用；不合卫生要求的食品添加剂以及不卫生容器、器械、运输工具及包装材料等。这是目前威胁人类最严重的食品卫生内容。放射性污染是食物中被放射性物质污染。食品污染对人体健康的危害，涉及面相当广泛，如食品受病原微生物污染，在食品上大量繁殖或产生毒素时，可引起食物中毒。如果食品被某些有害化学物质所污染，含量虽小，但当长期连续地通过食物作用于人体，可表现为慢性中毒、致畸、致突变、致癌等潜在性危害。

（2）食物中毒　所谓食物中毒是指人们食用了“有毒食物”所引起的一类急性疾病的统称。所以一般认为肠道传染病与寄生虫病，人畜共患疾病，食物过敏，暴饮暴食引起的急性食源性疾病，以及长期或一次摄入机体以慢性经过的，包括致畸、致突变和致癌等对人体危害的疾病，都不属于食物中毒的范围。食物中毒发生的必要条件有三个方面，包括病原体（如微生物、毒素、化学物质等）、传播媒介（受到污染的食物）、感受体（即人体）。食物中毒一般有细菌性食物中毒（如发芽马铃薯中毒、未熟豆浆中毒、白果中毒等）、有毒动植物中毒（如河豚中毒、有毒蜂蜜中毒等）、化学性食物中毒（如有机磷农药中毒、铅化合物中毒等）、真菌毒素和霉变食品中毒（如赤霉病麦、霉变甘蔗等引起的中毒等）。预防食物中毒有三个基本原则：首先是保持清洁。在开始烹饪前，一定要把手彻底洗干净。餐具、砧板、抹布等厨房用品应该以水或消毒药水洗涤；其次是快速食用。食品买回来以后，不要放得太久，应该尽快烹饪供食，尤其是生食的食品原料越快处理越好，做好的食品也要赶快吃掉，以免二次污染；最后是保持对食物的加热与冷藏。细菌通常不耐热，加热到70℃以上，大部分的细菌就会死亡，因此把食品加热以后再食用比较安全。细菌比较耐冷，虽然冷却以后不会死掉，但是不容易繁殖，且温度在零下18℃以下时根本不能繁殖。能够防止细菌繁殖的温度是在5℃以下。

▷ 本章小结

本章扼要介绍了中国传统饮食养生的起源与发展情况，对传统的饮食平衡、五味调和、四季养生等内容进行了诠释，以及对现代营养卫生知识的介绍，从而揭示了中国人传统的饮食养生与健康的认识与实践。通过对中国营养学会推荐的膳食指南、饮食卫生的基本知识的介绍，增进对饮食健康与食品卫生健康的认识和应用。

讨论与训练

1. 从“五味调和”理论出发，谈谈古代养生学与现代营养学的相通之处。
2. 平衡膳食的原则有哪些？
3. 列举《中国居民膳食指南（2022）》的主要内容。
4. 造成污染食品的有害物质，一般来说都有哪些类型？

分析与应用

1. 用报纸或杂志的纸张包装食品，如瓜子、花生等，符合食品卫生要求吗？请进行简要的分析。
2. 结合对《中国居民膳食指南（2022）》的学习和对烹饪知识的学习，编制一份适合自己食用的三餐食单。
3. 写出自己在饮食卫生方面的不足，并制订一份改进计划。

附录　中国饮食类国家级非物质文化遗产代表性名录（1～5批）

我国是历史悠久的文明古国，拥有丰富多彩的文化遗产。非物质文化遗产是文化遗产的重要组成部分，是我国历史的见证和中华文化的重要载体，蕴含着中华民族特有的精神价值、思维方式、想象力和文化意识，体现着中华民族的生命力和创造力。保护和利用好非物质文化遗产，对于继承和发扬民族优秀文化传统、增进民族团结和维护国家统一、增强民族自信心和凝聚力、促进社会主义精神文明建设都具有重要而深远的意义。国家级非物质文化遗产名录，是经中华人民共和国国务院批准，由中华人民共和国文化和旅游部确定并公布的非物质文化遗产名录。为使中国的非物质文化遗产保护工作规范化，国务院发布《关于加强文化遗产保护的通知》，并制定“国家+省+市+县”共四级保护体系，要求各地方和各有关部门贯彻“保护为主、抢救第一、合理利用、传承发展”的工作方针，切实做好非物质文化遗产的保护、管理和合理利用工作。

国家级非物质文化遗产是由中华人民共和国文化和旅游部组织相关专家进行评审，由中华人民共和国国务院批准公布。2006年批准命名了第一批国家级非物质文化遗产名录，截至2022年年底，我国已经正式进行了五批国家级非物质文化遗产项目的评审，批准公布了5批1557个国家级代表性项目，包含3610个子项目。在公布的国家级非物质文化遗产名录中，食馔类、酒茶类占据了相当的数量，下表所列举的名单是根据国家非物质文化遗产中心公布的食馔类和酒茶类名录，其中包括扩展名录（子项目）。

序号	名称	公布时间	申报地区或单位
1	茅台酒酿制技艺	2006（第一批）	贵州省
2	泸州老窖酒酿制技艺	2006（第一批）	四川省泸州市
3	杏花村汾酒酿制技艺	2006（第一批）	山西省汾阳市
4	绍兴黄酒酿制技艺	2006（第一批）	浙江省绍兴市
5	清徐老陈醋酿制技艺	2006（第一批）	山西省清徐县
6	镇江恒顺香醋酿制技艺	2006（第一批）	江苏省镇江市
7	武夷岩茶（大红袍）制作技艺	2006（第一批）	福建省武夷山市
8	自贡井盐深钻汲制技艺	2006（第一批）	四川省自贡市
9	自贡井盐深钻汲制技艺	2006（第一批）	四川省大英县
10	凉茶	2006（第一批）	广东省文化和旅游厅
11	凉茶	2006（第一批）	香港特别行政区民政事务局
12	凉茶	2006（第一批）	澳门特别行政区文化局

续表

序号	名称	公布时间	申报地区或单位
13	老陈醋酿制技艺（美和居老陈醋酿制技艺）	2008（第二批）	山西省太原市
14	蒸馏酒传统酿造技艺（北京二锅头酒传统酿造技艺）	2008（第二批）	北京红星股份有限公司
15	蒸馏酒传统酿造技艺（北京二锅头酒传统酿造技艺）	2008（第二批）	北京顺鑫农业股份有限公司
16	蒸馏酒传统酿造技艺（衡水老白干传统酿造技艺）	2008（第二批）	河北省衡水市
17	蒸馏酒传统酿造技艺（山庄老酒传统酿造技艺）	2008（第二批）	河北省平泉市
18	蒸馏酒传统酿造技艺（板城烧锅酒传统五甑酿造技艺）	2008（第二批）	河北省承德县
19	蒸馏酒传统酿造技艺（梨花春白酒传统酿造技艺）	2008（第二批）	山西省朔州市
20	蒸馏酒传统酿造技艺（老龙口白酒传统酿造技艺）	2008（第二批）	辽宁省沈阳市
21	蒸馏酒传统酿造技艺（大泉源酒传统酿造技艺）	2008（第二批）	吉林省通化县
22	蒸馏酒传统酿造技艺（宝丰酒传统酿造技艺）	2008（第二批）	河南省宝丰县
23	蒸馏酒传统酿造技艺（五粮液酒传统酿造技艺）	2008（第二批）	四川省宜宾市
24	蒸馏酒传统酿造技艺（水井坊酒传统酿造技艺）	2008（第二批）	四川省成都市
25	蒸馏酒传统酿造技艺（剑南春酒传统酿造技艺）	2008（第二批）	四川省绵竹市
26	蒸馏酒传统酿造技艺（古蔺郎酒传统酿造技艺）	2008（第二批）	四川省古蔺县
27	蒸馏酒传统酿造技艺（沱牌曲酒传统酿造技艺）	2008（第二批）	四川省射洪县
28	酿造酒传统酿造技艺（封缸酒传统酿造技艺）	2008（第二批）	江苏省金坛区
29	酿造酒传统酿造技艺（封缸酒传统酿造技艺）	2008（第二批）	江苏省丹阳市
30	酿造酒传统酿造技艺（金华酒传统酿造技艺）	2008（第二批）	浙江省金华市
31	配制酒传统酿造技艺（菊花白酒传统酿造技艺）	2008（第二批）	北京仁和酒业有限责任公司
32	花茶制作技艺（张一元茉莉花茶制作技艺）	2008（第二批）	北京张一元茶叶有限责任公司
33	绿茶制作技艺（西湖龙井）	2008（第二批）	浙江省杭州市
34	绿茶制作技艺（婺州举岩）	2008（第二批）	浙江省金华市
35	绿茶制作技艺（黄山毛峰）	2008（第二批）	安徽省黄山市徽州区
36	绿茶制作技艺（太平猴魁）	2008（第二批）	安徽省黄山市黄山区
37	绿茶制作技艺（六安瓜片）	2008（第二批）	安徽省六安市裕安区
38	红茶制作技艺（祁门红茶制作技艺）	2008（第二批）	安徽省祁门县
39	乌龙茶制作技艺（铁观音制作技艺）	2008（第二批）	福建省安溪县
40	普洱茶制作技艺（贡茶制作技艺）	2008（第二批）	云南省宁洱哈尼族彝族自治县
41	普洱茶制作技艺（大益茶制作技艺）	2008（第二批）	云南省勐海县
42	黑茶制作技艺（千两茶制作技艺）	2008（第二批）	湖南省安化县
43	黑茶制作技艺（茯砖茶制作技艺）	2008（第二批）	湖南省益阳市
44	黑茶制作技艺（南路边茶制作技艺）	2008（第二批）	四川省雅安市

续表

序号	名称	公布时间	申报地区或单位
45	晒盐技艺（海盐晒制技艺）	2008（第二批）	浙江省象山县
46	晒盐技艺（海盐晒制技艺）	2008（第二批）	海南省儋州市
47	晒盐技艺（井盐晒制技艺）	2008（第二批）	西藏自治区芒康县
48	酱油酿造技艺（钱万隆酱油酿造技艺）	2008（第二批）	上海市浦东新区
49	豆瓣传统制作技艺（郫县豆瓣传统制作技艺）	2008（第二批）	四川省郫都区
50	豆豉酿制技艺（永川豆豉酿制技艺）	2008（第二批）	重庆市
51	豆豉酿制技艺（潼川豆豉酿制技艺）	2008（第二批）	四川省三台县
52	腐乳酿造技艺（王致和腐乳酿造技艺）	2008（第二批）	北京市海淀区
53	酱菜制作技艺（六必居酱菜制作技艺）	2008（第二批）	北京六必居食品有限公司
54	榨菜传统制作技艺（涪陵榨菜传统制作技艺）	2008（第二批）	重庆市涪陵区
55	传统面食制作技艺（龙须拉面和刀削面制作技艺）	2008（第二批）	山西省全晋会馆
56	传统面食制作技艺（抿尖面和猫耳朵制作技艺）	2008（第二批）	山西省晋韵楼
57	茶点制作技艺（富春茶点制作技艺）	2008（第二批）	江苏省扬州市
58	周村烧饼制作技艺	2008（第二批）	山东省淄博市
59	月饼传统制作技艺（郭杜林晋式月饼制作技艺）	2008（第二批）	山西省太原市
60	月饼传统制作技艺（安琪广式月饼制作技艺）	2008（第二批）	广东省安琪食品有限公司
61	素食制作技艺（功德林素食制作技艺）	2008（第二批）	上海功德林素食有限公司
62	同盛祥牛羊肉泡馍制作技艺	2008（第二批）	陕西省西安市
63	火腿制作技艺（金华火腿腌制技艺）	2008（第二批）	浙江省金华市
64	烤鸭技艺（全聚德挂炉烤鸭技艺）	2008（第二批）	北京市全聚德（集团）股份有限公司
65	烤鸭技艺（便宜坊焖炉烤鸭技艺）	2008（第二批）	北京便宜坊烤鸭集团有限公司
66	牛羊肉烹制技艺（东来顺涮羊肉制作技艺）	2008（第二批）	北京市东来顺集团有限责任公司
67	牛羊肉烹制技艺（鸿宾楼全羊席制作技艺）	2008（第二批）	北京市鸿宾楼餐饮有限责任公司
68	牛羊肉烹制技艺（月盛斋酱烧牛羊肉制作技艺）	2008（第二批）	北京月盛斋清真食品有限公司
69	牛羊肉烹制技艺（北京烤肉制作技艺）	2008（第二批）	北京市聚德华天控股有限公司
70	牛羊肉烹制技艺（冠云平遥牛肉传统加工技艺）	2008（第二批）	山西省冠云平遥牛肉集团有限公司
71	牛羊肉烹制技艺（烤全羊技艺）	2008（第二批）	内蒙古自治区阿拉善盟
72	天福号酱肘子制作技艺	2008（第二批）	北京天福号食品有限公司
73	六味斋酱肉传统制作技艺	2008（第二批）	山西省太原六味斋实业有限公司
74	都一处烧麦制作技艺	2008（第二批）	北京便宜坊烤鸭集团有限公司
75	聚春园佛跳墙制作技艺	2008（第二批）	福建省福州市

续表

序号	名称	公布时间	申报地区或单位
76	真不同洛阳水席制作技艺	2008（第二批）	河南省洛阳市
77	花茶制作技艺（吴裕泰茉莉花茶制作技艺）	2011（第三批）	北京市东城区
78	绿茶制作技艺（碧螺春制作技艺）	2011（第三批）	江苏省苏州市吴中区
79	绿茶制作技艺（紫笋茶制作技艺）	2011（第三批）	浙江省长兴县
80	绿茶制作技艺（安吉白茶制作技艺）	2011（第三批）	浙江省安吉县
81	黑茶制作技艺（下关沱茶制作技艺）	2011（第三批）	云南省大理白族自治州
82	传统面食制作技艺（天津“狗不理”包子制作技艺）	2011（第三批）	天津市和平区
83	传统面食制作技艺（稷山传统面点制作技艺）	2011（第三批）	山西省稷山县
84	火腿制作技艺（宣威火腿制作技艺）	2011（第三批）	云南省宣威市
85	白茶制作技艺（福鼎白茶制作技艺）	2011（第三批）	福建省福鼎市
86	仿膳（清廷御膳）制作技艺	2011（第三批）	北京市西城区
87	直隶官府菜烹饪技艺	2011（第三批）	河北省保定市
88	孔府菜烹饪技艺	2011（第三批）	山东省曲阜市
89	五芳斋粽子制作技艺	2011（第三批）	浙江省嘉兴市
90	酿醋技艺（小米醋酿造技艺）	2014（第四批）	山西省襄汾县
91	花茶制作技艺（福州茉莉花茶窨制工艺）	2014（第四批）	福建省福州市仓山区
92	绿茶制作技艺（赣南客家擂茶制作技艺）	2014（第四批）	江西省全南县
93	绿茶制作技艺（婺源绿茶制作技艺）	2014（第四批）	江西省婺源县
94	绿茶制作技艺（信阳毛尖茶制作技艺）	2014（第四批）	河南省信阳市
95	绿茶制作技艺（恩施玉露制作技艺）	2014（第四批）	湖北省恩施市
96	绿茶制作技艺（都匀毛尖茶制作技艺）	2014（第四批）	贵州省都匀市
97	红茶制作技艺（滇红茶制作技艺）	2014（第四批）	云南省凤庆县
98	黑茶制作技艺（赵李桥砖茶制作技艺）	2014（第四批）	湖北省赤壁市
99	黑茶制作技艺（六堡茶制作技艺）	2014（第四批）	广西壮族自治区苍梧县
100	晒盐技艺（淮盐制作技艺）	2014（第四批）	江苏省连云港市
101	晒盐技艺（卤水制盐技艺）	2014（第四批）	山东省寿光市
102	酱油酿造技艺（先市酱油酿造技艺）	2014（第四批）	四川省合江县
103	传统面食制作技艺（桂发祥十八街麻花制作技艺）	2014（第四批）	天津市河西区
104	传统面食制作技艺（南翔小笼馒头制作技艺）	2014（第四批）	上海市嘉定区
105	酱肉制作技艺（亓氏酱香源肉食酱制技艺）	2014（第四批）	山东省莱芜市莱城区
106	奶制品制作技艺（察干伊德）	2014（第四批）	内蒙古自治区正蓝旗
107	辽菜传统烹饪技艺	2014（第四批）	辽宁省沈阳市
108	泡菜制作技艺（朝鲜族泡菜制作技艺）	2014（第四批）	吉林省延吉市
109	老汤精配制	2014（第四批）	黑龙江省哈尔滨市阿城区
110	上海本帮菜肴传统烹饪技艺	2014（第四批）	上海市黄浦区

续表

序号	名称	公布时间	申报地区或单位
111	传统制糖技艺（义乌红糖制作技艺）	2014（第四批）	浙江省义乌市
112	豆腐传统制作技艺	2014（第四批）	安徽省淮南市
113	豆腐传统制作技艺	2014（第四批）	安徽省寿县
114	德州扒鸡制作技艺	2014（第四批）	山东省德州市
115	龙口粉丝传统制作技艺	2014（第四批）	山东省招远市
116	蒙自过桥米线制作技艺	2014（第四批）	云南省蒙自市
117	酿醋技艺（独流老醋酿造技艺）	2021（第五批）	天津市静海区
118	酿醋技艺（保宁醋传统酿造工艺）	2021（第五批）	四川省南充市
119	酿醋技艺（赤水晒醋制作技艺）	2021（第五批）	贵州省遵义市赤水市
120	酿醋技艺（吴忠老醋酿制技艺）	2021（第五批）	宁夏回族自治区吴忠市
121	蒸馏酒传统酿造技艺（洋河酒酿造技艺）	2021（第五批）	江苏省宿迁市
122	蒸馏酒传统酿造技艺（古井贡酒酿造技艺）	2021（第五批）	安徽省亳州市
123	蒸馏酒传统酿造技艺（景芝酒传统酿造技艺）	2021（第五批）	山东省潍坊市安丘市
124	蒸馏酒传统酿造技艺（董酒酿制技艺）	2021（第五批）	贵州省遵义市汇川区
125	蒸馏酒传统酿造技艺（西凤酒酿造技艺）	2021（第五批）	陕西省宝鸡市凤翔区
126	蒸馏酒传统酿造技艺（青海青稞酒传统酿造技艺）	2021（第五批）	青海省海东市互助土族自治县
127	酿造酒传统酿造技艺（刘伶醉酒酿造技艺）	2021（第五批）	河北省保定市徐水区
128	酿造酒传统酿造技艺（红粬黄酒酿造技艺）	2021（第五批）	福建省宁德市屏南县
129	绿茶制作技艺（雨花茶制作技艺）	2021（第五批）	江苏省南京市
130	绿茶制作技艺（蒙山茶传统制作技艺）	2021（第五批）	四川省雅安市
131	红茶制作技艺（坦洋工夫茶制作技艺）	2021（第五批）	福建省宁德市福安市
132	红茶制作技艺（宁红茶制作技艺）	2021（第五批）	江西省九江市修水县
133	乌龙茶制作技艺（漳平水仙茶制作技艺）	2021（第五批）	福建省龙岩市
134	黑茶制作技艺（长盛川青砖茶制作技艺）	2021（第五批）	湖北省宜昌市伍家岗区
135	黑茶制作技艺（咸阳茯茶制作技艺）	2021（第五批）	陕西省咸阳市
136	晒盐技艺（运城河东制盐技艺）	2021（第五批）	山西省运城市
137	传统面食制作技艺（太谷饼制作技艺）	2021（第五批）	山西省晋中市太谷区
138	传统面食制作技艺（李连贵熏肉大饼制作技艺）	2021（第五批）	吉林省四平市
139	传统面食制作技艺（邵永丰麻饼制作技艺）	2021（第五批）	浙江省衢州市柯城区
140	传统面食制作技艺（缙云烧饼制作技艺）	2021（第五批）	浙江省丽水市缙云县
141	传统面食制作技艺（老孙家羊肉泡馍制作技艺）	2021（第五批）	陕西省
142	传统面食制作技艺（西安贾三灌汤包子制作技艺）	2021（第五批）	陕西省
143	传统面食制作技艺（兰州牛肉面制作技艺）	2021（第五批）	甘肃省兰州市
144	传统面食制作技艺（中宁蒿子面制作技艺）	2021（第五批）	宁夏回族自治区中卫市中宁县
145	传统面食制作技艺（馕制作技艺）	2021（第五批）	新疆维吾尔自治区

续表

序号	名称	公布时间	申报地区或单位
146	传统面食制作技艺（塔塔尔族传统糕点制作技艺）	2021（第五批）	新疆维吾尔自治区塔城地区塔城市
147	素食制作技艺（绿柳居素食烹制技艺）	2021（第五批）	江苏省南京市
148	牛羊肉烹制技艺（宁夏手抓羊肉制作技艺）	2021（第五批）	宁夏回族自治区吴忠市
149	豆腐传统制作技艺	2021（第五批）	山东省泰安市泰山区
150	严东关五加皮酿酒技艺	2021（第五批）	浙江省杭州市建德市
151	黄茶制作技艺（君山银针茶制作技艺）	2021（第五批）	湖南省岳阳市君山区
152	德昂族酸茶制作技艺	2021（第五批）	云南省德宏傣族景颇族自治州芒市
153	中餐烹饪技艺与食俗	2021（第五批）	中国烹饪协会
154	徽菜烹饪技艺	2021（第五批）	安徽省
155	潮州菜烹饪技艺	2021（第五批）	广东省潮州市
156	川菜烹饪技艺	2021（第五批）	四川省
157	食用油传统制作技艺（大名小磨香油制作技艺）	2021（第五批）	河北省邯郸市大名县
158	果脯蜜饯制作技艺（北京果脯传统制作技艺）	2021（第五批）	北京市怀柔区
159	果脯蜜饯制作技艺（雕花蜜饯制作技艺）	2021（第五批）	湖南省怀化市靖州苗族侗族自治县
160	梨膏糖制作技艺（上海梨膏糖制作技艺）	2021（第五批）	上海市黄浦区
161	小吃制作技艺（沙县小吃制作技艺）	2021（第五批）	福建省三明市
162	小吃制作技艺（逍遥胡辣汤制作技艺）	2021（第五批）	河南省周口市西华县
163	小吃制作技艺（火宫殿臭豆腐制作技艺）	2021（第五批）	湖南省长沙市
164	米粉制作技艺（沙河粉传统制作技艺）	2021（第五批）	广东省广州市
165	米粉制作技艺（柳州螺蛳粉制作技艺）	2021（第五批）	广西壮族自治区柳州市
166	米粉制作技艺（桂林米粉制作技艺）	2021（第五批）	广西壮族自治区桂林市
167	龟苓膏配制技艺	2021（第五批）	广西壮族自治区梧州市
168	凯里酸汤鱼制作技艺	2021（第五批）	贵州省黔东南苗族侗族自治州凯里市
169	土生葡人美食烹饪技艺	2021（第五批）	澳门特别行政区

注：（1）本项资料统计是根据国家文化和旅游部官方网站公布的信息，截止时间为 2022 年年底。
（2）本项统计仅限于食馔、酒茶等传统制作技艺。饮食类非物质文化遗产项目还包括饮食习俗、饮食文艺、中医食疗药膳等，本项统计不包括在内。

参考文献

［1］华国梁，马健鹰，赵建民．中国饮食文化［M］．大连：东北财经大学出版社，2002.
［2］黄剑，鲁永超．中外饮食民俗［M］．北京：科学出版社，2010.
［3］张海林．中国烹饪学基础纲要［M］．郑州：中州古籍出版社，2006.
［4］路新国．中国饮食保健学［M］．北京：中国轻工业出版社，2001.
［5］于干千．旅游食品营养与卫生［M］．昆明：云南大学出版社，1999.
［6］汪福宅，庄华峰．中国饮食文化辞典［M］．合肥：安徽人民出版社，2001.
［7］高启东．中国烹调大全［M］．哈尔滨：黑龙江科技出版社，1990.
［8］周文柏．中国礼仪大辞典［M］．北京：中国人民大学出版社，1992.
［9］陆永庆，崔晓林．现代旅游礼仪［M］．青岛：青岛出版社，2000.
［10］颜其香．中国少数民族饮食文化荟萃［M］．北京：商务印书馆，2001.
［11］赵荣光，谢定源．饮食文化概论［M］．北京：中国轻工业出版社，2000.
［12］王景海．中华礼仪全书［M］．长春：长春出版社，1992.
［13］国家旅游局人事劳动教育司．中国烹饪概论［M］．北京：中国旅游出版社，1996.
［14］熊四智．中国烹饪学概论［M］．成都：四川科学技术出版社，1988.
［15］张起钧．烹调原理［M］．北京：中国商业出版社，1999.
［16］陶文台．中国烹饪概论［M］．北京：中国商业出版社，1988.
［17］马波．现代旅游文化学［M］．青岛：青岛出版社，1998.
［18］梅方．中国饮食文化·原理·艺术［M］．北京：中国建材工业出版社，1997.
［19］王子辉．中国饮食文化研究［M］．西安：陕西人民出版社，1997.
［20］马宏伟．中国饮食文化［M］．呼和浩特：内蒙古人民出版社，1997.
［21］赵一山，罗莉．点菜的门道［M］．北京：中国轻工业出版社，2007.
［22］中国营养学会．中国居民膳食指南（2022）［M］．北京：人民卫生出版社，2022.